铀氢锆脉冲反应堆
物理与安全分析

江新标　陈立新　袁建新

陈　伟　　　　　　　　　著

张　良　朱养妮　张信一

科学出版社

北　京

内 容 简 介

本书主要介绍铀氢锆脉冲反应堆物理与安全分析。全书共 9 章，内容包括绪论、结构与系统组成、栅元热化和共振处理、堆芯物理参数计算方法、热工水力分析、脉冲动态特性分析、堆芯燃料管理、实验孔道屏蔽计算方法以及事故安全分析等。

本书可供反应堆研究、设计、运行、管理等从业人员参考，也可作为高等院校相关专业研究生教材。

图书在版编目(CIP)数据

铀氢锆脉冲反应堆物理与安全分析/陈伟等著. —北京：科学出版社，2018.6
ISBN 978-7-03-057731-3

Ⅰ. ①铀…　Ⅱ. ①陈…　Ⅲ. ①反应堆物理学　Ⅳ. ①TL32

中国版本图书馆 CIP 数据核字（2018）第 115689 号

责任编辑：宋无汗　杨　丹　崔慧娴 / 责任校对：郭瑞芝
责任印制：张　伟 / 封面设计：迷底书装

科 学 出 版 社 出版
北京东黄城根北街 16 号
邮政编码：100717
http://www.sciencep.com

北京厚诚则铭印刷科技有限公司 印刷
科学出版社发行　　各地新华书店经销
*

2018 年 6 月第 一 版　　开本：720×1000　B5
2020 年 1 月第二次印刷　　印张：13 1/4
字数：265 000

定价：98.00 元
（如有印装质量问题，我社负责调换）

序

  铀氢锆脉冲反应堆是以铀氢锆为燃料的水池式研究反应堆，具有瞬发负温度反应性系数大、放射性裂变产物包容能力强、堆芯非能动冷却等特点，固有安全性很高，能以稳态、脉冲和方波等多种方式运行，在科学研究和国民经济中有着广泛的应用。

  1990 年，中国核动力研究设计院自主研发并建成了铀氢锆原型脉冲反应堆。1999 年，我国第一座实用化多功能的铀氢锆脉冲反应堆（西安脉冲反应堆）在西北核技术研究所成功实现临界，之后在核科学技术研究和应用中发挥了重要作用，成为我国研究堆发展历史上一个新的里程碑。

  由于铀氢锆脉冲反应堆采用特殊核燃料、紧凑堆芯结构、众多实验孔道和实验装置，其堆芯物理和安全分析与压水堆及其他研究堆相比有许多自己的特点，西北核技术研究所在西安脉冲反应堆建设、运行、应用的二十多年科研实践中积累了丰富的经验，在铀氢锆中子热化模型、栅元计算、堆芯物理、热工水力等方面取得了一系列创新性、系统性的科研成果。该书正是我国铀氢锆脉冲反应堆研究工作者长期研究成果的总结和拓展，涵盖了铀氢锆脉冲反应堆的主要结构、控制、物理、热工水力、动态特性、屏蔽设计与事故安全分析等内容，填补了国内相关领域研究的空白。

  该书作者长期从事铀氢锆脉冲反应堆物理与热工安全研究工作，具有扎实的理论基础和丰富的工程经验，在该书的撰写过程中投入了大量的精力。该书内容丰富、信息量大、指导性强，包含基础理论和实用技术，相信能够在我国研究堆的发展和应用中起到有益的作用。

陈 达

中国科学院院士

西安脉冲反应堆工程建设总工程师

前　言

铀氢锆脉冲反应堆具有特殊的氢化锆中氢的热化模型、众多的水平和垂直实验孔道、复杂的堆芯功率和温度场分布等特点，因此在反应堆堆芯物理和热工水力研究、反应堆安全分析中具有与其他反应堆不同的特点。我们在我国第一座实用化多功能的铀氢锆脉冲反应堆——西安脉冲反应堆的安全运行和应用实践中，进行了大量的反应堆物理、热工水力和事故分析研究，积累了一定的理论与实践经验，取得了一些创新性的研究成果，不仅对从事研究堆设计的科研人员具有较好的参考价值，也为新加入该领域的研究人员了解铀氢锆脉冲反应堆的特性提供了必备的基础知识。为了促进铀氢锆脉冲反应堆理论研究的发展和交流，我们把最近二十多年的相关研究成果总结出版，供国内同行借鉴参考。

本书概括了铀氢锆脉冲反应堆物理和安全分析方面的基础理论和最新进展，介绍了研究堆和铀氢锆脉冲反应堆发展的历史和应用概况、脉冲堆结构、栅元计算、堆芯物理分析、热工水力分析、动态特性分析、孔道屏蔽、事故与安全分析等内容。本书特别强调物理模型的深入分析和数学计算的准确描述，同时穿插了丰富的图表和大量的计算公式。

本书由陈伟研究员主持撰写，陈伟、江新标、陈立新、袁建新对全书进行了统稿和审校。全书共9章。第1章由陈伟、陈立新完成，第2章由袁建新完成，第3章由江新标、陈伟、张信一完成，第4章和第7章由陈伟、张良完成，第5章由陈立新完成，第6章由陈立新、张良完成，第8章由江新标、朱养妮、张信一完成，第9章由陈立新完成。

本书的撰写得到了中国科学院陈达院士的悉心指导，西安交通大学单建强、曹良志教授对书稿内容提出了宝贵建议；科学出版社和西北核技术研究所为本书的出版提供了大力支持，在此表示衷心感谢。

由于作者水平有限，书中不妥之处在所难免，敬请读者不吝指正。

作　者
2018 年 1 月

目　　录

第1章 绪　论

1942 年 12 月 2 日，费米在美国芝加哥大学建造了人类历史上第一座反应堆，成功实现了受控链式裂变反应，这一事件标志着人类进入了一个崭新的核纪元。反应堆最初的用途是生产核武器所用的钚材料。随着人类对核能认识的不断深入和工业技术的进步，核反应堆在军事和民用领域得到了更加广泛的应用。目前，世界上投入使用的各类型反应堆达数千座，在能源、科学研究、工农业生产、核医学等领域发挥着重要作用。

反应堆按用途一般分为动力堆、生产堆和研究堆。动力堆主要用于舰船、航天器、飞行器等的推进或用于工农业生产的发电、供热等，最常见的是核电站反应堆。生产堆主要用于生产放射性同位素或易裂变核材料。研究堆则主要用于和反应堆有关的实验研究或利用核反应堆产生的中子、γ射线开展的科学研究。研究堆的用途非常广泛，涉及原子核物理、生命科学、材料科学、探测化学、生物学、食品制造技术、农业、刑事侦破、材料辐照改性、核天文学、核考古学、核医学和同位素生产等诸多方面的试验研究。由于研究堆的重要地位，其在各种类型的反应堆中占了大多数。值得指出的是，研究堆和生产堆并没有明显的界限，只是人为的分类方法，研究堆也可用于同位素和易裂变材料生产，生产堆配合必要的实验设备，同样可以开展多种科学研究。

1.1　研究堆及其应用

1.1.1　研究堆发展概况

研究堆已经走过了 70 多年的发展历程，最初仅美国建有研究堆，随后几年，加拿大、苏联、英国、法国等国家相继加入，特别是 1956 年到 1975 年间研究堆得到了快速发展，一些发展中国家也开始建造研究堆。1980 年以后，随着发达国家早期建设的研究堆因经济效益、需求改变等原因而退役，研究堆的总数呈下降趋势。但同时一些新的反应堆也在不断得到发展，特别是发展中国家在研究堆建设方面呈现出逐步增长的趋势[1-4]。目前全世界共建造了 774 座研究堆，这些研究堆类型各异，稳态功率从 100W 至 250MW 不等。当前世界研究堆发展现状见表 1-1［根据 2016 年国际原子能机构（International Atomic Energy Agency，IAEA）研究堆统计结果得出］，地区分布状况见表 1-2。图 1-1 给出了截至 2016 年 IAEA 统计的研究堆主要用途[5]。

表 1-1 世界研究堆发展概况统计

类型	发达国家	发展中国家	全部国家
列入计划	3	7	10
在建	4	4	8
在役	154	89	243
临时关闭	13	6	19
永久关闭	113	21	134
退役	327	25	352
取消	4	4	8
总计	618	156	774

表 1-2 世界各地区研究堆概况[5]

地区	在役	临时关闭	在建	计划建造	退役	取消
北美	49	—	—	1	173	4
拉丁美洲	17	1	1	2	3	—
西欧	35	4	2	2	109	—
东欧	84	5	3	1	43	—
非洲	8	2	—	—	1	1
中东和南亚	15	—	2	—	5	—
东亚和太平洋地区	5	1	—	—	2	2
远东	30	6	—	4	16	1
总计	243	19	8	10	352	8

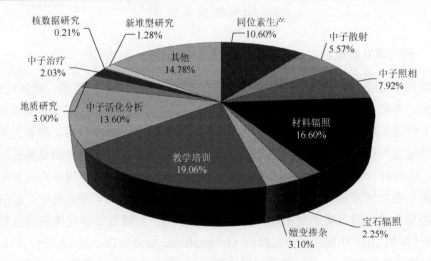

图 1-1 世界研究堆的主要用途

我国是较早拥有研究堆的国家。1958 年，我国建成第一座研究堆——重水反应堆（101 反应堆）。经过几十年的发展，截至目前，已建有各种试验研究堆 20 余座，这些研究堆对我国的核科学技术、军工科研生产和国民经济等许多领域的发展做出了重要贡献。表 1-3 给出了我国在役民用研究堆的分布情况（不含截至 2016 年已经退役的研究堆）。研究堆用途广泛，在堆型设计上存在多样性，我国的研究堆包括重水反应堆、高通量反应堆、高温气冷反应堆、快中子反应堆、铀氢锆脉冲反应堆、微型中子反应堆（微堆）等各种堆型。

表 1-3 我国研究堆现状[6]

序号	堆名	营运单位	堆型	设计功率	分类[①]
1	重水研究堆	中国原子能科学研究院	重水堆	10MW	II
2	49-2 游泳池式反应堆	中国原子能科学研究院	轻水堆	3.5MW	II
3	原型微型反应堆	中国原子能科学研究院	轻水堆	27kW	I
4	微堆零功率装置	中国原子能科学研究院	临界装置	—	I
5	氢化锆固态临界装置	中国原子能科学研究院	临界装置	—	I
6	DF-VI 快中子临界装置	中国原子能科学研究院	临界装置	—	I
7	中试厂核临界安全实验装置	中国原子能科学研究院	临界装置	—	I
8	中国实验快堆	中国原子能科学研究院	快堆	65MW	III
9	中国先进研究堆	中国原子能科学研究院	轻水堆	60MW	III
10	屏蔽试验反应堆	清华大学	轻水堆	2.8MW	II
11	5 MW 低温核供热反应堆	清华大学	轻水堆	5MW	II
12	高温气冷实验堆（HTR-10）	清华大学	石墨气冷堆	10MW	II
13	高通量工程试验堆	中国核动力研究设计院	轻水堆	125MW	III
14	岷江试验堆	中国核动力研究设计院	轻水堆	5MW	II
15	中国脉冲堆	中国核动力研究设计院	轻水堆	1MW	II
16	18-5 临界装置	中国核动力研究设计院	临界装置	—	I
17	高通量工程试验堆临界装置	中国核动力研究设计院	临界装置	—	I
18	深圳微型反应堆	深圳大学	轻水堆	30kW	I
19	医院中子照射器 I 型堆	北京凯佰特科技股份有限公司	轻水堆	30kW	I

① 该分类方法参照《中华人民共和国民用核设施安全监督管理条例实施细则之三：研究堆许可证件的申请和颁发》（HAF001/03）。

1.1.2 研究堆的应用

早期研究堆的应用主要集中于工业用途。例如，采用中子照相法探查残余的堆芯材料，探明金属材料中是否含有裂缝、空穴或其他物质，确定含氢物质、环氧树脂、中子毒物（如硼、镉等）的分布情况，检查激光通道中是否有阻塞物，装配是否有误，航天飞机上的设备是否已被腐蚀，爆炸装料情况以及齿轮箱或轴承中润滑油膜是否存在等。现在研究堆在基础和应用研究、商业服务中的应用明显增加，如在核医学、材料辐射改性、无损检测、同位素生产等领域的应用前景十分广阔[1]。

目前建造的反应堆，都非常重视其未来的应用，尽可能做到"一堆多用"，即使以前建造的老堆型，大多数也都进行过技术改造，以提高其性能，扩展应用范围。

1. 基础和应用研究

基础和应用研究包括物理学、化学、生物学、医学、地质学、环境科学、考古学、刑事科学以及核与反应堆工程等，采用的技术一般有中子散射、中子活化分析和中子照相等。

中子散射是直接利用中子束和各种物质发生相互作用这一特性进行研究的技术。通过观测被靶物质散射后的中子能量与方向的变化，获得凝聚态物质基本构造性质的各种信息，如聚合物、超导、半导体、生物物质和化合物等。发达国家高性能高功率反应堆以及发展中国家大学里的低功率反应堆都在被用于进行中子散射方面的研究工作，如美国的 RINSC 研究堆、捷克核研究所下属的两座研究堆和斯洛文尼亚约瑟夫斯蒂芬研究所下属的 TRIGA 堆等。

中子活化分析（neutron activation analysis，NAA）是把样品置于堆内辐照，使得样品的组分产生放射性的一门技术。移出辐照过的样品，测定其 γ 能谱，可以鉴定出某元素是否存在。NAA 方法对自然界存在的元素种类中的 80% 极其灵敏，分析痕量元素非常有效。经典的 NAA 方法是非破坏性的，适用于仪器分析和考古学样品分析。世界上大多数研究堆都开展了中子活化分析研究，如美国的 OSTR 研究堆、Pulstar 研究堆、OSURR 研究堆等。美国 UML 研究堆曾与马萨诸塞大学医药中心合作开发一种使用中子活化分析技术测量细胞内钙含量的方法，用来确定钙在标本中所起的作用。

中子照相技术提供了一种重要的研究工具来检查组件、物件或有机物的内部结构。虽然这已是一项成熟的技术，但在改善分辨率、灵敏度和三维图像等方面仍有许多可研究之处。美国的 ARRR 研究堆、加拿大的 MNR 研究堆和斯洛文尼亚约瑟夫斯蒂芬研究所下属的 TRIGA 堆现在都从事着该领域的研究。

此外，研究堆在核科学及相关学科中也发挥着重要作用，为核动力、辐射探测、核安全、核材料制造等学科领域提供了教育和训练的场所。

2. 商业服务

在研究堆及其附属实验室里所获得的科学和技术信息可以用于商业目的，服务于社会。这些服务包括：辐射服务、生物医学服务、放射性同位素与辐射源的制备等。

辐射服务是反应堆的一项基本服务。当物质受到电磁、电子、离子、X 射线或中子辐照时，其物理性质会发生变化。研究堆就是中子和 γ 辐射源，通常的商业辐射服务项目包括中子嬗变掺杂单晶硅、材料辐照改性、宝石辐照加工以及化妆品、药物的去污处理等。美国 UML 研究堆曾开展过一项对动力堆中使用的仪器电缆进行辐射以改善其性能的研究，获得的实验数据表明，辐照后的电缆性能显著提高，其使用寿命超过了反应堆的寿期，在整个反应堆运行期间都无须更换电缆。

研究堆用于生物医学服务有其独特的重要性。反应堆可以生产放射性核素并制备相应的标记化合物应用于各种诊断和治疗中。应用于这方面的放射性核素较多，如 ^{125}I，并且随着研究的不断深入，新的应用必将逐步被发现。美国的 NSCR 研究堆和 UI 研究堆曾开展过保健物理学、核医学领域的研究，瑞典斯图特斯维克公司下属的 R-20 研究堆曾开发了一种用少量的放射性物质去跟踪腐蚀过程的新方法，这种新方法使得有可能在不同的化学环境中确定腐蚀性质。

反应堆生产的放射性同位素和密封的放射源广泛应用于轻工业、农业、水文、气象和矿业等部门。密封放射源可以应用于各种 γ 射线继电器和仪器分析中，不同化学形态的非密封放射源可以用于水文、无损检测、化学处理中。美国俄勒冈州里德学院的 TRIGA 堆的主要工作就是为工业界提供中子源，用于工业废水的环境监测以及制造业和电子业中的质量检查和纯度测试。

1.2 铀氢锆脉冲反应堆的发展

铀氢锆脉冲反应堆最早是由美国通用动力公司原子能部（General Atomic，GA）研究发展的一种小型反应堆，其最初的研制目的是发展一种固有安全性高、用途广泛的研究堆。该堆型采用氢化锆与铀均匀弥散混合的固体燃料——慢化剂元件，该类型燃料具有较大的瞬发负温度系数（约 -1×10^{-4}/℃）。铀氢锆脉冲反应堆为池式研究堆，其结构简单，运行方式多样，是国际上公认的具有良好固有安全性的反应堆。以西安脉冲反应堆为例，在脉冲运行模式下能获得较强的功率脉冲（约 4200MW）和中子脉冲 [大于 1×10^{17}n/(cm^2·s)]，因此脉冲反应堆在基础科学研究和技术应用上得到了较为广泛的重视。铀氢锆脉冲反应堆在国际上又称为 TRIGA 堆。

TRIGA 堆是目前所有核反应堆中唯一具有真正"固有安全"而非"机械安全"的反应堆。1956 年夏天，一群科学家聚集在美国加利福尼亚州的圣迭亚戈，开展一项名为"红色小校舍"的研究计划，在这里 Edward Teller 博士首次提出"安全反应堆"的构想。这群杰出的科学家在 Edward Teller 的领导下，计划设计一种安全反应堆，从停堆状态开始启堆，堆的所有控制棒全部瞬时抽出，该反应堆还能回到稳定状态，并且任何一根燃料元件都不会熔化。换句话说，采用机械手段操纵反应堆的控制和安全系统来预防灾难性事故发生是不够的，要设计一种由自然法则保证的具有"固有安全"的反应堆，即使在反应堆的机械性能失效、控制棒被快速提起的情况下也能保证反应堆的安全。

为了设计这种具有固有安全性的反应堆，首先提出了"热中子原则"的概念。在水冷反应堆中突然抽走控制棒通常会导致灾难性的事故，造成燃料元件熔化，而 TRIGA 堆却不会发生这种情况，这是因为 TRIGA 堆使用的 UZrH 燃料的瞬发负温度反应性系数大，具有固有安全性。UZrH 燃料是一种均匀合金，氢原子往往束缚在与它最邻近的几个锆原子多面体的中心，中子与氢碰撞时，快中子以 $hv=0.137\mathrm{eV}$ 的整数倍损失能量而热化，能量低于 hv 的中子难于在氢化锆中热化，只能在元件周围的水中进一步热化。中子在氢化锆中还可能在一次或几次散射中，从受激的爱因斯坦振子中得到一份或几份以 0.137eV 为单位的能量。当反应堆功率升高、燃料温度增加时，一方面处于较高激发态的氢原子份额增加；另一方面热中子获得能量的概率也增大，慢化性能减退，中子能谱变硬，使得反应性和堆功率下降。既然燃料是一种氢慢化剂占较多份额的均匀合金，那么裂变碎片沉积的能量就会立即表现为慢化剂分子平均速度的增加。在 UZrH 芯体内，分子速度增加表现为平均热中子速度的增加，它使中子谱发生瞬时变化，也改变了裂变、吸收和泄漏之间的平衡，使得中子逃脱俘获的概率增大。由于铀与氢化锆共存，引入正反应性后，二者的升温过程几乎是同时进行的，因此负温度反应性效应是即刻起作用的。

20 世纪 50 年代，GA 的冶金工作者实现了用铀锆合金来制造含高浓度氢的燃料，最终得到的合金韧度、抗腐蚀性都与不锈钢相同。不管反应堆的功率水平如何，铀氢锆燃料都具有防止核事故的高安全系数。与其他研究堆中使用的燃料相比，TRIGA 堆中使用的铀氢锆燃料具有以下四个显著优点：

（1）利用热中子理论的铀氢锆燃料使反应堆具有"瞬发负温度反应性系数"，而使用铝包壳平板状燃料的其他研究堆具有的是缓发系数。这个特性使 TRIGA 反应堆能安全承受那些足以毁坏平板状燃料反应堆堆芯的事件。

（2）UZrH 化学性质稳定，1200℃时也能在水中安全淬火，而铝包壳平板状燃料在 650℃时就会与水发生破坏性的过热反应。

（3）UZrH 燃料包壳材料是不锈钢或 800 号合金，它的高温强度、韧性可以保证包壳在 950℃的高温下也保持完好。而平板状燃料使用的铝包壳在大约 650℃时就会熔化。

（4）与铝包壳平板状燃料相比，UZrH 燃料具有极强的包容放射性裂变产物的能力。平板状燃料在 650℃左右将会熔化，释放出燃料中几乎所有的挥发性裂变产物。相同温度下，即使所有的包壳都被移走，UZrH 燃料仍能保留 99%以上的裂变产物。

自 1958 年世界上第一座 TRIGA 堆在美国建成应用以来，GA 公司设计研制了多种技术指标的系列化脉冲堆（表 1-4）。到目前为止已有超过 20 个国家和地区从 GA 公司购买建造了 60 余座 TRIGA 堆，反应堆安全运行时间超过千堆年，成为世界范围内建造最多、应用最广的研究堆。本书的附录 1 给出了 TRIGA 堆在世界范围内的分布概况。

表 1-4　TRIGA 堆特征与技术指标[7-9]

堆型	特征	技术指标
TRIGA Mark I	固定堆芯，建在地下，石墨反射层；UZrH$_{1.6}$ 中 U 富集度为 20%	稳态功率为 100~2000kW；脉冲功率≤6.4×10^{6}kW； ϕ_{th}^{max} (<0.21eV)=8.0×10^{13}n·cm^{-2}·s^{-1}； ϕ_{fast}^{max} (>10keV)=9.6×10^{13}n·cm^{-2}·s^{-1}
TRIGA Mark II	建在地面，固定堆芯，石墨反射层，4 个水平中子孔道，1 个热柱；UZrH$_{1.6}$ 中 U 富集度为 20%	稳态功率：250~2000kW(自然循环冷却)，3000kW(强迫循环冷却)；脉冲功率≤6.4×10^{6}kW； ϕ_{th}^{max} (<0.21eV)=8.0×10^{13}n·cm^{-2}·s^{-1}； ϕ_{fast}^{max} (>10keV)=9.6×10^{13}n·cm^{-2}·s^{-1}
TRIGA Mark III	建在地面，水反射层移动堆芯，4 个水平孔道，2 个热柱，1 个辐照腔；UZrH$_{1.6}$ 中 U 富集度为 20%	稳态功率：1000~2000 kW(自然循环冷却)，3000kW(强迫循环冷却)；脉冲功率≤6.4×10^{6}kW； ϕ_{th}^{max} (<0.21eV)=6.6×10^{13}n·cm^{-2}·s^{-1}； ϕ_{fast}^{max} (>10keV)=6.2×10^{13}n·cm^{-2}·s^{-1}
TRIGA ACPR	建在地下，固定环形堆芯，堆芯中央布置辐照腔；UZrH$_{1.6}$ 中 U 富集度为 20%	稳态功率：600kW； ϕ_{th}^{max} (<0.21eV)=7.0×10^{12}n·cm^{-2}·s^{-1}； ϕ_{fast}^{max} (>10keV)=6.0×10^{12}n·cm^{-2}·s^{-1}。 脉冲功率≤2.2×10^{7}kW； ϕ_{fast}^{max} (>10keV)=2.0×10^{17}n·cm^{-2}·s^{-1}
特殊用途 TRIGA 堆	主要用于动力堆燃料元件的设计研究、考核、同位素生产和中子治疗癌症（NCT）等工作	双堆芯 TRIGA 堆：稳态功率为 15MW，稳态通量高；高功率 TRIGA 堆：稳态功率为 5~15MW

注：ϕ_{th}^{max} 为堆芯最大热中子通量密度；ϕ_{fast}^{max} 为堆芯最大快中子通量密度。

TRIGA 堆最初的设计是为了满足教育计划、运行培训和核研究计划的需要，现已经扩展到大规模医药生产和工业用途中，包括放射性同位素的生产、纯硅的生产、中子治癌和实时无损检验等。此外，还有一些特殊设计的 TRIGA 堆，稳态功率可达 5~15MW，被用来开发和测试动力堆燃料。

我国的铀氢锆脉冲反应堆与 TRIGA MARK II 型反应堆类似，由中国核动力研究设计院自主设计，第一座脉冲反应堆原型验证堆于 1990 年建成，该反应堆设计功率为 1MW，没有设计实验孔道，主要是验证反应堆的设计。第一座实用化铀氢锆脉冲反应堆——西安脉冲反应堆于 2000 年在我国西北地区建成并投入使用，该堆与 TRIGA MARK III 型反应堆类似，堆芯可在稳态和脉冲两种布置之间进行切换，使用方式更加灵活多样。该堆在反应堆物理、核物理、核化学、生物学、材料科学等领域开展了大量的实验研究工作，在基础科学领域发挥着重要作用。附录 2 给出了我国铀氢锆脉冲反应堆的主要参数。

1.3　铀氢锆脉冲反应堆的应用

脉冲反应堆是以铀氢锆为燃料的水池式研究反应堆，具有很高的固有安全性，不但能进行稳态运行，而且还能以脉冲和方波方式运行。其上可设置中央垂直孔道、垂直偏心腔、中子气动输送辐照系统、单晶硅辐照装置、水平径向孔道、中子照相孔道、水平切向孔道、辐照腔以及热柱等多种辐照实验装置，用以提供不同方式的辐照实验条件。脉冲堆上可建造的同位素生产线有钼锝同位素生产线和通用同位素生产线两种，进行钼锝医用同位素和其他放射性同位素的生产和研究工作。在堆上亦可开展基础科学研究、人员培训等工作，用途广泛多样。

1. 中子、伽马辐照实验

与一般反应堆不同，铀氢锆脉冲反应堆不仅可提供稳态的中子、伽马辐射场，而且可以提供脉冲辐射场，为开展仪器仪表、电子元器件、各种材料的辐照实验提供丰富多样的实验条件。例如，可利用脉冲堆开展航天器用电子元器件的单粒子辐射效应、总剂量效应和中子位移损伤效应等实验研究，也可开展材料的辐射损伤效应、核废料热中子嬗变等辐照实验，还可以开展某些有特殊要求的脉冲辐照实验。

2. 同位素生产

利用铀氢锆脉冲反应堆可生产一般的同位素样品，包括 ^{131}I、^{51}Cr、^{32}P、^{98}Au、^{24}Na、^{122}Sb 等核素，也常用来生产医疗诊断用同位素 ^{99m}Tc。^{99m}Tc 半衰期为 6.02h，发射 140keV 的单能 γ 射线，这使得病人所受辐射剂量较小，且在体内脏器和测量准直器中的穿透也较容易。^{99}Mo-^{99m}Tc 发生器的成功研制，也使 ^{99m}Tc 的来源变得十分容易。全世界现有放射性显像剂中 80%以上是 ^{99m}Tc 标记药物。铀氢锆脉冲反应堆既可以利用堆芯内部的垂直孔道开展辐照生产，也可以利用中子气动辐照实验装置进行少量放射性同位素的辐照制备。

3. 中子照相

中子照相[10]是射线照相方法的一种，属于材料的无损检测。该方法和 X 射线照相类似，是通过射线束穿过被检测物体时在强度上的衰减变化获得被检测物体及其缺陷图像的技术。由于中子和 X 射线与物质的相互作用在机理上存在着很大差别，因此中子照相的独特之处是其他射线照相所无法取代的。

4. 硼中子俘获治疗癌症

硼中子俘获治疗[11]（boron neutron capture therapy，BNCT）癌症是一种癌症的放疗方法，利用热中子与富集在肿瘤组织上的 ^{10}B 发生核反应放出的 α 粒子和 ^{7}Li 粒子来杀伤癌细胞。超热中子束（0.4eV～10keV）具有在人体组织中穿透力强，对正常细胞损伤小等优点，适合于开展 BNCT 治疗。铀氢锆脉冲反应堆属于热中子堆，反应堆孔道中子束流经调整后可满足 BNCT 治疗对超热中子束的要求。

5. 单晶硅辐照掺杂技术

硅的中子嬗变掺杂技术是一种普遍采用的单晶硅生产工艺，即用区熔高纯硅（P 型或 N 型）在反应堆内经中子辐照后得到掺杂 P 的 N 型半导体材料。中子辐照掺杂的不均匀度一般在 5%以内，而采用传统掺杂手段其不均匀度则在 20%左右。区熔单晶硅的纯度比直拉单晶硅的纯度高，一般作为生产大功率半导体器件或各种探测器的原材料使用。

与一般的研究堆类似，铀氢锆脉冲反应堆的其他应用还包括宝石辐照着色、中子活化分析、人员培训等，这里不再赘述，对此感兴趣的读者可参考相关的专业书籍。

1.4　本　书　内　容

本书主要介绍了铀氢锆脉冲反应堆结构、物理与安全分析方法。全书共 9 章，包括铀氢锆脉冲反应堆在国内外的发展及应用、铀氢锆脉冲反应堆的主要结构、物理、热工水力设计方法及动态特性与安全分析等内容。

第 1 章是绪论，主要包括研究堆发展的历史和现状，重点介绍铀氢锆脉冲反应堆的发展现状及本书涵盖的主要内容。第 2 章是结构与系统组成，描述铀氢锆脉冲反应堆特点、结构及系统组成。第 3 章是栅元热化和共振处理，包括氢化锆的中子热化效应、铀氢锆栅元共振参数计算模型、程序和方法。第 4 章是堆芯物理参数计算，包括堆芯稳态参数的确定论计算方法和蒙特卡罗计算方法，以及堆芯稳态计算。第 5 章是热工水力分析，包括堆芯热源及其分布、堆芯材料和热物性、堆内的热量传递、单通道分析方法、子通道分析方法和堆芯热工水力设计。第 6 章为脉冲动态特性分析，包括脉冲参数计算模型和时空动力学计算方法。第 7 章是堆芯燃料管理，包括核燃料管理中的基本物理量、堆芯燃料管理计算、换料优化模型及方法。第 8 章是实验孔道屏蔽计算方法，包括实验孔道屏蔽计算方法简介、孔道屏蔽计算模型和孔道参数计算方法及结果分析。第 9 章是事故安全分析，包括失水事故、弹棒事故、外电源失电事故和放射性物质释放事故。

需要指出的是，为了叙述方便、描述具体，如无特殊说明，本书给出的铀氢锆脉冲反应堆的系统组成和计算参数等内容，均采用我国第一座实用化铀氢锆脉冲反应堆——西安脉冲反应堆的数据，但书中给出的分析方法、计算模型和主要结论等同样适用于其他的铀氢锆脉冲反应堆。本书内容对类似结构的反应堆物理计算与安全分析工作也具有一定的参考价值。

参 考 文 献

[1] 钟洁, 陈伟, 杨军, 等. 研究性核反应堆的现状、应用和发展[J]. 物理, 2001, 30(11): 693-698.

[2] 王昆鹏, 张春明, 攸国顺, 等. 全球研究堆的主要用途及发展趋势研究[J]. 核科学与工程, 2015, 35(3): 413-418.

[3] CHEN W, WANG D H, JIANG X B, et al. The uranium zirconium hydrogen research reactor and its applications in research and education[C]. Proceedings of the 2001 workshop on the utilization of research reactors, Beijing, China, 2001.

[4] 左辉忠, 陈达. 铀氢锆脉冲反应堆及其应用[J]. 物理, 1993, 22(2): 103-108.

[5] IAEA, Research reactor database[R]. Vienna, Austria, 2016.

[6] 宋琛修, 朱立新. 研究堆的分类和基于分类的安全监管思路探讨论[J]. 核安全, 2013, 12(S1): 134-137.

[7] GA. TRIGA®, G-0173[R]. San Diego, 1974.

[8] CHESWORTH R H, LAW G C, PETER R H. The dual-core TRIGA research and materials testing reactor[C]. TYP-7(Rev), San Diego, 1974.

[9] DOUGLAS M F, JUNAID R, WILLIAM L W. TRIGA research reactors: a pathway to the peaceful applications of nuclear energy[J]. Nuclear News, 2003, 46(12): 46-56.

[10] CHEN W, YANG J, WANG D H. Thermal neutron radiography facility at China uranium zirconium hydride research reactor[C]. 7th World conference on neutron radiography, Roma-Italy, 2002.

[11] JIANG X B, CHEN W. The optimization design of mix beam for boron neutron capture therapy[C]. In International radiation physics society workshop on frontier research in radiation physics and related areas, Chengdu, China, 2004.

第2章 结构与系统组成

铀氢锆脉冲反应堆为水池式反应堆，以铀氢锆燃料-慢化剂材料做元件，石墨-水做反射层，堆芯依靠池水自然循环冷却，有手动运行、自动运行、脉冲运行和方波运行等多种运行方式。

与一般的反应堆系统组成类似，铀氢锆脉冲反应堆包括反应堆主体和三废处理系统[1]，其组成见图2-1。该类型的反应堆也可根据不同的需要配套其他的辅助系统。

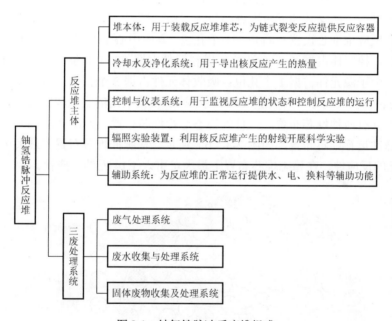

图 2-1　铀氢锆脉冲反应堆组成

对于反应堆主体，可分为以下部分。

（1）堆本体：由堆池、堆内构件、堆芯及堆芯部件、堆桥、控制棒驱动机构以及其他相关部件组成。

（2）冷却水及净化系统：由一次冷却水系统、二次冷却水系统和净化系统等组成。

（3）控制与仪表系统：由核仪表、过程测量、功率调节、保护、控制联锁、棒控主电路、报警、棒位探测与显示、数据采集与显示和控制室等组成[2,3]。

（4）辐照实验装置：由水平孔道、垂直孔道、中子气动输送装置等组成。

（5）辅助系统：由造水及补水、正常和应急供电、通信、压缩空气、辐射剂量监测、换料及工艺运输系统等组成。

2.1　堆　本　体

2.1.1　堆芯及堆芯部件

反应堆堆芯是安装燃料元件、慢化剂、控制棒和其他构件的容器，是反应堆的核心，核燃料和中子的链式裂变反应在堆芯内进行，同时冷却剂流经堆芯将核反应产生的热量带出。

铀氢锆脉冲反应堆的堆芯燃料元件排布可按同心圆排列（图 2-2）[4]，也可按正六边形排列。西安脉冲反应堆堆芯呈正六边形排列（图 2-3），功率 2MW 的铀氢锆脉冲反应堆堆芯设置 9 圈共 211 个孔位，其中中心 13 孔为中央垂直孔道（水腔）占据，控制棒占据了 6 个孔位；燃料元件占据 99 个孔位，测温元件占据 2 个孔位；中子源元件占据 1 个孔位；吸收体元件占据 2 个孔位；跑兔辐照管占据 2 个孔位；其余为石墨元件占据（86 个孔位）。根据不同的实验辐照要求，西安脉冲反应堆共有两种堆芯布置，一种为稳态运行堆芯布置，如图 2-3（a）所示；另一种为脉冲运行堆芯布置，如图 2-3（b）所示。在脉冲堆芯布置下最大可允许引入 3.5 元的反应性，在稳态堆芯布置下最大可引入 1.14 元的反应性。

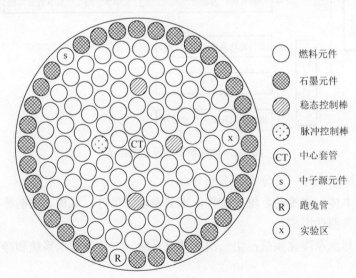

图 2-2　采用同心圆排布的 OSTR TRIGA 堆芯

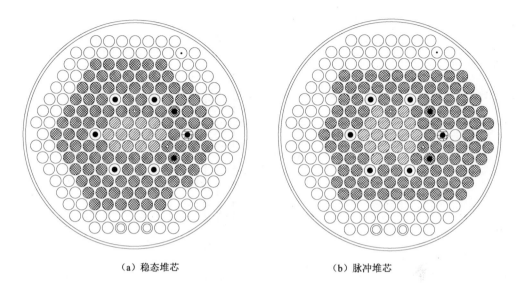

（a）稳态堆芯　　　　　　　　　（b）脉冲堆芯

图 2-3　采用正六边形排布的西安脉冲反应堆堆芯图

◉ 燃料元件　○ 石墨元件　◎ 水腔　◉ 稳态控制棒　◉ 脉冲控制棒
⊙ 中子源元件　◉ 吸收体元件　◉ 测温元件　◎ 跑兔辐照管

铀氢锆脉冲反应堆堆芯部件包括：燃料元件、测温元件、石墨元件、稳态控制棒、脉冲控制棒、中子源元件和吸收体元件等。

1. 燃料元件

燃料元件是脉冲堆的关键部件和核心技术之一。燃料元件由于采用金属铀与堆芯主要慢化剂氢化锆均匀混合的 $UZrH_x$ 作为燃料，因此也称其为燃料-慢化剂元件。正是由于采用了这种燃料，堆芯具有很大的瞬发负温度系数，脉冲堆具有独特的固有安全性。燃料元件结构示意图见图 2-4。燃料元件呈粗棒状，它由不锈钢包壳、三段燃料芯体、三段 Zr-4 芯棒、二段石墨芯体及上、下端塞组装封焊而成；内充 0.1MPa 氦气，可改善芯体与包壳间隙热传导性能，并可借此检查元件密封性。

燃料材料为 $UZrH_x$，它是由 U-Zr 合金棒在一定温度及压力的氢气氛中经渗氢而制成的。在燃料元件中，每根燃料芯体插入一根等长的 Zr-4 芯棒，以加强燃料芯体的结构稳定性和减少其在高温下的释氢量。燃料芯体上、下方各设置一段核纯级石墨芯体，作为堆芯的轴向中子反射层。燃耗限值一般为 35000MW·d/tU。

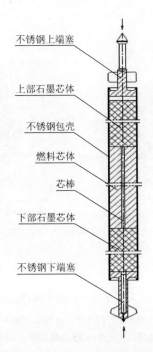

不锈钢上端塞

上部石墨芯体

不锈钢包壳

燃料芯体

芯棒

下部石墨芯体

不锈钢下端塞

图 2-4　燃料元件结构示意图

　　包壳采用经固溶热处理的奥氏体不锈钢。为补偿燃料芯体、石墨芯体和包壳间的不同热膨胀以及燃料、石墨芯体的辐照肿胀，燃料元件上方留一轴向间隙。同理，燃料、石墨芯体与包壳间也留有适当的径向间隙。燃料元件上、下端塞均设有均布的三瓣形定位结构，以使燃料元件在堆芯栅板中径向定位，并使栅板的过水面积大于堆芯流道面积的 70%，这对提高自然循环能力是有利的。燃料元件顶端设有抓头，作为吊装操作之用。

2. 测温元件

　　不管稳态运行还是脉冲运行，燃料芯体温度都是限制参数，$UZrH_x$ 在高温下释氢所造成的燃料元件内氢分压是燃料温度的唯一函数，而氢分压过高会导致包壳破裂。为监测燃料元件芯体温度，需要对燃料芯块的最高温度进行监测，实时掌握燃料芯块的最高温度，确保燃料元件的安全。燃料芯块的最高温度采用测温元件进行实时测量，其布置位置为堆芯功率（中子通量密度）最高的孔位。测温元件可利用在燃料元件芯块内埋设热电偶进行温度测量的方式。典型测温元件结构示意图见图 2-5。

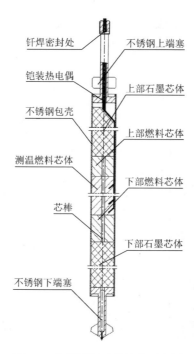

图 2-5　典型测温元件结构示意图

3. 石墨元件

在堆芯不被其他堆芯部件和实验辐照管占用的孔位，均放置石墨元件（图 2-6），以便调整堆芯燃料元件装量和作为堆芯径向反射层使用。石墨元件一般由核纯级石墨芯体、外套管、上下端塞组成，可使用燃料元件装卸工具操作。包壳一般由铝合金管制成，外表面经阳极氧化处理，以增强抗腐蚀能力。为防止石墨芯体的辐照肿胀和热膨胀，在上部留有一定的间隙。石墨元件使用寿命限值为 1000EFPD（有效全功率天数）。

4. 稳态控制棒

脉冲堆与其他反应堆一样，必须具备有效的反应性控制，以保证反应堆能在各种工况下安全可靠地运行及在事故工况下安全停堆。根据稳态运行及脉冲运行的需要，控制棒又分为稳态控制棒（图 2-7）和脉冲控制棒两种。

稳态控制棒由包壳、上下端塞、中子吸收体、燃料跟随体、上下石墨芯体等组成。包壳两端与上、下端塞焊接密封。由于控制棒的下半部是燃料芯体，因而包壳选用了与燃料元件相同的材料。控制棒采用 B_4C 作为中子吸收材料。中子吸收体由 10 块烧结 B_4C 块组成，它的轴向位置是根据稳态棒处于最低位置时中子吸收体正好与堆芯高度对齐的原则确定的。考虑到装配方便及辐照肿胀的原因，

B_4C 与包壳内壁间留有环形间隙。与燃料元件类似，燃料跟随体由三块标准燃料芯块组成。

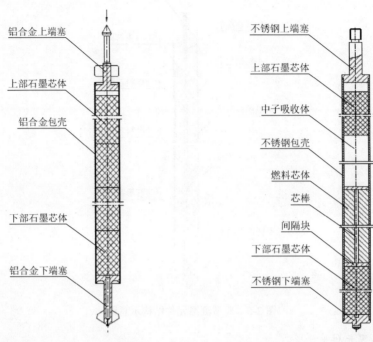

图 2-6   石墨元件结构示意图   图 2-7   稳态控制棒结构示意图

为保证燃料芯块在稳态运行时的温度不致过高，与燃料元件一样，包壳内也充有 0.1MPa 的氦气。在中子吸收体的上方及燃料跟随体的下方各设置了一块石墨芯体，作为反射层用，所选用的石墨芯体与燃料元件中使用的相同。稳态控制棒通过上端塞的螺纹与控制棒驱动机构连杆连接。

5. 脉冲控制棒

脉冲控制棒可由脉冲棒驱动机构在 100ms 内全部弹出堆芯，瞬时引入一定量正反应性，使脉冲堆实现瞬态运行。稳态运行时，脉冲棒可当补偿棒用。

脉冲控制棒元件由包壳、压紧弹簧、中子吸收体（B_4C）及上下端塞组焊而成（图 2-8）。脉冲棒轴向方向分为上空腔、中子吸收体和下空腔三段，上空腔是为平衡脉冲棒长度和安置压紧弹簧而设置的；下空腔是一个长的密封空气腔，它不仅用来增加轴向长度，而且在堆池中相当于一个浮力筒，从而减小脉冲棒在水中的净重，这对提高脉冲棒发射速度是有利的。由于 B_4C 芯体发热低且是耐高温材料，因此包壳内不充氦气。脉冲棒不设置燃料跟随体，也不设置两端石墨反射层。

6. 中子源元件

为保证铀氢锆脉冲反应堆首次物理启动，堆芯一般应设置中子源，以便在启堆过程中对中子通量水平进行连续监测。为方便中子源在堆内的操作，中子源被安置在中子源元件中（图 2-9）。中子源可长期随堆运行。

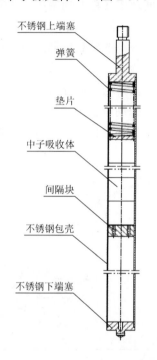

不锈钢上端塞
弹簧
垫片
中子吸收体
间隔块
不锈钢包壳
不锈钢下端塞

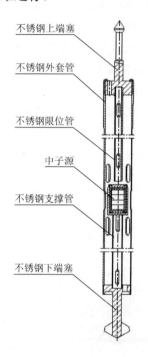

不锈钢上端塞
不锈钢外套管
不锈钢限位管
中子源
不锈钢支撑管
不锈钢下端塞

图 2-8　脉冲控制棒结构示意图　　　　图 2-9　中子源元件结构示意图

7. 吸收体元件

吸收体元件的主要作用是调整反应堆初装料时堆芯过剩反应性水平和中子通量分布。其结构与燃料元件相同，只是将燃料芯块换成了不锈钢材料，在反应堆运行一定时间后，随着后备反应性的减小，吸收体元件将被移出堆芯，并替换为燃料元件。并不是所有的铀氢锆脉冲反应堆都需要吸收体元件，是否使用需要根据物理计算的结果及堆芯外推临界实验的实际情况确定。

2.1.2　堆内构件

反应堆堆内构件由堆芯支架、铅屏蔽层筒体、堆芯筒体、中央垂直孔道、偏心垂直孔道、脉冲棒导向管等部件以及中央孔道元件定位件、偏心腔元件定位件和联接件等组成[5]。堆芯筒体、铅屏蔽层筒体通过螺柱结构与支架连接，安装在反应堆水池底部中央。堆内构件的功能是维持堆内燃料元件及相关部件的几何位置及必要的冷却剂流道，确保停堆和热量导出。

2.1.3　反应堆水池

　　铀氢锆脉冲反应堆均采用水池式结构，对于低功率（稳态功率小于 2.0MW）的铀氢锆脉冲反应堆，一般采用自然循环冷却堆芯。堆池采用强迫循环进行冷却，确保水池内温度在安全值以内。对于稳态功率较高的铀氢锆脉冲反应堆（如 10MW TRIGA 堆），堆芯则需要采用强迫循环进行冷却。堆池一般采用重混凝土材料，内衬铝筒体。堆芯安装在水池底部，由堆芯支架与池底连接固定。堆芯上方留有一定高度的轻水屏蔽层，以便降低堆池顶部的剂量水平。堆池内部安装有反应堆运行和测量所需的各种设备与探测器。图 2-10 给出了一种铀氢锆脉冲反应堆水池内部布置图。

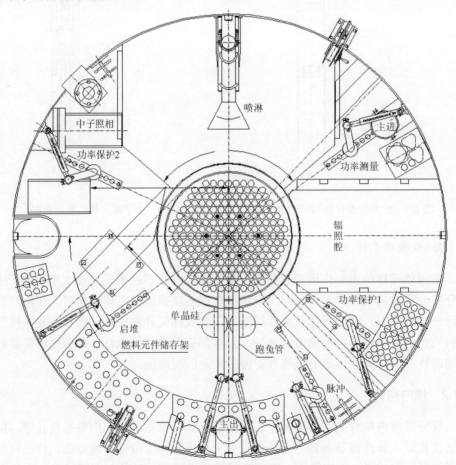

图 2-10　铀氢锆脉冲反应堆水池内部布置图

2.2　冷却水及净化系统

与一般的水冷反应堆类似，铀氢锆脉冲反应堆同样设置有冷却水回路系统，主要包括：一回路、二回路和净化回路。水回路系统为反应堆提供满足要求的冷却水，带走反应堆运行时产生的热量。采用双回路布置，是为了将一回路水与二回路进行隔离，确保与堆池连通的一回路水质满足反应堆运行所要求的限值，防止堆池内部的燃料元件和结构部件结垢或发生电化学腐蚀等，同时保证流经堆芯内部的水中不会出现被中子活化的杂质等。回路系统主要设备包括水泵、阀门、热交换器、冷却塔、相应的管路、流量和温度等测量设备。

净化系统是连接在一回路上的一个旁路系统，在反应堆运行时，净化系统可对一回路和堆池内的去离子水进行在线净化，使一回路水质满足要求。

2.3　控制与仪表系统

控制与仪表系统的功能是对反应堆及其辅助系统的各种参数进行测量及显示，对反应堆进行有效的控制。铀氢锆脉冲反应堆具有良好的固有安全特性且功率水平较低，因此其控制与仪表系统较为简单。

铀氢锆脉冲反应堆控制与仪表系统包含以下子系统[6]：保护系统、控制联锁系统、棒位探测与显示系统、棒位控制主电路系统、数据采集与显示系统、过程参数测量系统、报警系统、功率调节系统、核参数测量系统等。其中，保护系统的主要功能是防止反应堆的安全参数（如功率、燃料最高温度、堆池水位等）超出安全限值，确保反应堆的安全。控制联锁系统的主要作用是防止人为因素引起的误操作危及反应堆的安全。其他子系统主要是为操作人员提供反应堆的状态参数和控制反应堆的必要手段。

2.4　实验孔道

围绕堆芯设置的多个实验孔道是铀氢锆脉冲反应堆的主要实验装置，这些孔道可以根据实验要求提供不同参数的中子或中子、伽马混合辐射场，利用这些核反应堆产生的射线开展科学研究和实验工作。铀氢锆脉冲反应堆实验装置种类较多，一般可分为水平类实验孔道和垂直类实验装置。水平类实验孔道一般围绕堆芯呈水平方向布置，如水平径向孔道、水平切向孔道、辐照腔、热柱、中子照相孔道等[7]。图 2-11 给出了铀氢锆脉冲反应堆实验装置平面布置示意图。垂直类实验装置可以布置于堆芯内部，也可以在堆芯外围适当位置布置，用于放置辐照实验样品[8]。脉冲堆辐照装置的主要特点及应用情况见表 2-1。需要指出的是，由于反应堆的用途不同，实验装置也不完全相同，有些铀氢锆脉冲反应堆会根据实验的需求，设置其他类型的辐照实验装置。总之，铀氢锆脉冲反应堆可以根据需要设置丰富多样的辐照实验装置。

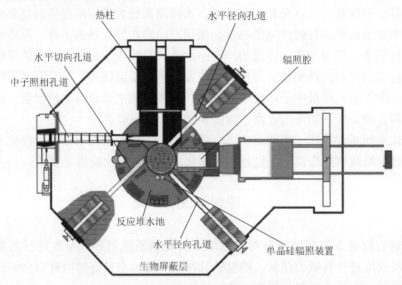

图 2-11　铀氢锆脉冲反应堆实验装置平面布置示意图

表 2-1　脉冲堆辐照装置的主要特点及应用

名称	特点	应用
辐照腔	内部空间大，中子注量率高，属中子、伽马混合场，可实现脉冲工况下的高注量率中子场	仪器仪表、电子元器件、各种材料的辐照效应实验等
水平径向孔道	与堆芯呈径向布置，辐射场和辐照腔类似，孔道内部空间一般较小	核素核参数测量，辐照效应实验和探测器考核标定等
中子照相孔道	从热柱空腔引出热中子束，经均匀和准直后形成高质量的热中子束	中子无损检测实验、中子成像
水平切向孔道	与堆芯活性区呈切向布置，结构与水平径向孔道相同	原子核物理、反应堆屏蔽、辐射化学和材料辐照实验等
热柱	经伽马屏蔽和快中子热化，形成镉比、中子伽马比、中子注量率可调的热中子场	热中子剂量仪表标定，生物辐照实验，热中子实验等
中子气动辐照实验装置	孔道位于堆芯外围石墨圈，中子注量率高，一般样品量较小，可在反应堆运行工况下进出堆芯	中子活化分析
中央垂直孔道	位于堆芯中央水腔，是中子注量率最大的辐照实验孔道，是与堆芯冷却剂接触的湿孔道	同位素生产、靶件辐照、材料辐照实验等
宝石辐照盒	堆内辐照装置，外形与石墨元件相同，内部可放置宝石等样品，放入石墨圈进行辐照实验	宝石辐照生产、材料辐照实验等
单晶硅辐照装置	位于堆芯筒体外侧的辐照实验装置，可自动旋转，实现样品均匀辐照	单晶硅辐照生产、材料辐照实验等

2.5　辅　助　系　统

　　辅助系统是铀氢锆脉冲反应堆运行所需系统的总称，包括生产去离子水的造水及补水系统，提供压缩空气的压缩空气系统，与反应堆换料、维修等有关的换料及工艺运输系统以及供电系统等。不同用途的铀氢锆脉冲反应堆还会根据实际的需要设置不同的辅助系统，这里不做详细介绍。

2.6　放射性废物处置系统

　　反应堆在运行、维护和生产的过程中，不可避免地会产生放射性废物，包括气体、液体和固体形式的废物，简称"三废"。减少放射性"三废"的体积和放射性物质的含量，不排或少排放射性物质，其排放标准应不超过国家审管部门规定的排放限值。水泥固化指标应不低于其规定的固化体技术指标。

　　放射性废物处置系统包括：废气特排系统，废液收集及储存系统，废液处理系统，固体废物收集、储存系统，湿废物固化处理系统等，这些系统的功能是收集、储存和处理放射性废物，从而确保放射性废物得到妥善处理，使工作人员和公众受到的辐射剂量控制在合理可行尽量低的水平。由于放射性废物的处置不是本书的重点，这里不做展开叙述，对此感兴趣的读者可参阅相关的书籍。

2.7　小　　　结

　　本章主要介绍了铀氢锆脉冲反应堆的主要结构和系统组成，重点介绍了堆本体和堆内构件、堆芯部件的组成及排布；反应堆水回路系统、控制与仪表系统、三废处理系统等的结构、功能和主要用途；主要辐照实验装置的结构布局和参数特点。本章内容有助于读者对铀氢锆脉冲反应堆建立全面、直观的了解，并为后续章节中有关反应堆的物理、热工水力、安全分析、屏蔽设计等提供必要的结构、材料、几何参数等信息。当然，不同的铀氢锆脉冲反应堆的系统组成可能存在差异，这与反应堆的设计和应用是息息相关的。

参 考 文 献

[1]　杨岐, 卜永熙, 李达忠, 等. 西安脉冲反应堆[J]. 核动力工程, 2002, 23(6): 1-7.

[2]　赵柱民, 陈伟, 袁建新. 西安脉冲堆的调试管理[J]. 核动力工程, 2002, 23(6): 65-68.

[3]　陈伟, 张颖, 杨军, 等. 脉冲反应堆控制室系统及安全运行研究[C]. 中国科学技术协会学术年会, 2002: 1030-1032.

[4] WADE R M. Thermal Hydraulic Analysis of the Oregon State TRIGA® reactor using RELAP5-3D[R]. Oregon State University, 2008.

[5] 黎正鑫. 西安脉冲堆内构件加工制造[J]. 核动力工程, 2002, 23(6): 51-53.

[6] 西北核技术研究所. 西安脉冲反应堆最终安全分析报告[R]. 西安, 2006.

[7] 岳为民, 韩同敬, 陆绍机. 西安脉冲堆水平实验孔道[J]. 核动力工程, 2002, 23(6): 46-48.

[8] 黄新东. 脉冲堆内垂直孔道、偏心腔孔道操作工具结构设计与分析[J]. 核动力工程, 2002, 23(6): 62-64.

第 3 章　栅元热化和共振处理

　　栅元计算是堆物理计算的基础，涉及栅元热化处理、栅元共振处理、栅元能谱计算、栅元均匀化少群宏观截面计算以及与燃耗相关的群参数计算等内容。其中，栅元热化处理和栅元共振处理是栅元中子能谱、栅元均匀化少群宏观截面等物理计算的前提。

　　铀氢锆脉冲反应堆燃料与固态氢化锆慢化剂材料直接混合，在堆芯引入正反应性后，燃料中慢化剂温度将随燃料温度一同上升，堆芯瞬发负反馈包括燃料多普勒效应和固态氢化锆慢化剂的温度效应，该双重效应导致铀氢锆脉冲反应堆具有较大的瞬发负温度系数，其数值要比一般研究堆大 1～2 个数量级，因而具有较大的固有安全性，可在脉冲工况下运行[1]。固态氢化锆为晶体结构，当中子与之相互作用时，有可能激发晶体的振动态，这种振动态的量子称为声子[2,3]。当入射中子能量大于 0.137eV 时，中子可以通过碰撞得到或失去声子（光学模），从而中子与核的散射既有向上散射，又有向下散射；而入射中子能量低于 0.137eV 时，在晶体中中子又能激发其他振动模式（声学模）[3,4]，因而使得氢化锆散射矩阵的计算变得异常复杂，解决好这一问题将成为脉冲堆栅元热谱计算的关键。

3.1　栅元热化和共振计算方法

　　栅元热谱计算程序 CLTHBC 是国内第一个铀氢锆脉冲反应堆热中子能谱计算程序，它采用首次碰撞概率法求解中子积分输运方程[5]，并采用了项风铎研制的声子谱模型[6]来处理氢化锆中氢的散射矩阵，从而近似地给出了脉冲堆的热中子能谱分布函数以及栅元热群参数随燃耗的变化曲线，但 CLTHBC 程序没有考虑互屏效应、多普勒展宽和中子泄漏，栅元计算模型不够完善，栅元类型的选择不如 WIMS 程序[7]广泛且不能对栅元进行精细处理，因而其计算精度仍不能满足堆芯物理计算要求。LEOPARD 程序曾应用到 PSBR 脉冲堆的能谱计算中，虽然它在栅元处理上采用了一些较为先进的方法，但它对氢化锆中氢的散射矩阵的处理未采用声子谱模型，而是采用尼尔金模型[8]，其栅元中子能谱计算结果偏差较大。WIMS 是目前国际上比较通用的一种栅元/组件能谱计算程序，它适用于多种热中子堆的能谱计算。计算中，栅元可以取均匀、平板、环状和六角形，也可以取单棒或多棒，能谱计算可以考虑自屏、互屏、多普勒展宽和中子泄漏。由于铀氢锆脉冲反应堆栅元呈六角形分布，故采用 WIMS 计算其热中子能谱较为合适。但同 LEOPARD 程序一样，WIMS 自带 69 群库中不含声子谱模型计算得到的氢化锆中氢的截面库，而只含尼尔金、Haywood 和自由气体模型所得到的氢原子截面库，因而在采用此类库进行栅元能谱计算时会带来较大偏差。HELIOS 是通用性很强的二维中子输运组件计算程序，其几何描述能力很强，可以适应任意二维几何问题。描述区域只需要给出边界即可，计算不需要进行均匀化处理。HELIOS 使用的多群数据库是基于 ENDF/B-VI 评价核数据库经 NJOY 和 RABBLE 程序处理得到的 190 群中子、48 群伽马库，或 112 群中子、18 群伽马库，或 45 群中子、18 群伽马库。HELIOS 数据库中含有声子谱模型计算得到的氢化锆中氢的截面库。

上述栅元计算方法和计算程序均需要精确处理氢化锆中氢的热化效应计算问题。GASKET－FLANGE 为早期计算氢化锆中氢热化效应的程序，根据给定的频谱 $f(\omega)$ 由 GASKET 程序计算出散射律 $S(\alpha,\beta)$，再由 FLANGE 程序计算出氢化锆中氢散射矩阵 $\sigma_l(E_0 \rightarrow E)$。文献[9]中根据氢化锆晶体的声学模型（DEBYE 谱）和光学模型（GAUSS 谱）给出它的频谱分布；由此频谱计算了氢化锆中氢的散射律；依据编制的散射矩阵计算程序 SMP，采用一些近似模型计算氢化锆中氢的弹性散射矩阵和非弹性散射矩阵，从而给出了氢化锆中氢的符合 WIMS 格式的 69 群截面库，供 WIMS 栅元计算程序调用。文献[10]基于第一性原理，采用平面波赝势的方法，使用 Material Studio 软件中的 CASTEP 模块计算了 LiH 的声子谱；采用新制的声子谱，利用 GASKET 和 NJOY/LEAPR 程序建立 LiH 中 H 和 Li 热散射律和散射矩阵计算模型，LEAPR 可以处理比 GASKET 更高的声子展开阶数，涉及更复杂的能量和动量转换过程，结果更加可靠；通过研究 LiH 声子谱的产生、热散射律模型和散射矩阵的建立，制作成适用于 MCNP 程序的多温度点、ACE 格式的 LiH 热中子截面数据库。

共振计算是在具体栅元/组件几何下由核反应截面通过能谱权重得到具体问题的多群截面，是求解多群中子输运问题的前提，其计算精度直接影响中子输运方程计算的精度，在反应堆物理中占有重要地位。共振区的能谱随反应堆中核燃料成分、布置、温度和几何尺寸变化而变化，从共振计算方法对影响因素的适应程度可以看出该共振计算方法的优缺点。目前国际上共振计算可以归结为以下三种类型。

1. 等价理论

等价理论的主要思想是通过找出共振核素的稀释截面使得非均匀问题与均匀问题等价，然后利用稀释截面从多群数据库中进行插值，求出共振核素的能群平均截面。不同等价理论模型的主要区别在于获得稀释截面的方法不同。其中，组件程序 CASMO、WIMS、DRAGON 等主要是通过对全反射栅元或组件内燃料到燃料的首次碰撞概率进行有理展开而获得稀释截面。该方法的难点在于燃料到燃料的首次碰撞概率的计算，实际上很难找到一种有效的用于任意几何碰撞概率计算的方法，因此该方法很难真正用于任意几何的共振处理。该类型共振计算方法对于同一共振核素在所有燃料区内只有一套自屏截面，而不能得到与空间相关的自屏截面，因此对于非均匀性很强的问题，计算精度不高。

2. 概率表、子群、多邦方法

概率表、子群、多邦方法属于同一种方法，其基本思想是：首先把每个粗能群内与能量相关的截面用概率密度表示；其次对概率密度进行离散得到概率表；最后利用概率表及相关子群参数计算子群通量，并计算自屏截面。该类型方法目前被应用于 WIMS9、APOLLO2、HELIOS 等组件程序中。此外，概率表思想也被广泛应用于蒙特卡罗程序中，用于共振自屏的处理。该方法理论上可以处理任意几何的共振自屏计算，还可以考虑空间位置差异及空间自屏效应对共振核素平均截面的影响，计算出与空间相关的能群平均截面。该方法能够得到空间相关的自屏截面，因而对于非均匀问题具有很好的计算精度。但是，该方法在计算概率表或子群参数时，采用了多群核数据库的共振参数，这就引入了单共振核素的假设，因而对于多核素共振干涉问题，必须采用迭代计算或者其他修正方法，计算精度受到影响。该方法也没有考虑弹性散射的共振效应。

3. 连续能量逼近方法

连续能量逼近就是针对共振能区采用 Point-Wise（PW）插值方法对截面进行离散，在离散的能点上求解中子输运方程，从而避开了能群的概念，实际求解真正问题的中子慢化方程。该方法思想简单，需要超细能群数据库相配合，已经被 RICM、RABBLE 和 PEACO 等程序应用。该方法对影响共振计算的各种因素都有很好的适应性，缺点是在共振能区需要计算数万个能群的多群中子输运方程，计算量巨大，计算效率低下。小波展开方法作为一种新的计算方法在 1995 年被引入对中子慢化方程的求解中，取得了很好的计算结果。小波展开方法是一种函数拟合方法，只需要求解展开系数，而不需要求解具体能点上的中子通量密度，理论上能够有效减少求解的方程个数，从而提高计算效率。

3.2　氢化锆的中子热化效应

当中子能量 E 小于 4～5 倍的中子温度 kT_n 时，中子与原子核的碰撞已不能将慢化剂核看成是静止的、自由的，中子在这个低能区的运动和慢化过程称为热化。一方面，中子的动能与介质原子核热运动的动能相当，中子与原子核的散射必须考虑原子核的热运动；另一方面，中子与原子核的碰撞还必须考虑分子间或固体结晶栅格间的化学键以及不同原子核散射波之间的干涉效应。在铀氢锆脉冲反应堆中，慢化剂主要是铀氢锆燃料中的氢，而燃料元件之间的水仅起辅助慢化作用，且一般栅元或组件计算程序（如 WIMS 程序）的自带库中仅有自由气体模型（考虑原子核热运动）或尼尔金模型（考虑原子核热运动、化学结合键、干涉效应）给出的束缚氢数据库，因此铀氢锆脉冲反应堆栅元计算需要重点处理氢化锆晶体的热化效应。

3.2.1　氢化锆中氢散射律模型

1. 理论模型

中子与氢化锆中氢的散射分为弹性散射和非弹性散射[11,12]。对于非弹性散射，特别是在多晶固体中，干涉效应并不重要，因此对非弹性散射采用不相干近似就足够了；而对晶体的弹性散射，干涉效应常常是很重要的，因此计算弹性散射时采用相干近似。对于中子的热化（即能量转移），由于氢化锆晶体的质量相当大，中子与它发生弹性散射时，中子损失的能量相当小，故弹性散射对能量的转移影响很小；而中子与它发生非弹性散射时，虽然不会引起整个晶体的激发态，但可以引起晶体中原子的一个或几个振动量子态的改变，这种振动态的量子称为声子，中子可以通过发射或吸收声子引起能量的转移。

在氢化锆晶体栅格中，每个氢原子居于由四个锆原子形成的四面体的中心。为了计算上的简便性，可以近似地把它看成对称的立方晶体[3]，并采用下列三个近似和假设来计算中子的热化：①不相干近似；②假设在固体中只存在一种原子，它们受到各向同性简谐力的作用；③可能的振动模式由连续谱 $f(\omega)$ 描述，且频谱 $f(\omega)$ 是归一的，即 $\int_0^\infty f(\omega)\mathrm{d}\omega = 1$。

由各向同性简谐振动近似，氢化锆晶体的中间散射函数为[3,13]

$$X(\alpha, \tau) = \exp[\alpha w G(\tau)] \tag{3-1}$$

其中

$$G(\tau) = \gamma(\tau) - \gamma(0) \tag{3-2}$$

$$\gamma(\tau) = T \int_{-\infty}^{\infty} \frac{f(|\omega|)\mathrm{e}^{\frac{\omega}{2T}}}{2\omega \sinh\left(\frac{\omega}{2T}\right)} \mathrm{e}^{i\omega\tau}\mathrm{d}\omega \tag{3-3}$$

$$\gamma(0) = T \int_{-\infty}^{\infty} \frac{f(|\omega|)\mathrm{e}^{\frac{\omega}{2T}}}{2\omega \sinh\left(\frac{\omega}{2T}\right)} \mathrm{d}\omega \tag{3-4}$$

$$\alpha = \frac{K^2}{2MT} \tag{3-5}$$

$$\beta = \frac{E - E_0}{kT} \tag{3-6}$$

$$K^2 = 2m_n(E + E_0 - 2\mu\sqrt{EE_0}) \tag{3-7}$$

式中，τ 为时间特征量；α 表征动量的变化；β 表征能量的变化；E_0 和 E 分别为散射前后中子的动能；μ 为散射角余弦；M 和 m_n 分别为氢原子和中子的质量；w 为权重；ω 为角频率；f 为声子频谱；T 为材料温度。在理论计算中，将 $\hbar\omega$ 的值赋给 ω，kT 的值赋给 T，其中 $\hbar$ 为普朗克常量，k 为玻尔兹曼常量。

经傅里叶变换，热散射律为

$$S(\alpha,\beta) = \frac{1}{2\pi}\int_{-\infty}^{\infty} e^{i\omega t} X(\alpha,t)\mathrm{d}\tau \tag{3-8}$$

根据细致平衡原理，散射律 $S(\alpha,\beta)$ 是 β 的偶函数，则有

$$S(\alpha,-\beta) = S(\alpha,\beta) \tag{3-9}$$

这样计算中只要算出向下散射（$\beta<0$）的散射律就可以了，而向上散射可以由式（3-9）得到。

当 α 和 $|\beta|$ 的值较大时（$\alpha>\alpha_{sw}$，$|\beta|>\beta_{sw}$），可采用短碰撞近似

$$\exp\left(-\frac{\beta}{2}\right)S(\alpha,\beta) = \frac{\exp\left(-\dfrac{\beta T}{2\overline{T}}\right)}{\sqrt{4\pi\alpha T\overline{T}}}\exp\left[-\frac{T}{4\alpha\overline{T}}(\beta^2+\alpha^2)\right] \tag{3-10}$$

$$\overline{T} = 1/2\int_0^{\infty} f(\omega)\omega\coth\left(\frac{\omega}{2T}\right)\mathrm{d}\omega \tag{3-11}$$

2. 频谱 $f(\omega)$ 的选择

文献[4]、[11]～[15]均对氢化锆的频谱作了细致的研究。频谱大致有两种类型，第一类为 GAUSS 谱，权重为 1，如文献[15]所述；第二类为 DEBYE 和 GAUSS 复合谱，由于在低能（$\omega\leq0.02$ eV）处，频谱的贡献主要决定于 DEBYE 谱，而 GAUSS 谱的贡献接近于零，故无论 GAUSS 谱的权重取多大，在低能处其值也远远小于 DEBYE 谱的贡献，因而 DEBYE 谱的权重取为 1/91～1/360，GAUSS 谱的权重取为 90/91～359/360，如文献[4]、[11]、[12]所述。虽然 DEBYE 谱的权重很小，但却对低能处（$\beta=0.08$）氢化锆中氢的散射律有较大的影响，计算表明，$\beta=0.08$ 时 GAUSS 和 DEBYE 复合谱所算出的散射律明显大于 $\beta=0.08$ 时 GAUSS 谱算出的散射律[9]，故 GAUSS 和 DEBYE 复合谱较准确地描述了中子与氢化锆晶体的散射作用，因此采用第二种频谱分布[14]，即

（1）DEBYE 谱：

$$f_1(\omega) = \frac{3\omega^2}{\omega_{\max}^3} \qquad (3\text{-}12)$$

其中，$\omega_{\max}$=0.02eV。

（2）GUASS 谱：

$$f_2(\omega) = 1/\sqrt{2\pi\sigma^2}\exp\left[\frac{-(\omega-\omega_0)^2}{2\sigma^2}\right] \qquad (3\text{-}13)$$

其中，ω_0 =0.137eV；$\sigma = \sqrt{7.2\times10^{-5}}$eV；DEBYE 谱和 GAUSS 谱的权重分别为 w_1（1/91～1/360）和 w_2（90/91～359/360）。从而

$$f(\omega) = w_1 f_1(\omega) + w_2 f_2(\omega) \qquad (3\text{-}14)$$

且 $f(\omega)$ 为归一的，即 $\int_0^{\infty} f(\omega)\mathrm{d}\omega = 1$。

　　图 3-1 给出了温度为 300K 时分别用 GAUSS 谱、DEBYE 与 GAUSS 复合谱所计算的氢化锆中氢的散射律 $S(\alpha,\beta)/\alpha$ 随 α 的变化曲线，图中 β=4.742 所算出的两条曲线基本重合。由图 3-1 中数据可知，DEBYE 与 GAUSS 复合谱所计算的散射律和文献[11]保持一致，而单独由 GAUSS 谱所计算的散射律在 β 较小时偏低。图 3-2 给出了温度为 300K 时 DEBYE 谱的权重分别为 1/91、1/360 下氢化锆中氢的散射律 $S(\alpha,\beta)/\alpha$ 随 α 的变化曲线，经比较可知，其值比较接近，并与文献[11]保持一致，这说明 DEBYE 谱的权重可以选为 1/91～1/360 的任何值，而 GAUSS 谱的权重可以选为 90/91～359/360 的任何值。

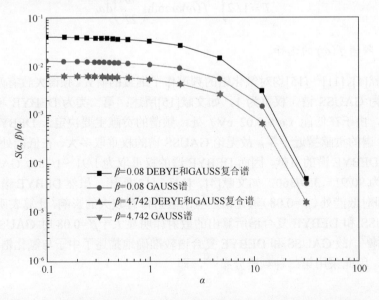

图 3-1　不同谱型所计算的氢化锆中氢的散射律 $S(\alpha,\beta)/\alpha$ 随 α 的变化曲线

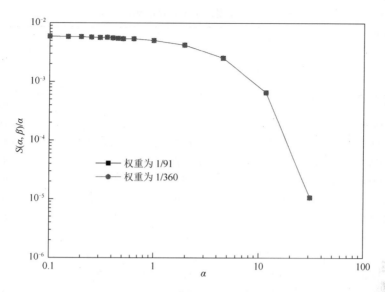

图 3-2　不同权重下氢化锆中氢的散射律 $S(\alpha,\beta)/\alpha$ 随 α 的变化曲线

　　稳态运行时，铀氢锆脉冲反应堆铀氢锆燃料的平均温度为 596K，因此必须计算 300～600K 各温度点的散射矩阵和散射截面，频谱的选择也要考虑不同温度点的情况。由文献[12]可知，频谱的宽度与温度有关，因而在 GASKET 的输入表中，对不同的温度就必须有不同的频谱输入参数。根据文献[12]的结果，频谱宽度与温度的关系可表示为

$$\Gamma = \Gamma_0 + \left(\frac{K_{max}^2 \overline{T}}{M_{eff}} \right)^{1/2}$$

（3-15）

式中，Γ_0 为 300K 时频谱的半高宽（0.02eV）；Γ 为温度 T 时的频谱半高宽；K_{max} 为动量变化的最大值；M_{eff} 为束缚在氢化锆晶体中氢原子的有效质量，文献[12]中取 M_{eff} 为 200，这是因为中子与氢化锆中氢原子散射时，氢化锆晶体是作为整体对中子散射的，即相当于增加了氢化锆中氢的有效质量；$\overline{T}$ 为有效温度，其计算模型如式（3-11）所示。K_{max}^2 的计算公式如下所示：

$$K_{max}^2 = 2m_H(E_H + E_H^0 + 2\sqrt{E_H E_H^0})$$

（3-16）

式中，E_H^0、E_H 分别为 300K 和 T 时 DEBYE 晶体中氢原子的平均动能；$E_H = 3\overline{T}/2$；m_H 为氢原子的质量。式（3-15）中，$\Gamma = 2.355\sigma$。由式（3-15）和式（3-16）可以计算得到温度为 300K、400K、500K、600K 时频谱的半高宽分别为 0.02eV、0.02817eV、0.02964eV、0.03107eV。

　　表 3-1 给出了 300K、400K、500K、600K 四种温度下氢化锆的频谱分布，由于频谱宽度与散射角度的依赖关系很小，故此频谱没有考虑散射角度的影响。

表 3-1　不同温度下氢化锆的频谱分布

ω/eV \ f/β \ T/K	300	400	500	600
0.0	0.0	0.0	0.0	0.0
0.002585	0.00032	0.00043	0.00054	0.00065
0.005170	0.00130	0.00173	0.00216	0.00259
0.007755	0.00291	0.00389	0.00486	0.00583
0.01034	0.00518	0.00691	0.00864	0.0104
0.01551	0.0117	0.0155	0.0194	0.0233
0.02068	0.0	0.0	0.0	0.0
0.02585	0.0	0.0	0.0	0.0
0.03102	0.0	0.0	0.0	0.0
0.03619	0.0	0.0	0.0	0.0
0.04136	0.0	0.0	0.0	0.0
0.06463	0.0	0.0	0.0	0.0
0.07755	0.0	0.0	0.00002	0.00006
0.09048	0.0	0.00062	0.00147	0.00312
0.10340	0.00048	0.0226	0.0386	0.0609
0.10857	0.00444	0.0689	0.106	0.153
0.11374	0.0283	0.174	0.247	0.329
0.11891	0.125	0.366	0.484	0.608
0.12408	0.380	0.639	0.802	0.963
0.12925	0.797	0.926	1.124	1.309
0.14218	1.004	1.039	1.248	1.440
0.15510	0.125	0.366	0.483	0.607
0.16803	0.00152	0.0403	0.0652	0.0982
0.18095	0.0	0.00139	0.00307	0.00609
0.19387	0.0	0.00002	0.00005	0.00015
0.20680	0.0	0.0	0.0	0.0

3. 散射律 $S(\alpha,\beta)$ 的计算

式（3-1）～式（3-8）给出了 $\beta<0$ 时散射律的计算模型，式（3-9）给出了 $\beta>0$ 时散射律的计算模型，此外，α、β 很大时（$\alpha>\alpha_{sw}$，$|\beta|>\beta_{sw}$），可以采用式（3-10）和式（3-11）来计算。

当入射中子能量为 $E_0=0.335\text{eV}$，中子散射角为 90°时，对于不同的出射中子能量 E_i，就有唯一的 β_i 和 α_i 与之相对应，此处用 GASKET 计算了氢化锆中氢的散射律

$S(\alpha,\beta)/\alpha$随β的变化曲线以及$S(\alpha,\beta)/\alpha$随α的变化曲线，分别如图3-3和图3-4所示。

由图 3-3 和图 3-4 可以看出，采用各向同性简谐振动模型所计算的散射律与文献[11]基本符合，只是当$|\beta|$值较小时，计算值比文献[11]偏低，这是因为中子与氢化锆晶体作用，除了引起氢化锆晶体的简谐振动外，还会引起氢化锆晶体的扩散运动[16]。由于晶体的束缚作用比较大，氢原子的有效质量相当大，中子与它碰撞时损失的能量较小，因此扩散运动只对低能（小β）有影响，但它的影响受到强束缚作用的限制，故影响程度不会太大。

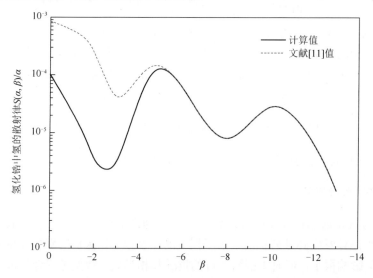

图 3-3　氢化锆中氢的散射律 $S(\alpha,\beta)/\alpha$随β的变化曲线

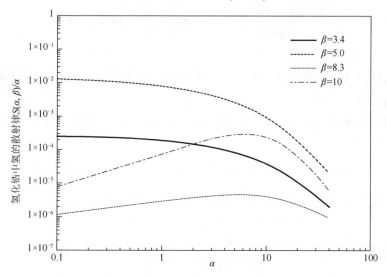

图 3-4　氢化锆中氢的散射律 $S(\alpha,\beta)/\alpha$随α的变化曲线

3.2.2　氢化锆中氢散射矩阵模型

1. 非弹散射矩阵

在氢化锆晶体中，中子的热化主要决定于非弹性散射。由氢化锆晶体各向同性简谐振动模型出发，可以得到氢化锆晶体中氢的非弹性双微分散射截面[2,3]

$$\frac{\mathrm{d}^2\sigma^{\mathrm{in}}(E_0 \to E, \mu, T)}{\mathrm{d}\Omega\mathrm{d}E} = \frac{\sigma_{\mathrm{b}}}{4\pi T}\left(\frac{E}{E_0}\right)^{\frac{1}{2}}\exp\left(-\frac{\beta}{2}\right)S(\alpha, \beta, T) \tag{3-17}$$

式中，Ω 为立体角；σ_{b} 为束缚氢原子的截面；α、β 分别为散射时中子动量和动能变化的两个无因次量，与式（3-5）和式（3-6）中的一致；$S(\alpha,\beta,T)$ 为散射律，其值为 $S(\alpha,\beta)T$；E_0 和 E 分别为散射前后中子的动能；μ 为散射角；T 为材料的温度（K）。

由式（3-17），可以得到氢化锆中氢的 l 阶非弹散射矩阵

$$\sigma_l^{\mathrm{in}}(E_0 \to E) = \frac{\sigma_{\mathrm{b}}}{2T}\sqrt{\frac{E}{E_0}}\exp\left(-\frac{\beta}{2}\right)\int_{-1}^{1}P_l(\mu)S(\alpha, \beta)\mathrm{d}\mu \tag{3-18}$$

式中，$P_l(\mu)$ 为勒让德多项式；l 为勒让德多项式的阶数。

2. 弹性散射矩阵

中子与氢化锆晶体发生碰撞时，除了有非弹性散射外，还有弹性散射。当中子与氢化锆晶体发生弹性碰撞时，中子损失的能量很小，因此它对中子的热化（即能量转移）影响很小，但对本群到本群的贡献却相当大，故要考虑弹性散射对输运的作用。根据文献[11]和文献[12]的结果，可以得到氢化锆中氢的弹性双微分截面

$$\frac{\mathrm{d}^2\sigma^{\mathrm{el}}(E_0 \to E, \mu, T)}{\mathrm{d}E\mathrm{d}\Omega} = \frac{\sigma_{\mathrm{b}}}{4\pi}\exp\left[-\frac{\alpha'}{2}K^2\right]\delta(E_0 - E) \tag{3-19}$$

式中，σ_{b} 为束缚氢原子的截面；K^2 为中子动量变化的平方，其值为 $K^2 = 2m_{\mathrm{n}}(E_0 + E - 2\sqrt{EE_0}\mu)$，$m_{\mathrm{n}}$ 为中子的质量；α' 为常数，根据文献[12]的结果，此处选为 6.39。

根据勒让德展开式的定义，由式（3-19）可以得到氢化锆中氢的 l 阶弹性散射矩阵[14]

$$\sigma_l^{\mathrm{el}}(E_0 \to E) = \frac{\sigma_{\mathrm{b}}}{2}\delta(E_0 - E)\int_{-1}^{1}\exp[-m_{\mathrm{n}}\alpha'(E_0 + E - 2\sqrt{EE_0}\mu)]P_l(\mu)\mathrm{d}\mu \tag{3-20}$$

对于氢化锆中氢，只需计算 0 阶和 1 阶球谐矩的散射矩阵。

（1）当 $l=0$ 时，即为散射转移截面

$$\sigma_0^{\mathrm{el}}(E_0 \to E) = \frac{\sigma_{\mathrm{b}}}{2}\delta(E_0 - E) \times \frac{1}{m_{\mathrm{n}}\alpha' \times 2\sqrt{EE_0}}\{\exp[-m_{\mathrm{n}}\alpha'(E_0 + E - 2\sqrt{EE_0})]$$

$$- \exp[-m_{\mathrm{n}}\alpha'(E_0 + E + 2\sqrt{EE_0})]\} \tag{3-21}$$

当 $E = E_0$ 时，

$$\sigma_0^{\mathrm{el}}(E_0 \to E_0) = \frac{\sigma_b}{25.7815 E_0}[1 - \exp(-25.7815 E_0)] \tag{3-22}$$

当 $E \neq E_0$ 时，$\sigma_0^{\mathrm{el}}(E_0 \to E) = 0$。

（2）当 $l=1$ 时，即为散射各向异性度

$$\sigma_1^{\mathrm{el}}(E_0 \to E) = \frac{\sigma_b}{4 m_n \alpha' \sqrt{E E_0}} \delta(E - E_0) \left[e^{-m_n \alpha'(E + E_0 - 2\sqrt{E E_0})} + e^{-m_n \alpha'(E + E_0 + 2\sqrt{E E_0})} \right.$$
$$\left. - \frac{1}{2 m_n \alpha' \sqrt{E E_0}} \left(e^{-m_n \alpha'(E + E_0 - 2\sqrt{E E_0})} - e^{-m_n \alpha'(E + E_0 + 2\sqrt{E E_0})} \right) \right] \tag{3-23}$$

当 $E = E_0$ 时，

$$\sigma_1^{\mathrm{el}}(E_0 \to E_0) = \frac{\sigma_b}{4 m_n \alpha' E_0} \left[1 + e^{-4 m_n \alpha' E_0} - \frac{1}{2 m_n \alpha' E_0}(1 - e^{-4 m_n \alpha' E_0}) \right] \tag{3-24}$$

当 $E \neq E_0$ 时，$\sigma_0^{\mathrm{el}}(E_0 \to E) = 0$。

由（1）和（2）的讨论可以得到以下结论：对于弹性散射，由于中子能量变化很小，故某一群到所有群的弹性散射矩阵中只有本群到本群的散射矩阵不为零，而本群到本群的弹性散射矩阵（$l=0,1$）也近似地等于本群的散射截面（$l=0$）或散射各向异性度（$l=1$）。

$$\sigma_l^{\mathrm{el}}(E_0 \to E_0) = \sigma_l^{\mathrm{el}}(E_0) \tag{3-25}$$

由上述所得到的非弹性散射矩阵和弹性散射矩阵，可以得到总的散射矩阵

$$\sigma_l^{\mathrm{s}}(E_0 \to E) = \sigma_l^{\mathrm{in}}(E_0 \to E) + \sigma_l^{\mathrm{el}}(E_0 \to E) \tag{3-26}$$

3.3　栅元共振处理

铀氢锆脉冲反应堆为热中子堆，在 0.1MeV 以上能区，中子慢化依靠反应堆燃料和结构材料的非弹散射以及栅元中氢核的弹性散射，而在 0.1MeV 以下能区，中子慢化主要靠铀氢锆中氢以及水中氢的弹性散射，此时可以忽略反应堆燃料和结构材料的散射慢化作用，即铀氢锆脉冲反应堆共振能区的中子慢化主要依靠氢核。由于氢核在共振能区的共振散射效应不明显，故铀氢锆脉冲反应堆的中子慢化过程无须考虑氢核共振散射，仅需考虑燃料和结构材料的共振吸收和共振裂变。

3.3.1　一般非均匀栅格的共振吸收

本书将非均匀栅格定义为由燃料区和慢化区组成且燃料区无慢化材料的栅元。

根据群常数的定义，共振核素的 g 群共振吸收截面为

$$\sigma_{a,g} = \frac{\int_{\Delta E_g} \sigma_a(E)\phi(E)\mathrm{d}E}{\int_{\Delta E_g} \phi(E)\mathrm{d}E} \tag{3-27}$$

式中，ΔE_g 为能群间隔；$\sigma_a(E)$ 为中子能量为 E 时的微观吸收截面；$\phi(E)$ 为平均中子能谱分布，有

$$\phi(E) = \frac{1}{V}\int_V \phi(r, E)\mathrm{d}V \tag{3-28}$$

定义第 i 个共振峰的有效共振积分值 I_i 为

$$I_i = \int_{\Delta E_i} \sigma_a(E)\phi(E)\mathrm{d}E \tag{3-29}$$

式中，ΔE_i 为共振峰 i 的宽度，一般在一个能群内可能有若干个共振峰。对某个能群 g，它的有效共振积分可以写成

$$I_g = \int_{\Delta E_g} \sigma_a(E)\phi(E)\mathrm{d}E = \sum_{i\in g} I_i \tag{3-30}$$

其中，$\sum\limits_{i\in g}$ 表示对位于 g 能群区间内的共振峰求和，因此有

$$\sigma_{a,g} = \frac{\sum\limits_{i\in g} I_i}{\int_{\Delta E_g} \phi(E)\mathrm{d}E} \tag{3-31}$$

由此可知，共振区内的共振吸收群截面的计算归结为有效共振积分 I_i 和共振中子通量密度 $\phi(E)$ 的计算。

确定中子在共振区内被吸收，需要估计吸收与慢化间的竞争。当渐进通量为 $1/E$ 时，相应的慢化密度，即每立方厘米每秒慢化到能量 E 以下的中子数可以写成 $q = \sum \xi\sigma_s$，其中，σ_s 为微观散射截面，ξ 是每碰撞一次的平均对数能降，求和是对所有的散射核。如果慢化剂的散射截面是 σ_m，吸收核在共振峰以外的散射截面是 σ_{pot}，那么 $q = \xi_m\sigma_m + \xi_a\sigma_{pot}$，$\xi_m$ 和 ξ_a 分别对应于慢化剂和吸收体的平均对数能降。

共振峰 i 内的吸收概率为

$$P_{abs,i} = \frac{\int \sigma_{a,i}(E)\phi(E)\mathrm{d}E}{\xi_m\sigma_m + \xi_a\sigma_{pot}} = \frac{I_{a,i}}{\xi_m\sigma_m + \xi_a\sigma_{pot}} \tag{3-32}$$

式中，$I_{a,i} = \int \sigma_{a,i}(E)\phi(E)\mathrm{d}E$。

那么相应的逃脱（或不俘获）共振吸收概率为

$$P_{\text{esc},i} = 1 - P_{\text{abs},i} \tag{3-33}$$

对于一组共振峰，假设共振峰以外的通量正比于渐进通量 $1/E$，有

$$P_{\text{esc}} = \prod_i (1 - P_{\text{abs},i}) \tag{3-34}$$

单个共振吸收概率一般都比较小，所以式（3-34）可近似为

$$P_{\text{esc}} \approx \exp\left(-\sum_i P_{\text{abs},i}\right) = \exp\left(-\sum_i \frac{\int \sigma_{\text{a},i}(E)\phi(E)\,\mathrm{d}E}{\xi_{\text{m}}\sigma_{\text{m}} + \xi_{\text{a}}\sigma_{\text{pot}}}\right) \tag{3-35}$$

当燃料块间的距离大于中子在慢化剂内的平均自由程时，从一个燃料块飞出的共振中子，不可能在穿越慢化剂时未经任何碰撞以同一能量进入相邻的另一燃料块内，因此可以只取一个单独栅元来研究，而不考虑其他栅元的互屏影响。

假设该单独栅元由燃料和慢化剂组成，并认为燃料由一种吸收核素组成，但研究结果可以扩展到燃料由多种吸收核素组成的情况。

用 $\phi_{\text{F}}(E)$ 和 $\phi_{\text{M}}(E)$ 分别表示燃料块和慢化剂内共振中子的平均中子通量密度。设 $P_{\text{F0}}(E)$ 为燃料内产生的各向同性、能量为 E 的中子未经碰撞逸出燃料，在慢化剂中发生首次碰撞的概率；$P_{\text{M0}}(E)$ 为慢化剂内各向同性、能量为 E 的中子在燃料内中发生首次碰撞的概率。

稳态情况下，燃料块内某一能量 E 附近 $\mathrm{d}E$ 能量间隔内中子是处于平衡的。燃料块内能量高于 E 的中子与燃料核碰撞后进入 $E \sim E+\mathrm{d}E$ 能量范围内的中子数为

$$V_{\text{F}} \int_E^{E/\alpha_{\text{F}}} \frac{\sigma_{\text{s,F}}(E')\phi_{\text{F}}(E')}{(1-\alpha_{\text{F}})E'}\,\mathrm{d}E\mathrm{d}E' \tag{3-36}$$

式中，$\sigma_{\text{s,F}}$ 为燃料中的中子微观散射截面。

这些中子在燃料块内发生首次碰撞的数目为

$$V_{\text{F}}[1-P_{\text{F0}}(E)] \int_E^{E/\alpha_{\text{F}}} \frac{\sigma_{\text{s,F}}(E')\phi_{\text{F}}(E')}{(1-\alpha_{\text{F}})E'}\,\mathrm{d}E\mathrm{d}E' \tag{3-37}$$

在慢化剂内恰好慢化到 $E \sim E+\mathrm{d}E$ 能量范围内的中子，在燃料块内发生首次碰撞的数目为

$$V_{\text{M}}P_{\text{M0}}(E) \int_E^{E/\alpha_{\text{M}}} \frac{\sigma_{\text{s,M}}\phi_{\text{M}}(E')}{(1-\alpha_{\text{M}})E'}\,\mathrm{d}E\mathrm{d}E' \tag{3-38}$$

式中，慢化剂的散射截面 $\sigma_{\text{s,M}}$ 在共振能区与能量无关。

在燃料块内 $\mathrm{d}E$ 能量间隔内发生碰撞而移出 $\mathrm{d}E$ 能量间隔的总中子数为 $\Sigma_{\text{t,F}}(E)\phi_{\text{F}}(E)V_{\text{F}}\mathrm{d}E$，其中 $\Sigma_{\text{t,F}}$ 为燃料中的中子总宏观截面。根据中子平衡原理，得到燃料块内中子慢化方程为

$$\Sigma_{t,F}(E)\phi_F(E)V_F dE = V_F[1-P_{F0}(E)]\int_E^{E/\alpha_F} \frac{\Sigma_{s,F}(E')\phi_F(E')}{(1-\alpha_F)E'} dEdE'$$

$$+ V_M P_{M0}(E)\int_E^{E/\alpha_M} \frac{\Sigma_{s,M}\phi_M(E')}{(1-\alpha_M)E'} dEdE' \tag{3-39}$$

式中，$\alpha = \left[\dfrac{A-1}{A+1}\right]^2$。由于慢化剂由轻核组成，一般假定单个共振峰非常陡窄，中子与慢化剂一次弹性碰撞的平均能量损失 $\overline{\Delta E_M}$ 远大于燃料共振峰的宽度，因而式（3-39）右端第二项的积分区间远大于共振峰的宽度，即积分项主要来源于非共振峰的贡献，用栅元渐进通量密度分布 $\phi_0(E') = \dfrac{1}{E'}$ 代替第二项积分中的 $\phi_M(E')$ 是合理的，因而有

$$\int_E^{E/\alpha_M} \frac{\Sigma_{s,M}\phi M(E')}{(1-\alpha_M)E'} dE' = \frac{\Sigma_{s,M}}{1-\alpha_M}\int_E^{E/\alpha_F} \frac{1}{E'}\frac{1}{E'} dE' = \frac{\Sigma_{s,M}}{E} \tag{3-40}$$

$P_{F0}(E)$ 和 $P_{M0}(E)$ 满足下列互易关系：

$$\Sigma_{t,F}V_F P_{F0}(E) = \Sigma_{t,M}V_M P_{M0}(E) \tag{3-41}$$

若认为 $\Sigma_{t,M} \approx \Sigma_{s,M}$，那么燃料块内的中子慢化方程（3-39）可以写成

$$\Sigma_{t,F}(E)\phi_F(E) = [1-P_{F0}(E)]\int_E^{E/\alpha_F} \frac{\Sigma_{s,F}(E')\phi_F(E')}{(1-\alpha_F)E'} dE' + \frac{P_{F0}(E)\Sigma_{t,F}(E)}{E} \tag{3-42}$$

此方程已不包含 $\phi_M(E)$ 了，是一个包含 $\phi_F(E)$ 的积分方程，若 $P_{F0}(E)$ 已知，解此积分方程便可求得 $\phi_F(E)$。下面讨论窄共振（NR）近似和无限质量（NRIM）近似的解。

1. NR 近似

许多共振峰都是比较陡窄的，若中子与慢化剂以及与燃料核弹性散射的平均能量损失 $\overline{\Delta E_F} = (1-\alpha_F)E_0/2$ 都比实际共振宽度大得多，即 $\overline{\Delta E_F} \gg \Gamma_P$，则在一个共振峰内中子与燃料核发生碰撞通常不会多于一次，不是被吸收就是被散射出共振峰，能量便低于共振能了，这种情况称为 NR 近似。这样可以认为燃料芯块内中子都是从高于共振峰的能量散射进入共振峰内的，因而式（3-42）右边燃料块积分项中的 $\phi_F(E)$ 可以用它的渐近形式 $\phi_0(E) = \dfrac{1}{E}$ 代替，同时 $\Sigma_{s,F}(E)$ 应等于势散射截面 $\Sigma_{P,F}$，这样就可以从燃料块内的中子慢化方程求出燃料内的中子通量密度为

$$\phi_F(E) = \frac{1}{\Sigma_{t,F}E}[(1-P_{F0})\Sigma_{P,F} + P_{F0}\Sigma_{t,F}] \tag{3-43}$$

或写成

$$\phi_F(E) = \frac{1}{\Sigma_{t,F}E}[P_{ff}\Sigma_{P,F} + (1-P_{ff})\Sigma_{t,F}] \tag{3-44}$$

式中，$P_{\text{ff}} = 1 - P_{\text{F0}}$ 为孤立棒中均匀各向同性产生的中子在燃料棒内发生首次碰撞的概率。

NR 共振积分为

$$I_{\text{NR},i} = \int_{\Delta E_i} \frac{\sigma_{\text{a},\text{F}}}{\Sigma_{\text{t},\text{F}} E} [P_{\text{ff}} \Sigma_{\text{P},\text{F}} + (1 - P_{\text{ff}}) \Sigma_{\text{t},\text{F}}] \mathrm{d}E \qquad （3\text{-}45）$$

2. NRIM 近似

对某些宽共振峰，中子与燃料核每次碰撞能量损失小于共振峰的实际宽度，即 $\overline{\Delta E_{\text{F}}} < \Gamma_{\text{P}}$，这时，中子在共振峰内将发生不止一次的碰撞。此时，可以假设燃料核的质量是无限大，即中子与燃料核散射时能量不发生变化，这种近似称为无限质量近似。由于中子在逸出燃料块之前，在燃料块共振峰内可能经过多次碰撞（中子不改变能量）逸出燃料块与慢化剂发生碰撞后才改变能量，假设散射后中子各向同性分布，因此在燃料块均匀各向同性产生的一个中子逸出燃料块外在慢化剂中发生碰撞的概率，除未经碰撞首次飞行逃脱概率 P_{F0} 外，还应包括在燃料块内发生多次碰撞后逸出块外的概率。设燃料块内发生碰撞时散射反应的概率为 $\sigma_{\text{s},\text{F}} / \sigma_{\text{t},\text{F}}$，则在燃料块内发生一次碰撞后逸出块外的概率 P_{F1} 为

$$P_{\text{F1}} = (1 - P_{\text{F0}}) \frac{\sigma_{\text{s},\text{F}}}{\sigma_{\text{t},\text{F}}} P_{\text{F0}} \qquad （3\text{-}46）$$

以此类推，考虑中子在燃料块内发生多次碰撞后，燃料块内产生的一个中子逸出块外在慢化剂内发生碰撞的概率应等于各次碰撞后逸出燃料块外的概率之和，即

$$\begin{aligned}
P_{\text{F}} &= P_{\text{F0}} + P_{\text{F1}} + \cdots \\
&= P_{\text{F0}} \left[1 + (1 - P_{\text{F0}}) \frac{\sigma_{\text{s},\text{F}}}{\sigma_{\text{t},\text{F}}} + (1 - P_{\text{F0}})^2 \left(\frac{\sigma_{\text{s},\text{F}}}{\sigma_{\text{t},\text{F}}} \right)^2 + \cdots \right] \\
&= \frac{P_{\text{F0}}}{1 - (1 - P_{\text{F0}}) \sigma_{\text{s},\text{F}} / \sigma_{\text{t},\text{F}}}
\end{aligned} \qquad （3\text{-}47）$$

因此对于 NRIM 近似，在式（3-42）中令 $\Sigma_{\text{s},\text{F}} = \Sigma_{\text{P},\text{F}}$，同时式（3-42）首次飞行逃脱概率 P_{F0} 应该用式（3-47）中的 P_{F} 代替，则有

$$\Sigma_{\text{t},\text{F}}(E) \phi_{\text{F}}(E) = [1 - P_{\text{F}}(E)] \int_E^{E/\alpha_{\text{F}}} \frac{\Sigma_{\text{P},\text{F}}(E') \phi_{\text{F}}(E')}{(1 - \alpha_{\text{F}}) E'} \mathrm{d}E' + \frac{P_{\text{F}}(E) \Sigma_{\text{t},\text{F}}(E)}{E} \qquad （3\text{-}48）$$

令 $\alpha_{\text{F}} \to 1$，可以求出对于宽共振峰 NRIM 近似下燃料内的中子通量密度为

$$\phi_{\text{F}}(E) = \frac{(1 - P_{\text{ff}}) \Sigma_{\text{t},\text{F}}}{(\Sigma_{\text{t},\text{F}} - \Sigma_{\text{P},\text{F}} P_{\text{ff}}) E} \qquad （3\text{-}49）$$

式中，$P_{ff} = 1 - P_F$。

NRIM 共振积分为

$$I_{\text{NRIM},i} = \int_{\Delta E_i} \frac{(1-P_{ff})\Sigma_{t,F}}{(\Sigma_{t,F} - \Sigma_{P,F}P_{ff})E} \sigma_{a,F} dE \tag{3-50}$$

把式（3-44）和式（3-49）用通式表示为

$$\phi_F(E) = \frac{\lambda P_{ff}\Sigma_{P,F} + (1-P_{ff})\Sigma_{t,F}}{\Sigma_{t,F} - (1-\lambda)P_{ff}\Sigma_{P,F}} \frac{1}{E} \tag{3-51}$$

式中，$\lambda = 1$ 为 NR 近似；$\lambda = 0$ 为 NRIM 近似。

共振积分用通式表示为

$$I_i = \int_{\Delta E_i} \frac{\lambda P_{ff}\Sigma_{P,F} + (1-P_{ff})\Sigma_{t,F}}{\Sigma_{t,F} - (1-\lambda)P_{ff}\Sigma_{P,F}} \frac{1}{E} \sigma_{a,F} dE \tag{3-52}$$

式中，$\lambda = 1$ 为 NR 近似；$\lambda = 0$ 为 NRIM 近似。

对某些共振峰 $\overline{\Delta E_A} \approx \Gamma_P$，严格地讲 NR 和 NRIM 近似都不适用，这时应该采用"中间近似"，即在式（3-51）和式（3-52）中取 $0 < \lambda < 1$ 的中间数值。

3. 无限栅格共振计算

上面考虑的是在孤立棒情况下得到的结果，如果是无限栅格，这时中子逸出燃料棒后，有可能在慢化剂中不经碰撞而达到附近燃料棒中发生碰撞。因此，与孤立棒相比，无限栅格的 P_{ff} 值增大了。设以 P_{FF} 表示在无限栅格中燃料棒内均匀各向同性产生的中子在燃料棒内发生首次碰撞的概率，则对于无限栅格的有效共振积分和共振中子通量密度，式（3-51）中的首次碰撞概率 P_{ff} 应以 P_{FF} 代替，即

$$\phi_F(E) = \frac{\lambda P_{FF}\Sigma_{P,F} + (1-P_{FF})\Sigma_{t,F}}{\Sigma_{t,F} - (1-\lambda)P_{FF}\Sigma_{P,F}} \cdot \frac{1}{E} \tag{3-53}$$

式中，$\lambda = 1$ 为 NR 近似；$\lambda = 0$ 为 NRIM 近似。其中，P_{FF}、P_{ff} 可分别表示为

$$P_{FF} = 1 - P_{F0}^* = 1 - \frac{1}{1 + \Sigma_{t,F}\bar{l}\frac{1}{1-C}} = \frac{\Sigma_{t,F}\bar{l}\frac{1}{1-C}}{1 + \Sigma_{t,F}\bar{l}\frac{1}{1-C}} \tag{3-54}$$

$$P_{ff} = 1 - P_{F0} = 1 - \frac{1}{1 + \Sigma_{t,F}\bar{l}} = \frac{\Sigma_{t,F}\bar{l}}{1 + \Sigma_{t,F}\bar{l}} \tag{3-55}$$

式中，$\bar{l}$ 为平均弦长，$\bar{l} = 4V/S$；C 为燃料棒之间互屏效应的丹可夫修正因子。

4. 燃料中多个共振吸收核的共振计算

前面考虑燃料中只有一种共振吸收核的情况,实际燃料中含有多种共振核素,这时需考虑它们彼此间的相互影响。对于含有多个吸收体的总共振积分,按定义可以写成

$$\sum_i N_i I_i = \sum_i N_i \int_{\Delta E} \phi_F(E) \sigma_{a,i}(E) \frac{dE}{E} \qquad (3\text{-}56)$$

式中,下标 i 表示第 i 种共振核素。

3.3.2 燃料区混有慢化材料的非均匀栅格的共振吸收

对于铀氢锆脉冲反应堆,其铀氢锆燃料区内混有慢化材料–氢化锆中氢,此时中子慢化方程与燃料区不含慢化材料的非均匀栅格存在一定差异,这种燃料区混有慢化材料的非均匀排布方式,使得铀-238 共振吸收发生变化。

考虑一个双区系统,如图 3-5 所示,吸收材料加上某些掺杂的慢化剂均匀混合在 F 区中,体积为 V_F;外部慢化剂在 M 区中,体积为 V_M。各区的几何形状可以很复杂,但每区的密度和成分假设是一样的。F 区内的慢化剂散射截面 $\sigma_{s,mF}$ 和 M 区内的慢化剂散射截面 $\sigma_{s,mM}$ 都取为常数或随能量缓慢变化,而 F 区中重吸收核的截面,即 $\sigma_{a,FF}(E)$ 与 $\sigma_{s,FF}(E)$ 具有共振特点。假设两个区内的中子通量与时间无关,它们是由较高能的裂变源慢化而来的。

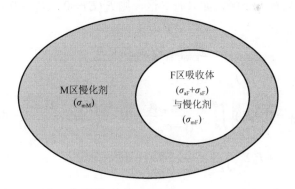

图 3-5 吸收体（F）与慢化剂（M）区示意图

考虑 F 区能量为 E 的中子的总碰撞率。如果 F 区中的总截面用 $\Sigma_{t,F}$ 表示,这里

$$\Sigma_{t,F} = \Sigma_{a,FF} + \Sigma_{s,FF} + \Sigma_{s,mF} \qquad (3\text{-}57)$$

那么 F 区能量 E 的中子总碰撞概率为

$$V_F \Sigma_{t,F}(E)\phi_F(E) \tag{3-58}$$

M 区中发生一次碰撞到达能量 E，并将在 F 区中发生下一次碰撞的概率为

$$P_M(E)V_M \int_E^{E/\alpha_{mM}} \frac{\Sigma_{s,mM}\phi_M(E')}{(1-\alpha_{mM})E'} dE' \tag{3-59}$$

式中，V_M 乘以积分表示 M 区内中子慢化到 E 的速率；$P_M(E)$ 是能量 E 的中子逃脱 M 区并在 F 区发生下一次碰撞的概率。

同样，在 F 区发生一次碰撞到达能量 E 的中子在 F 区内发生下一次碰撞的概率为

$$[1-P_F(E)]V_F \left\{ \int_E^{E/\alpha_{mF}} \frac{\Sigma_{s,mF}\phi_F(E')}{(1-\alpha_{mF})E'} dE' + \int_E^{E/\alpha_{FF}} \frac{\Sigma_{s,FF}\phi_M(E')}{(1-\alpha_{FF})E'} dE' \right\} \tag{3-60}$$

式中，第一个积分表示 F 区中掺杂的慢化剂的散射；第二个积分表示 F 区中吸收核的散射。根据中子平衡，则有

$$V_F \Sigma_{t,F}(E)\phi_F(E) = [1-P_F(E)]V_F \left\{ \int_E^{E/\alpha_{mF}} \frac{\Sigma_{s,mF}\phi_F(E')}{(1-\alpha_{mF})E'} dE' + \int_E^{E/\alpha_{FF}} \frac{\Sigma_{s,FF}\phi_F(E')}{(1-\alpha_{FF})E'} dE' \right\}$$
$$+ P_M(E)V_M \int_E^{E/\alpha_{mM}} \frac{\Sigma_{s,mM}\phi_M(E')}{(1-\alpha_{mM})E'} dE' \tag{3-61}$$

式（3-61）为 F 区含有慢化材料的非均匀装置中计算共振吸收的基本平衡方程。应当指出，如果只有一个区，如只有 F 区，则 $P_F(E)=0$，$V_M=0$。

根据倒易关系式

$$\Sigma_{s,mM}V_M P_M = \Sigma_{t,F}V_F P_F \tag{3-62}$$

用它消去式（3-61）中的 P_M，结果为

$$\Sigma_{t,F}\phi_F = (1-P_F) \left[\int_E^{E/\alpha_{mF}} \frac{\Sigma_{s,mF}\phi_F}{(1-\alpha_{mF})E'} dE' + \int_E^{E/\alpha_{FF}} \frac{\Sigma_{s,FF}\phi_F}{(1-\alpha_{FF})E'} dE' \right]$$
$$+ P_F \Sigma_{t,F} \int_E^{E/\alpha_{mM}} \frac{\phi_M}{(1-\alpha_{mM})E'} dE' \tag{3-63}$$

为了进一步计算，式（3-63）中对两个慢化剂积分可以采用窄共振 NR 近似，第一个和第三个积分中的通量可以换成归一化的渐进通量：

$$\phi_F = \phi_M = \frac{1}{E} \tag{3-64}$$

则式（3-63）可以转变为

$$\Sigma_{t,F}\phi_F = (1-P_F)\int_E^{E/\alpha_{FF}} \frac{\Sigma_{s,FF}\phi_F}{(1-\alpha_{FF})E'}dE' + [\Sigma_{s,mM} + P_F(\Sigma_{a,FF} + \Sigma_{s,FF})]\frac{1}{E} \qquad (3\text{-}65)$$

与前面一样，对于只有 F 区的均匀系统，P_F 为零。同样，式（3-65）可以采用 NR 或 NRIM 近似计算共振区的中子能谱和共振积分。

3.4　铀氢锆脉冲反应堆栅元计算

3.4.1　脉冲堆栅元简介

铀氢锆脉冲反应堆堆芯栅元类型可以归纳为燃料栅元、非燃料栅元（控制棒、不锈钢灰棒、水腔、中子源、跑兔等）以及反射层石墨栅元三种类型。为了正确计算出各类栅元的均匀化少群群常数，先要探讨各类栅元的计算模型，按照正确的计算模型给出各类栅元的群常数[17,18]。

1. 燃料栅元的计算模型

燃料栅元计算采用单位栅元近似计算，WIMS 程序中设计有典型的单棒栅元的计算模型，也是比较常用和比较简单的。图 3-6 给出了燃料栅元的计算模型示意图。燃料元件单位栅元包括锆-4 芯棒、燃料芯块（铀氢锆）、间隙、包壳（不锈钢）和水（冷却剂）。计算时首先将六角形的区域 [图 3-6 （a）] 用体积不变的方法等效为圆柱形 [图 3-6 （b）]，这种等效可以由程序自动完成或用户自己计算，在输入文件中给出。

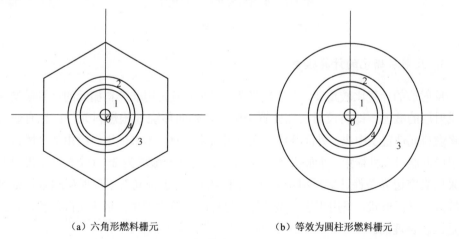

（a）六角形燃料栅元　　　　　　　　（b）等效为圆柱形燃料栅元

图 3-6　燃料栅元的计算模型示意图

0: 锆-4 芯棒；1: 铀氢锆燃料芯块；2: 包壳；3: 冷却剂；4: 间隙

2. 非燃料栅元的计算模型

非燃料栅元如控制棒、中央水腔、石墨元件等，采用束棒近似计算，由 7 个栅元组成，即非燃料栅置于中央，外面环绕 6 个同体积的燃料栅元，计算栅元（多棒）体积时要保证实际的铀水比不变。其中的燃料元件只是为了提供中子源，计算出中子能谱，非燃料栅元的均匀化截面可以应用 WIMS 程序的区域编辑功能直接得到。图 3-7 给出了非燃料栅元的计算模型。计算时首先将六角形栅元 [图 3-7（a）] 按体积相等等效为圆柱形栅元 [图 3-7（b）]。

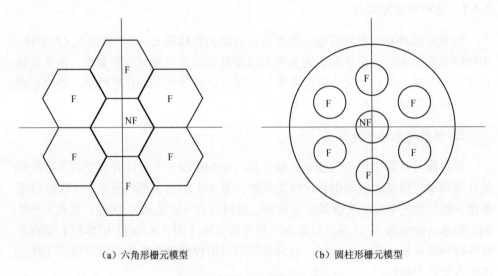

（a）六角形栅元模型　　　　　　　　　（b）圆柱形栅元模型

图 3-7　非燃料栅元的计算模型

F: 燃料元件栅元；NF: 非燃料元件栅元

3. 反射层栅元的计算模型

反射层的计算比较重要，也比较复杂。有研究者曾用非燃料栅元的计算模型计算反射层的截面，即将反射层栅元置于中央，外面环绕 6 根燃料元件；也有研究者将燃料元件置于中央，外面环绕一圈反射层来计算。本书采用一组由 7 个燃料元件组成的燃料元件棒束，外面环绕足够厚的反射层（一般取为 2～3 个扩散长度）[9]，并采用真空边界条件计算反射层参数（图 3-8）。对于轴向石墨反射层端塞，则可以等效成平板形状，采用平板模型计算。这样的计算模型更接近于实际的情况，因此是比较合理的。

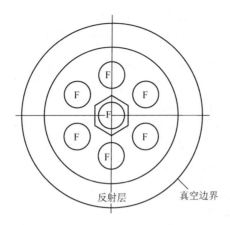

图 3-8　反射层处理模型（真空边界）

3.4.2　栅元计算方法

1. 离散纵标法

在中子输运方程中，中子通量密度是 r、E、Ω 的函数。离散纵标方法(SN)是在相空间（$r \times E \times \Omega$）内对方向自变量 Ω 采用离散方法数值求解，求出离散点上的函数值 $\phi(r,E,\Omega)$，并用它们近似表示函数 $\phi(r,E,\Omega)$，当离散点取得足够密时，可以得到所需要的精度。离散纵标方法在求解中子输运方程中，主要解决以下三个方面问题：角度方向的离散数目、求积组的选取；中子输运方程的离散化方法及离散方程组的获取；离散方程的求解。

对于中子角通量密度的积分可表示为

$$\int_{\Omega} \phi(r,\Omega)\mathrm{d}\Omega = \sum_{m=1}^{M} \omega_m \phi(r,\Omega_m) \tag{3-66}$$

对于球几何或不考虑轴向的圆柱几何这样的一维问题，由于其几何对称性，方向向量 Ω 可以只通过一个变量，即方向余弦 μ 来描述，$-1 \leqslant \mu \leqslant 1$，因此问题简化为对求积组 $\{\mu_m, \omega_m\}$ 的选取，即

$$\int_{-1}^{1} \phi(x,\mu)\mathrm{d}\mu = \sum_{m=1}^{M} \omega_m \phi(x,\mu_m) \tag{3-67}$$

从计算方法的数值积分理论可知，在求积点数目 N 给定的条件下，高斯型积分公式具有最高的精度。对于 $\mu \in [-1,1]$，高斯–勒让德求积集 $\{\mu_m\}$ 是 N 阶勒让德多项式 $P_N(\mu)$ 的零点，即 μ_m 满足方程

$$P_N(\mu_m) = 0, \quad m = 1, \cdots, N \tag{3-68}$$

的根。对于 N 个求积点，一般数值求积公式只能达到 N-1 阶代数精度，而高斯-勒让德求积集则具有 $2N$-1 阶代数精度。高斯-勒让德求积组示例如表 3-2 所示。

表 3-2　高斯-勒让德求积组

N	μ_m	ω_m
2	$\mu_1=\mu_2=-0.5773502692$	$\omega_1=\omega_2=0.5000000000$
4	$\mu_1=-\mu_4=-0.8611363116$	$\omega_1=\omega_4=0.1739274226$
	$\mu_2=-\mu_3=-0.3399810436$	$\omega_2=\omega_3=0.3260725774$
6	$\mu_1=-\mu_6=-0.9324695142$	$\omega_1=\omega_6=0.0856622467$
	$\mu_2=-\mu_5=-0.6612093865$	$\omega_2=\omega_5=0.1803807865$
	$\mu_3=-\mu_4=-0.2386191861$	$\omega_3=\omega_4=0.2339569673$
8	$\mu_1=-\mu_8=-0.9602898565$	$\omega_1=\omega_8=0.0506142681$
	$\mu_2=-\mu_7=-0.7966664774$	$\omega_2=\omega_7=0.1111905172$
	$\mu_3=-\mu_6=-0.5255324099$	$\omega_3=\omega_6=0.1568533229$
	$\mu_4=-\mu_5=-0.1834346425$	$\omega_4=\omega_5=0.1818418917$

一维问题中，分群中子输运方程的形式为

$$\frac{\mu}{r^2}\frac{\partial[r^2\phi_g(r,\mu)]}{\partial r}+\frac{1}{r}\frac{\partial[(1-\mu^2)\phi_g(r,\mu)]}{\partial\mu}+\Sigma_{t,g}\phi_g(r,\mu)=Q_g(r,\mu),\quad g=1,\cdots,G \tag{3-69}$$

在离散基点 μ_m 附近区间 $\Delta\mu_m$ 内对式（3-69）积分，方程等号左端前两项有

$$\omega_m[\Omega\cdot\nabla\phi]=\frac{\omega_m\mu_m}{r^2}\frac{\partial[r^2\phi_m(r)]}{\partial r}+\frac{1}{r}\int_{\mu_{m-\frac{1}{2}}}^{\mu_{m+\frac{1}{2}}}\frac{\partial[(1-\mu^2)\phi(r,\mu)]}{\partial\mu}\mathrm{d}\mu \tag{3-70}$$

式（3-70）右端第二项表示角度坐标方向变化引起的泄漏损失为

$$\int_{\mu_{m-\frac{1}{2}}}^{\mu_{m+\frac{1}{2}}}\frac{\partial[(1-\mu^2)\phi(r,\mu)]}{\partial\mu}\mathrm{d}\mu=\left(1-\mu_{m+\frac{1}{2}}^2\right)\phi_{m+\frac{1}{2}}(r)-\left(1-\mu_{m-\frac{1}{2}}^2\right)\phi_{m-\frac{1}{2}}(r)$$

$$=a_{m+\frac{1}{2}}\phi_{m+\frac{1}{2}}(r)-a_{m-\frac{1}{2}}\phi_{m-\frac{1}{2}}(r) \tag{3-71}$$

式中，$\phi_{m\pm\frac{1}{2}}(r)=\phi\left(r,\mu_{m\pm\frac{1}{2}}\right)$。把式（3-71）对所有 $\Delta\mu_m$ 区间求和，其结果应该等于零，即

$$\sum_{m=1}^{M}\left[a_{m+\frac{1}{2}}\phi_{m+\frac{1}{2}}(r)-a_{m-\frac{1}{2}}\phi_{m-\frac{1}{2}}(r)\right]=a_{M+\frac{1}{2}}\phi_{M+\frac{1}{2}}(r)-a_{\frac{1}{2}}\phi_{\frac{1}{2}}(r)=0 \tag{3-72}$$

这就要求 $a_{\frac{1}{2}}=a_{M+\frac{1}{2}}=0$，由式（3-71）有

$$a_{m+\frac{1}{2}}-a_{m-\frac{1}{2}}=\mu_{m-\frac{1}{2}}^2-\mu_{m+\frac{1}{2}}^2=-2\mu_m\Delta\mu_m=-2\omega_m\mu_m \tag{3-73}$$

式（3-73）便是计算系数 $a_{m\pm\frac{1}{2}}$ 的递推公式。

这样角度离散后，一维坐标中守恒形式的中子输运方程为

$$\frac{\mu_m}{r^2}\frac{\partial[r^2\phi_m(r)]}{\partial r} + \frac{a_{m+\frac{1}{2}}\phi_{m+\frac{1}{2}}(r) - a_{m-\frac{1}{2}}\phi_{m-\frac{1}{2}}(r)}{\omega_m r} + \Sigma_t\phi_m(r) = Q_m(r) \tag{3-74}$$

从式（3-74）可以看出，角度离散后，角度变量 μ_m 在方程中仅仅是一个参量，因此对于不同离散角度都具有相同形式的方程，这就给求解带来了很大的方便。

在计算中将几何空间划分为很多网格，每一个 (k,m) 网格差分方程中包含有 $\phi_{k,m}$、$\phi_{k-\frac{1}{2},m}$、$\phi_{k,m-\frac{1}{2}}$、$\phi_{k+\frac{1}{2},m}$、$\phi_{k,m+\frac{1}{2}}$ 五个未知数。中子通量密度在一个网格内是线性变化的，即

$$\phi_{k,m} \approx \frac{1}{2}\left(\phi_{k-\frac{1}{2},m} + \phi_{k+\frac{1}{2},m}\right) \tag{3-75}$$

$$\phi_{k,m} \approx \frac{1}{2}\left(\phi_{k,m-\frac{1}{2}} + \phi_{k,m+\frac{1}{2}}\right) \tag{3-76}$$

根据两个空间网格交界面上中子通量密度的连续性条件和某个特定方向上的各个分点 $\phi_{k,0}$ 值作为补充边界条件，就可求出网格面上各点的中子通量密度。

2. 碰撞概率法

从积分输运方程出发的求解方法称为积分输运方法，它最早利用扩散理论与碰撞概率相结合的方法计算了栅元的热中子利用系数，得到了很高的精度，因此习惯上称为"碰撞概率"法。碰撞概率法的优点是计算简单并能得到比较高的精度。假设中子与原子核的散射以及源中子是各向同性的，积分形式的中子输运方程为

$$\Sigma_t(\boldsymbol{r},E)\phi(\boldsymbol{r},E) = \int_V [q(\boldsymbol{r}',E) + S(\boldsymbol{r}',E)]P(E,\boldsymbol{r}' \to \boldsymbol{r})\mathrm{d}\boldsymbol{r}'$$
$$+ \int_S \left(\frac{\boldsymbol{r}-\boldsymbol{r}_s}{|\boldsymbol{r}-\boldsymbol{r}_s|}\cdot\boldsymbol{n}^-\right)\phi^-\left(\boldsymbol{r}_s,E,\frac{\boldsymbol{r}-\boldsymbol{r}_s}{|\boldsymbol{r}-\boldsymbol{r}_s|}\right)P_s(E,\boldsymbol{r}_s \to \boldsymbol{r})\mathrm{d}S \tag{3-77}$$

式中，$q(\boldsymbol{r}',E)$ 为散射源项：

$$q(\boldsymbol{r},E) = L\phi(\boldsymbol{r},E) = \int_0^\infty \Sigma_s(\boldsymbol{r},E'\to E)\phi(\boldsymbol{r},E')\mathrm{d}E$$

$S(\boldsymbol{r}',E)$ 项包含裂变中子源和外中子源两部分，而

$$P(E,\boldsymbol{r}'\to\boldsymbol{r}) = \frac{\Sigma_t(\boldsymbol{r},E)}{4\pi|\boldsymbol{r}'-\boldsymbol{r}|^2}\times\exp[-\tau(E,\boldsymbol{r}'\to\boldsymbol{r})] \tag{3-78}$$

式（3-78）的物理意义是在 $\boldsymbol{r}'$ 处单位体积内产生的能量为 E 的各向同性的中子在 $\boldsymbol{r}$ 处发生首次碰撞的概率。

$$P_s(E,\boldsymbol{r}_s\to\boldsymbol{r}) = \frac{\Sigma_t(\boldsymbol{r},E)}{|\boldsymbol{r}_s-\boldsymbol{r}|^2}\times\exp[-\tau(E,\boldsymbol{r}_s\to\boldsymbol{r})] \tag{3-79}$$

式（3-79）的物理意义是在外表面 r_s 处入射方向为 $\boldsymbol{\Omega} = \dfrac{\boldsymbol{r} - \boldsymbol{r}_s}{|\boldsymbol{r}_s - \boldsymbol{r}|}$ 的中子将在 r 处发生碰撞的概率。

方程（3-77）是碰撞概率方法的基本方程，在用碰撞概率方法求解方程（3-77）时，首先把系统划分成 I 个互不相交的均匀子区，而外表面 S 也被分割成 M 个子表面。例如，一维圆柱栅元，可以沿半径划分成 I 个同心圆环。一般在子区内介质是均匀的，或当子区分得足够小时，可以认为在每个子区内截面参数等群常数或可用该区内的平均数值表示。将方程（3-77）对子区 i 体积积分，得

$$\Sigma_{t,i}\phi_i(E)V_i = \sum_{j=1}^{I}[q_j(E)P_{ij}(q_j,E) + S_j(E)P_{ij}(S_j,E)]V_j + \sum_{m=1}^{M}\overline{Js_m}P_{is_m}(\phi_s,E) \quad (3\text{-}80)$$

式中，$\phi_i(E)$ 为第 i 区的平均中子通量密度；$q_j(E)$ 和 $S_j(E)$ 分别为第 j 区的平均源项。

在前面推导碰撞概率法的基本方程的过程中，假设源中子以及中子与原子核的散射为各向同性，但是对于弹性散射，在实验室系统中散射角分布的各向异性就比较显著，特别是对于中子能量比较高的区域以及一些轻的元素核，散射的各向异性是不容忽视的，必须加以修正。

弹性散射的微分截面可由下式表示：

$$\Sigma_s(E' \to E; \boldsymbol{\Omega}' \cdot \boldsymbol{\Omega}) = \frac{\Sigma_s(E')}{4\pi}\sum_{l=0}^{\infty}(2l+1)f_l(E' \to E)P_l(\mu_0) \quad (3\text{-}81)$$

式中右端第一项是各向同性分量，其余 $l \geqslant 1$ 项为各向异性散射分量。严格应用式（3-81）考虑散射的各向异性问题，将使计算很复杂，通常采用比较简单的输运近似来代替，其实质是应用下列近似散射核代替式（3-81）：

$$\Sigma_s(E' \to E; \boldsymbol{\Omega}' \cdot \boldsymbol{\Omega}) = \frac{1}{4\pi}[\Sigma_s^{(0)}(E' \to E) - \Sigma_s^{(1)}(E')\delta(E' - E)$$
$$+ \Sigma_s^{(1)}(E')\delta(E' - E)\delta(1 - \boldsymbol{\Omega}' \cdot \boldsymbol{\Omega})] \quad (3\text{-}82)$$

式中，$\Sigma_s^{(0)}(E' \to E) = \Sigma_s(E')f_0(E' \to E)$，$\Sigma_s^{(1)}(E') = \int \Sigma_s(E')f_1(E' \to E)\mathrm{d}E = \Sigma_s(E')\overline{\mu_0}$。

对于单能情况，式（3-82）简化为

$$\Sigma_s(\mu_0) \approx \frac{\Sigma_s}{4\pi}(1 - \overline{\mu_0}) + \Sigma_s\overline{\mu_0}\delta(1 - \overline{\mu_0}) \quad (3\text{-}83)$$

即认为散射是各向同性的，各向异性散射是集中发生在向前散射的方向上，而且不引起能量的变化。这种假设与许多核的高能区域的弹性散射的实际角分布是符合的。

将式（3-82）代入中子输运方程中，得

$$\boldsymbol{\Omega} \cdot \nabla\phi(\boldsymbol{r},E,\boldsymbol{\Omega}) + \Sigma_t\phi(\boldsymbol{r},E,\boldsymbol{\Omega})$$
$$= \Sigma_s^{(1)}(\boldsymbol{r},E')\phi(\boldsymbol{r},E,\boldsymbol{\Omega}) + S(\boldsymbol{r},E,\boldsymbol{\Omega})$$
$$+ \frac{1}{4\pi}\iint[\Sigma_s^{(0)}(\boldsymbol{r},E' \to E) - \Sigma_s^{(1)}(\boldsymbol{r},E' \to E)\delta(E' - E)]\phi(\boldsymbol{r},E',\boldsymbol{\Omega}')\mathrm{d}E'\mathrm{d}\boldsymbol{\Omega}' \quad (3\text{-}84)$$

定义输运截面 $\Sigma_{tr}(E)$ 和 Σ_{tro} 如下：

$$\Sigma_{tr}(E) = \Sigma_a(E) + \Sigma_{tro}(E) = \Sigma_a(E) + \Sigma_s(E)(1 - \overline{\mu_0}) \qquad (3\text{-}85)$$

$$\Sigma_{tro}(E' \to E) = \Sigma_s^{(0)}(E' \to E) - \Sigma_s^{(1)}(E')\delta(E' - E) \qquad (3\text{-}86)$$

$$\Sigma_{tro}(E) = \Sigma_s(E) - \Sigma_s^{(1)}(E) = \Sigma_s(E)(1 - \overline{\mu_0}) \qquad (3\text{-}87)$$

则式（3-84）可以写成

$$\boldsymbol{\Omega} \cdot \nabla \phi(\boldsymbol{r}, E, \boldsymbol{\Omega}) + \Sigma_{tr}\phi(\boldsymbol{r}, E, \boldsymbol{\Omega}) = \frac{1}{4\pi}\iint \Sigma_{tro}(E' \to E)\phi(\boldsymbol{r}, E', \boldsymbol{\Omega}')\,\mathrm{d}E'\,\mathrm{d}\boldsymbol{\Omega}' + S(\boldsymbol{r}, E, \boldsymbol{\Omega})$$

$$(3\text{-}88)$$

式（3-88）和实验室坐标内的散射为各向同性时的中子输运方程形式一样，差别只是散射截面 $\Sigma_s(E)$ 用 $\Sigma_{tro}(E)$ 替换而已。

3. 穿透概率法

穿透概率法基本思想是，将组件划分为 N 个子区，通常取一个栅元为一个子区。认为每个子区材料性质是均匀的，就每个子区建立中子积分输运方程，引入穿透概率、泄漏概率概念，建立每个子区表面出射中子流及出射中子角通量与相邻子区表面出射中子流和出射中子角通量的耦合关系，从而求解每个子区内的中子通量。对于方形几何，这一方法已很成熟，其在压水堆燃料组件的计算中得到了广泛的应用并取得了良好的效果。

对每一个子区（图 3-9），可建立多群中子积分输运方程如下：

$$\phi_g(\boldsymbol{r}, \boldsymbol{\Omega}) = \int_0^{l_0} Q_g(\boldsymbol{r}', \boldsymbol{\Omega})\exp(-\Sigma_g l/\cos\theta)\frac{\mathrm{d}l}{\cos\theta} + \phi_g(\boldsymbol{r}_s, \boldsymbol{\Omega})\exp(-\Sigma_g l_0/\cos\theta) \qquad (3\text{-}89)$$

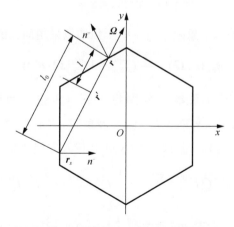

图 3-9　方程（3-89）中的量

假设子区内中子源各向同性，在空间上呈平源分布，即 $Q_g(\boldsymbol{r},\boldsymbol{\Omega})=\dfrac{\overline{Q_g}}{4\pi}$，子区界面上中子角通量在空间上采用平通量近似，在方向上采用简化 $P1$ 近似。如图 3-10 所示，以六角形子区界面外法线 n_k^+ 为基轴，中子飞行方向 $\boldsymbol{\Omega}$ 在 xy 平面上的投影 $\boldsymbol{\Omega}_{xy}$ 与 n_k^+ 的夹角为 φ，并规定逆时针方向为正，顺时针方向为负。依据 φ 值将六角形界面上中子飞行方向划分为 6 个象限（图 3-10），现将出射方向的 3 个象限描述如下：

第一象限（$q=1$）：$\dfrac{\pi}{6}<\varphi\leqslant\dfrac{\pi}{2}$

第二象限（$q=2$）：$-\dfrac{\pi}{6}<\varphi\leqslant\dfrac{\pi}{6}$

第三象限（$q=3$）：$-\dfrac{\pi}{2}\leqslant\varphi\leqslant-\dfrac{\pi}{6}$

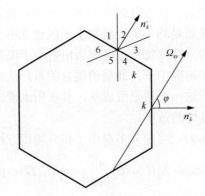

图 3-10　子区界面象限划分

在子区界面 k 上的每个象限 q 内，中子角通量采用简化的 $P1$ 近似，即

$$\phi_{k,q}(r_s,\boldsymbol{\Omega})=\frac{1}{4\pi}(f_{k,q}^{(0)}+3f_{k,q}^{(l)}(\boldsymbol{\Omega}\cdot n^+)) \tag{3-90}$$

式中，$f_{k,q}^{(0)}$、$f_{k,q}^{(l)}$ 为展开系数。分别将方程（3-89）两边同乘以 $\mathrm{d}\boldsymbol{\Omega}\mathrm{d}S_k$ 和 $(\boldsymbol{\Omega}\cdot n^+)_k\mathrm{d}\boldsymbol{\Omega}\mathrm{d}S_k$，并对子区界面 k（$k=1,6$）及象限 q（$q=1$，3）作积分（为简明起见，以下略去能群下标 g），同时将式（3-90）代入方程（3-89），得

$$\phi_{k,q}^+=V_i\overline{Q_i}E_{k,q}^{(0)}+\sum_{k'}S_{k'}\left(\frac{1}{4}f_{k,q}^{(0)}T_{k',k}^{(0,0)}+\frac{3}{4}f_{k,q}^{(l)}T_{k',k}^{(l,0)}\right) \tag{3-91}$$

$$J_{k,q}^+=V_i\overline{Q_i}E_{k,q}^{(l)}+\sum_{k'}S_{k'}\left(\frac{1}{4}f_{k,q}^{(0)}T_{k',k}^{(0,l)}+\frac{3}{4}f_{k,q}^{(l)}T_{k',k}^{(l',l)}\right) \tag{3-92}$$

式中，V_i 为第 i 个子区的体积；$S_{k'}$ 为子区第 k' 界面的面积；$\overline{Q_i}$ 为第 i 个子区的平均源强（包括散射源、裂变源、外中子源）；$E_{k,q}^{(l)}$ 为中子从子区界面 k 象限 q 泄漏的概率；$T_{k',k}^{(l',l)}$ 为中子从子区界面 k' 到达子区界面 k 的穿透概率；0 表示通量；l 表示流。(0, 0)、(0, l)、(l, 0)、(l, l) 分别表示通量-通量、通量-流、流-通量、流-流的穿透。穿透概率、泄漏概率的表达式如下：

$$E_{k,q}^{(l)} = \frac{1}{4\pi V_i} \int_{S_k} dS \int_q (\Omega \cdot n_k^+)^l d\Omega \int_0^{l_0} \exp(-\Sigma_t l / \cos\theta) \frac{dl}{\cos\theta} \tag{3-93}$$

$$T_{k',k}^{(l,l')} = \frac{1}{\pi S_k'} \int_{S_k} dS \int_q (\Omega \cdot n_{k'}^-)^l (\Omega \cdot n_k^+)^{l'} \exp(-\Sigma_t l_0 / \cos\theta) d\Omega \tag{3-94}$$

因此，可以建立子区的中子平衡方程

$$\int_V dV \int_{4\pi} d\Omega \Sigma_{t,g} \phi_g(r, \Omega) = \int_V dV \int_{4\pi} d\Omega Q_g(r, \Omega) - \sum_k J_k \tag{3-95}$$

$$J_k = J_k^+ - J_k^- \tag{3-96}$$

式中，J_k、J_k^+、J_k^- 分别为子区界面上净中子流及出、入射中子流；k 为界面标号。

4. 蒙特卡罗组件计算方法

蒙特卡罗方法又称随机抽样技巧或统计试验方法，它以概率统计理论为基础，可以较逼真地描述事物的特点及物理实验过程，解决一些数值方法难以解决的问题，具体原理详见 4.2 节。

蒙特卡罗方法的优点主要在于可以精确处理各种复杂的几何问题，并且具有广泛的能谱适用性。由于蒙特卡罗方法具有较好的精确度，因此经常作为各种确定论程序的校验工具。但是蒙特卡罗方法也有其不可避免的缺点，对于常规的设计计算，需要经常变换不同的参数进行反复计算，这样就导致了计算时间过长，同时收敛过慢，从而影响了蒙特卡罗程序的广泛应用。随着计算机计算能力的极大提高，以及各种加速方法和并行计算的研究应用，蒙特卡罗程序的计算效率较之前已经得到了很大的提高，与其相关的研究已经成为热点。由于组件结构设计的复杂性增加，以及堆芯能谱的多样性，在组件均匀化群常数的计算过程中，应用蒙特卡罗输运计算程序将是一个非常好的选择。

3.4.3　栅元计算程序

栅元中子输运计算广泛采用确定论方法和蒙特卡罗方法，离散坐标、碰撞概率、穿透概率等确定论方法（如 WIMS 和 HELIOS 程序）通过求解描述一般粒子行为的输运方程而得到问题的解，其计算速度快，但几何处理能力有限，只能够处理规则几何栅元类型，如 *R-Z* 及六角形几何，在计算过程中往往需要进行组件均匀化处理，会产生一定的误差。蒙特卡罗方法（如 MCNP 程序）通过对单个粒子进行跟踪模拟并记录一些能描述粒子一般行为的物理量，利用中心极限定理由被模拟的粒子行为推断出整个物理系统中粒子的一般行为，具有强大的几何建模能力，可以构建任意复杂几何结构，并采用连续能量进行输运计算，可以达到很高的计算精度，但是计算时间长，效率较低。

WIMS 程序是一个计算反应堆稳态工况不同燃耗情况下栅元各种物理量参数的多功能程序，通过输入选项可以实现平板、单棒和束棒的一维和二维 (r,θ)、(r,z) 栅元计算；采用 SN、碰撞概率法或两种方法相结合进行栅元中子输运计算；带有 69 群多群常数库，能量范围为 0～10MeV，0～4eV 为热能区，划分 42 个能群，4eV 以上共 27 个能群，其中 1～14 群为快群，15～27 群为共振群。程序可将多群常数按空间和能量归并为少群常数，能群结构可以根据需要进行选择。

HELIOS 是一个二维中子伽马输运计算组件程序，输入、输出分别由 AURORA 和 ZENITH 模块进行操作，三者之间的数据流关系如图 3-11 所示。HELIOS 的几何描述能力很强，可以适应任意几何的二维问题，进行描述的基本单位有 STR 和 CCS，前者描述非圆柱系统，后者描述圆柱系统，描述区域只需要给出边界即可，不需要进行均匀化处理。HELIOS 使用的多群数据库基于 ENDF/B-VI 核评价数据库经过 NJOY 和 RABBLE 程序加工而来，用户可以根据自己的需求利用 HEBE 模块转化成 HELIOS 使用的工作数据库。HELIOS 的主数据库有：主数据库 190 群中子、48 群伽马射线库；112 群中子、18 群伽马射线库；45 群中子、18 群伽马射线库。共振计算采用子群方法，栅元输运计算方法称为 CCCP，这种方法是基于流耦合的碰撞概率方法。

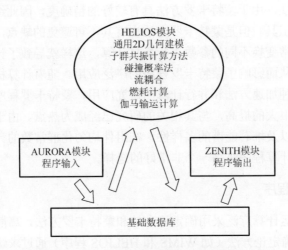

图 3-11　HELIOS 程序三模块间的数据流关系

WIMS 和 HELIOS 程序具有利用中子输运理论计算中子能谱的功能，对于给定的曲率可以计算出系统有效增殖系数，可以进行燃料栅元任意燃耗深度时的栅元均匀化截面计算，可以产生不同温度、不同燃耗点的群常数。

目前应用最广泛的蒙特卡罗程序是 MCNP 程序。MCNP 是用于计算中子、光子或中子-光子联合输运的通用蒙特卡罗程序，使用点截面数据，对于中子，考虑所有的反应道，这些反应道以一种特殊的评价截面数据形式（ENDF/B）给出，热中子用自由气体和 $S(\alpha, \beta)$ 模型来描述；对于光子，该程序考虑相干和非相干散射、光电吸收，中子能量范围为 $10^{-11} \sim 20\text{MeV}$，光子能量范围为 $1\text{keV} \sim 100\text{MeV}$。MCNP 程序的重要特点是灵活、通用，它包括强大的通用源、几何建模能力、非常丰富的降低方差技巧、完善的记录结构及用户接口以及完备的截面数据库，可以使用户很容易计算出栅元参数。

3.4.4　栅元计算

1. 栅元计算流程

WIMS-D/4 栅元计算流程如图 3-12 所示。

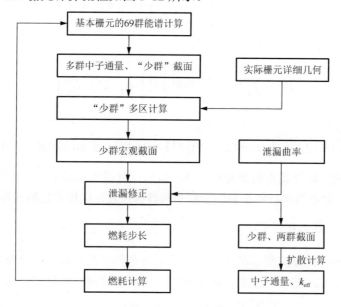

图 3-12　WIMS-D/4 栅元计算流程图

其过程分为以下三步：第一步是计算基本栅元少区（3 区或 4 区）的 69 群能谱；在简化了的空间模型基础上，求解 69 群中子输运方程。基本栅元是指由燃料、包壳和冷却剂及慢化剂组成的典型的 3 区或 4 区栅元。基本栅元计算的主要目的是对共振能群的参数（包括丹可夫因子和贝尔因子）及多群（69 群）能谱进行计算，并根据 69 群能谱把所有材料的截面归并为适当数目的"少群"截面（一般选为 8 群、18 群或 24 群等，由计算需要确定）。第二步是根据第一步求出的"少群"截面对实际栅元，在如单棒、束棒、二维（R, θ）和（R, Z）等的几何条件下进行输运计算；最后，根据求得的"少群"能谱归并得到堆芯扩散计算所需的少群（一般为 2 群或 4 群）的栅元均匀化群常数。第三步是根据输入的径向和轴向泄漏曲率进行泄漏修正。这是因为在作第二步计算时，考虑的是无限栅格的情况，在单棒（pin-cell）和束棒（cluster）栅元计算时，栅元边界均被认为是净流为零（$J = 0$），所以求得的能谱是无限介质临界谱。而实际反应堆是存在泄漏的，因此必须对所得到的能谱进行泄漏修正。修正方法有输运修正及 B1 近似修正两种。

如果采用输运修正，多群扩散方程可以写为

$$(\Sigma^g - \Sigma_{s_0}^{gg} + D_r^g \cdot B_r^2 + D_z^g \cdot B_z^2) \cdot \phi^g = \sum_{g' > g} \Sigma_{s_0}^{g'g} \cdot \phi^{g'} + S_f^g \tag{3-97}$$

式中，$D = 1 / (3 \cdot \Sigma_{\text{tr,cell}})$。

如果采用 B1 近似修正，多群扩散方程可以写为

$$\begin{aligned} &\left\{ \Sigma^g - \Sigma_{s_0}^{gg} + B^2 / (3 \cdot \alpha_g \cdot \Sigma^g - \Sigma_{s_1}^{gg}) \right\} \cdot \phi^g \\ &= \sum_{g' > g} \Sigma_{s_0}^{g'g} \phi^{g'} + S_f^g - B / (3 \cdot \alpha_g \cdot \Sigma^g - \Sigma_{s_1}^{gg}) \cdot \sum_{g' > g} \Sigma_{s_1}^{g'g} \cdot j^g \end{aligned} \tag{3-98}$$

其中，$B^2 = B_r^2 + B_z^2$。

$$j^g = \left\{ \sum_{g'} \Sigma_{s_1}^{g'g} j^{g'} + B\Phi^g \right\} / \left\{ 3 \cdot \alpha_g \cdot \Sigma^g - \Sigma_{s_1}^{gg} \right\} \tag{3-99}$$

当 $B^2 > 0$ 时

$$\alpha_g = (B / \Sigma^g)^2 \cdot \left\{ \arctan(B / \Sigma^g) \right\} / \left\{ 3 \cdot (B / \Sigma^g) - 3 \cdot \arctan(B / \Sigma^g) \right\} \tag{3-100}$$

根据上述方程计算得到泄漏修正谱，最后计算得到堆芯 k_{eff}，同时根据泄漏中子能谱求得的群常数进行修正得到少群和两群群常数，供堆芯扩散计算。

2. 栅元少群参数计算

在上文栅元计算流程中指出，首先利用自带的多群截面库计算得到栅元的多群中子慢化能谱，然后可以求得栅元的均匀化少群截面，可以写成如下形式：

$$\Sigma_{x,g} = \frac{\sum\limits_{n \subset g} \sum\limits_i \Sigma_{x,n,i} \phi_{n,i} V_i}{\sum\limits_{n \subset g} \sum\limits_i \phi_{n,i} V_i}, \quad x = a, f, t, s \cdots; \quad g = 1, \cdots, G \tag{3-101}$$

式中，n 表示多群的编号；g 表示少群的编号；G 为少群（宽群）群数，一般 $G < 12$。$\sum\limits_{n \subset g}$ 表示对位于群内的所有多群的群号 n 求和，而从 g' 群到 g 群的转移截面为

$$\Sigma_{g'-g} = \frac{\sum_{n \subset g} \sum_{n' \subset g'} \sum_i \Sigma_{n'-n,i} \phi_{n',i} V_i}{\sum_i \sum_{n' \subset g'} \phi_{n',i} V_i} \qquad (3\text{-}102)$$

3. 栅元燃耗计算

燃耗计算是栅元计算重要的组成部分。应用 WIMS 程序可以进行燃料栅元的任意燃耗深度时栅元均匀化截面的计算。

求解式（4-34）燃耗方程，可以得到所需燃耗深度下满功率平衡氙或无氙以及零功率平衡氙条件下的核素 i 的浓度，从而再通过栅元参数的计算，可以求出不同燃耗深度下的栅元均匀化少群常数，形成参数化截面表。

表 3-3 给出了 WIMS-D/4 程序基于 WIMS-N2 库计算的不同燃耗深度条件下 TRIGA 标准-12%型燃料栅元的 k_∞ 值，与根据文献[20]提供的群常数计算所得到的 k_∞ 值进行比较，两者符合得很好。

表 3-3　不同燃耗深度条件下 TRIGA 标准-12%型燃料栅元 k_∞

燃耗分步	燃耗/ %	计算值[19]	文献[20]值	偏差/ %
1	0	1.467841	1.465990	0.1
2	0.077	1.442039	1.440492	0.1
3	1.14	1.431068	1.429773	0.09
4	2.278	1.424524	1.423484	0.07
5	4.29	1.415688	1.414911	0.05
6	6.294	1.407199	1.406673	0.04
7	8.29	1.398699	1.398369	0.02
8	10.274	1.390144	1.389953	0.01
9	12.251	1.381492	1.381404	0.006
10	14.216	1.372748	1.372707	0.003

3.5　小　　结

本章介绍了铀氢锆脉冲反应堆栅元计算中中子热化效应和共振处理的一般方法，以西安脉冲反应堆为例给出了堆芯内不同栅元等效计算模型，基于 WIMS-D/4 程序介绍了栅元计算的流程、栅元均匀化少群宏观截面以及与燃耗相关的群参数计算等内容。在铀氢锆脉冲反应堆计算中，需要考虑铀氢锆燃料中氢的热化特性，并采用声子或其他模型取代尼尔金模型来计算氢化锆中氢的热散射截面。

参 考 文 献

[1] 景春元, 陈达, 朱继洲. 铀氢锆脉冲反应堆脉冲特性研究[J]. 计算物理, 1999, 16(4): 442-448.

[2] 谢仲生, 尹邦华. 核反应堆物理分析[M]. 北京: 原子能出版社, 1986: 118-149.

[3] 贝尔 G I, 格拉斯登 S. 核反应堆理论[M]. 千里, 译. 北京: 原子能出版社, 1979: 217-268.

[4] BEYSTER J R, KOPPEL J U, BROWN J R, et al. Interal neutron thermalization[R]. San Diego, 1963.

[5] 陈仁济. 各种几何形单体和无限栅格的中子碰撞概率的修正有理近似式[J]. 核科学与工程, 1984, (4): 83-88.

[6] 项风铎. 氢化锆和钒的散射核[J]. 核科学与工程, 1985, 3(5): 37-47.

[7] 核工业总公司核电软件中心, 中国原子能科学院堆工所. WIMS-D/4 程序使用说明书[R]. 北京, 1988.

[8] WILLIAMS M M R. The Sowing Down and Thermalization of Neutron[M]. Amsterdam: North Holland, 1966.

[9] 江新标. 西安脉冲堆栅元热中子能谱计算[D]. 西安: 西北核技术研究所, 1996.

[10] 王立鹏. 氢化锂中子热化效应机理及其 ACE 格式热中子截面库的制作研究[D]. 西安: 西北核技术研究所, 2013.

[11] WHITTEMORE W L. Differential neutron thermalization[R]. San Diego, 1964.

[12] WHITTEMORE W L. Differential neutron thermalization[R]. San Diego, 1963.

[13] BEYSTER J R, BROWN J R. COMGOLD N, et al. Integral neutron thermalization[R]. San Diego, 1964.

[14] 江新标, 陈伟, 陈达, 等. 氢化锆中氢的散射律和散射矩阵研究[J]. 原子能科学技术, 1999, 33(2): 156-161.

[15] BEYSTER J R, TNIMBLE G D, LOPEZ W M, et al. Integral neutron thermalization[R]. San Diego, 1961.

[16] EGELSTAFF P A, SCHOFIELD P. On the evaluation of the thermal neutron scatting law[J]. Nuclear science and engineering, 1962, 12: 260-270.

[17] 陈伟, 谢仲生, 陈达. 铀氢锆堆群常数库的生成及堆芯的物理和安全参数的计算[J]. 西安交通大学学报, 1998, 32(5): 52-55.

[18] 陈伟. 铀氢锆脉冲研究堆堆芯燃料管理计算和换料方案的优化研究[D]. 西安: 西安交通大学, 1998.

[19] 陈伟, 谢仲生, 江新标, 等. 铀氢锆脉冲反应堆栅元计算[J]. 核动力工程, 1998, 19(1): 7-11.

[20] MELE I, RAVNIK M. TRIGAC—A new version of TRIGAP code[R]. Ravnik, 1992.

第4章　堆芯物理参数计算

反应堆堆芯物理计算方法主要包括确定论方法和蒙特卡罗方法。确定论方法是通过数值求解堆芯扩散或输运方程来获得中子通量等堆芯参数，具有计算速度快，计算结果不存在统计误差的优点，但一般需对堆芯几何做一定的近似。蒙特卡罗方法则通过模拟堆芯粒子随机运动获得关心的参数，可以准确模拟堆芯几何，计算速度相对较慢，计算结果存在一定的统计误差。

应用确定论方法计算堆芯参数时，需要首先进行栅元均匀化参数计算，再进行全堆芯扩散计算。栅元内中子通量计算和堆芯的中子通量计算是具有不同特点的。在栅元内由于燃料对中子的强吸收，扩散理论不适用，因此栅元内中子通量计算一般采用碰撞概率法和 SN 方法[1]，对于铀氢锆脉冲反应堆，燃料元件由浓缩铀和固态氢化锆的混合物（UZrH$_x$）制成，还要特别考虑氢化锆的热化效应[2-4]。在堆芯内计算中子通量时，栅元已被均匀化处理，每个（或若干个）栅元为一个网点，网点处的中子通量代表栅元的平均中子通量，该通量在堆芯内分布的变化与中子通量越过栅元各区时的变化相比缓慢得多，因此在堆芯尺度上计算中子通量使用扩散理论即可获得满意的精度要求。

蒙特卡罗方法又称随机抽样方法或统计试验方法[5,6]。20 世纪 40 年代计算机诞生后，这种方法作为一种独立的方法被提出来，并在核武器的试验与研制中得到应用。在反应堆物理计算中，蒙特卡罗方法通过观察大量的反应堆中子行为，得到需要的堆芯物理参数。

4.1　堆芯稳态参数的确定论计算方法

中子扩散计算和中子输运计算是反应堆物理计算的基础。早期中子扩散方程主要采用有限差分求解，著名的反应堆堆芯中子扩散方程差分求解程序有 2DB、CITATION[7-9]和 PDQ 系列等，其中 CITATION 程序是国内外应用比较广泛，功能比较强的中等规模的堆芯扩散计算程序。但是，差分方法有明显的缺点：为了保证一定的精度，必须采用细网格，这样做势必耗费大量的计算时间，使用起来也不方便。20 世纪 70 年代以后，发展出了现代粗网、节块法，这些方法由于计算速度快，精度高，所需计算机内存小，在同样的计算精度下，其计算效率要比有限差分高 1~2 个量级，已广泛应用于反应堆堆芯设计、燃料管理、安全分析以及优化计算中。对于六角形几何，程序 SIXTUS−2/3[10]则是一种比较著名的节块法扩散程序，它计算简单、快速、准确，已被广泛应用于六角形反应堆的计算中。

　　针对铀氢锆堆堆芯扩散计算，国际上常用的几种差分和节块程序如下。

1. 一维两群堆芯计算程序 TRIGAP/TRIGAC

　　TRIGAP 是国外研制的一维两群堆芯中子扩散方程差分计算程序，TRIGAC 是 TRIGAP 的新版本[11,12]。该程序与 WIMS-D/4 程序和 WIMS-IJS 库配套，主要用于铀氢锆堆临界计算、功率峰计算和堆芯燃料管理。临界计算不确定度为 0.5%，功率分布不确定度为 15%，燃耗不确定度为 10%。该程序的主要优点是可以方便简单地用于铀氢锆堆或其他小型研究堆的物理计算和安全分析。

2. 二维、三维差分中子扩散程序 CITATION

　　CITATION 是采用有限差分方法求解中子扩散方程的反应堆堆芯分析程序，在国内外有着相当广泛的应用。该程序可以处理一维、二维、三维问题，可以用于 X-Y-Z、θ-R-Z、六角形-Z 和三角形-Z 几何的扩散问题计算。该程序计算精度高，并且适用于多种几何形状的堆芯。其缺点是由于采用差分方法，计算速度比较慢。

3. 六角形几何多群扩散节块程序 SIXTUS-2 和 SIXTUS-3

　　SIXTUS-2 是著名的二维六角形节块多群中子扩散程序。SIXTUS-3 是在 SIXTUS-2 程序的基础上发展而来的三维六角形节块多群中子扩散程序。节块方法使得计算量大大减少，却可以达到和差分方法同样的精度。该程序适用于六角形几何的各种类型的反应堆堆芯临界、通量、功率分布计算。它们具有计算精度高、速度快、程序小、使用方便的优点。

　　中子输运程序的计算结果更加准确，目前已发展出了多种方法[13-18]，包括 SN 方法、格林函数法、特征线法等，很多国家已编制出较成熟的计算程序，并发展成通用软件，如美国橡树岭国家实验室开发的一维输运程序 ANISN、二维输运程序 DORT 和 NEWT、三维输运程序 TORT 等；西屋公司发展的 PHOENIX/ANC 计算程序；美国阿贡国家实验室最初为快堆发展的 DIF3D/VARIANT 程序；西安交通大学吴宏春团队发展的 LOTUS；商业软件 Attila、开源软件 DRAGON 等。

4.1.1　中子输运方程和中子扩散方程

　　通常，在反应堆内中子密度比介质的原子核密度要小得多，因此中子在介质内的运动主要是中子和介质原子核的碰撞，而中子之间的碰撞可以忽略不计。由于中子运动及其与原子核的散射碰撞，原来在某一位置具有某一能量和运动方向的中子，经过一些时间将在另一位置以另一能量和运动方向出现，这种过程叫作输运过程。对单个中子来讲，它是以杂乱无章的折线轨迹在介质内进行随机运动的，直到它被吸收或从反应堆表面逸出，这是随机的过程。但是，如果研究中子密度的宏观期望分布问题，就可以用一种处理大量中子行径的宏观理论来推导出中子输运方程。

在一确定微元内，中子密度随时间的变化率等于它的产生率减去泄漏率和移出率，可以表示为[1]

$$\frac{\partial n}{\partial \tau}(\text{中子变化率}) = \text{产生率} - \text{泄漏率} - \text{移出率} \tag{4-1}$$

经过推导，中子输运方程可表述为式（4-2）所示的形式：

$$\frac{1}{\upsilon}\frac{\partial \phi}{\partial \tau} + \boldsymbol{\Omega} \cdot \Delta\phi + \Sigma_t(\boldsymbol{r}, E)\phi = \int_0^\infty \int_{\Omega'} \Sigma_s(\boldsymbol{r}, E') f(\boldsymbol{r}; E' \to E, \boldsymbol{\Omega}' \to \boldsymbol{\Omega})$$
$$\times \phi(\boldsymbol{r}, E', \boldsymbol{\Omega}', t)\mathrm{d}E'\mathrm{d}\boldsymbol{\Omega}' + S(\boldsymbol{r}, E, \boldsymbol{\Omega}, t) \tag{4-2}$$

式中，υ 是中子速度；τ 是时间；$\boldsymbol{\Omega}$ 是中子方向角；Σ_t 是中子总截面；Σ_s 是中子散射截面；$f(\boldsymbol{r}; E' \to E, \boldsymbol{\Omega}' \to \boldsymbol{\Omega})$ 是中子散射函数；$S(\boldsymbol{r}, E, \boldsymbol{\Omega}, \tau)$ 是外中子源强。

式（4-2）是一阶偏微分-积分方程，根据中子数目守恒原理，还可以得到数学上等价的积分形式输运方程，用式（4-3）[1]表述：

$$\phi(\boldsymbol{r}, E) = \int_V \frac{\exp[-\kappa(E, \boldsymbol{r}' \to \boldsymbol{r})]}{4\pi|\boldsymbol{r}' - \boldsymbol{r}|^2} Q(\boldsymbol{r}', E)\mathrm{d}V'$$
$$+ \int_A \left(\frac{\boldsymbol{r}_s - \boldsymbol{r}}{|\boldsymbol{r}_s - \boldsymbol{r}|} \cdot \boldsymbol{n}\right) \phi\left(\boldsymbol{r}_s, E, \frac{\boldsymbol{r} - \boldsymbol{r}_s}{|\boldsymbol{r}_s - \boldsymbol{r}|}\right) \frac{\exp[-\kappa(E, \boldsymbol{r}_s \to \boldsymbol{r})]}{|\boldsymbol{r}_s - \boldsymbol{r}|^2}\mathrm{d}A \tag{4-3}$$

其中，Q 是中子源项；A 是系统的外表面；$\kappa(E, \boldsymbol{r}' \to \boldsymbol{r}) = \int_0^{|\boldsymbol{r}' \to \boldsymbol{r}|} \Sigma_t(s', E)\mathrm{d}s'$，$s'$ 是积分变量；$\boldsymbol{r}_s = \boldsymbol{r}_o + s\boldsymbol{\Omega}$，$s$ 是沿中子行程方向 $\boldsymbol{\Omega}$ 的距离，$\boldsymbol{r}_s$ 也称为特征线。

由此可见，中子输运方程是一个含有空间坐标 $\boldsymbol{r}(x, y, z)$、能量 E、中子运动方向 $\boldsymbol{\Omega}(\theta, \varphi)$ 和时间 τ 等 7 个自变量的微分-积分方程，要精确求解这一方程是非常困难的，因此实际计算中通常采用一些近似的方法。其中，分群扩散近似是最简单和最常用的一种方法，它是对能量采用分群近似，对方向变量应用球谐函数方法的一阶近似并作进一步简化而来的，稳态多维多群中子扩散方程可以表示为[19]

$$\nabla \cdot J_g(r) + \Sigma_g^r(r)\varphi_g(r) = Q_g(r) \tag{4-4}$$

$$J_g(r) = -D_g(r)\nabla\phi_g(r) \tag{4-5}$$

$$Q_g(r) = \frac{\chi_g}{\lambda}\sum_{g'=1}^G \nu\Sigma_{g'}^f(r)\phi_{g'}(r) + \sum_{\substack{g'=1 \\ g' \neq g}}^G \Sigma_{g' \to g}^s(r)\phi_{g'}(r) \tag{4-6}$$

式中，ν 是每次裂变产生的中子数；r 是中子位置；ϕ_g 是 g 群中子通量（$\mathrm{n \cdot cm^{-2} \cdot s^{-1}}$）；$J_g$ 是 g 群净中子流密度（$\mathrm{n \cdot cm^{-2} \cdot s^{-1}}$）；$D_g$ 是 g 群扩散系数（$\mathrm{cm^{-1}}$）；$\Sigma_{g' \to g}^{s}$ 是从 g' 群慢化到 g 群的宏观截面（$\mathrm{cm^{-1}}$）；χ_g 是 g 群中子的裂变份额；Σ_g^{f} 是 g 群宏观裂变截面（$\mathrm{cm^{-1}}$）；λ 是反应堆的特征值。

4.1.2　控制棒栅元扩散系数的修正

　　反应堆栅元计算应用中子输运理论计算中子能谱，归并得到栅元的均匀化少群截面，然后对于堆芯采用少群扩散理论进行计算。众所周知，扩散近似理论仅适用于没有强吸收体的均匀介质，当堆芯中存在控制棒吸收体栅元时，由于控制棒栅元具有较大的吸收截面，因而扩散理论不能成立。根据 Schmidt 和 Azekura K 的建议，对控制棒栅元的扩散系数进行修正[20-22]，使得应用修正后的扩散系数所求出的控制棒栅元的扩散解中，在控制棒栅元外表面的净中子流仍然等于由中子输运方程求解的数值。具体做法如下：采用 WIMS-D/4 程序的输运理论方法（如碰撞概率法、SN 方法）求得栅元的均匀化参数以及控制棒栅元边界处的净中子流，然后应用求得的均匀化参数对包含有控制棒的均匀化栅元进行扩散计算，求得扩散解，再根据使控制棒与燃料交界面上由输运理论方法求出的中子流与由扩散方程求出的中子流相等的原则，对控制棒栅元的扩散系数进行修正[23]。

　　控制棒栅元的计算模型如图 4-1 所示，中央为控制棒吸收体栅元，外边环绕着 6 根燃料棒。

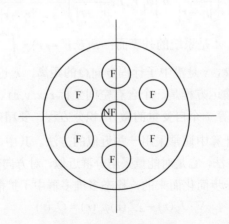

图 4-1　控制棒栅元计算模型

　　图 4-1 中，NF 代表控制棒栅元，F 代表燃料栅元，应用 WIMS-D/4 程序进行栅元计算，可以得到控制棒栅元和燃料均匀化少群常数，以及控制棒栅元的输运

解。在控制棒栅元边界 $r=a_c$ 上，根据中子平衡原理，净流为

$$J^g\big|_{r=a_c} = \sum_K \left[\Sigma_{rK}^g \phi_K^g - \sum_{h \neq g} \Sigma^{hg} \phi^h - \chi^g \sum_h \nu \Sigma_f^h \phi_K^h \right] V_K \tag{4-7}$$

其中，$r=a_c$ 为控制棒栅元的边界；$\Sigma_{rK}^g = \Sigma_{aK}^g + \sum_{h \neq g} \Sigma^{gh}$，$\Sigma^{gh}$ 为群 g 到 h 的散射截面，K 指所有 $r < a_c$ 内的区域，上标 g 表示能群；ϕ_K^g 和 ϕ_K^h 分别是由 WIMS 程序栅元输运计算中求得的 K 区 g 群和 h 群的中子通量；其余解释同前。

控制棒栅元的计算模型可以等效为均匀化超栅元，中央为均匀化的控制棒栅元，外面环绕着均匀化的燃料和冷却剂。应用差分程序 CITATION，用所求得的均匀化群常数对控制棒超栅元进行扩散求解。在扩散理论中，控制棒栅元与燃料交界面上的中子流根据裴克定律为

$$J^g = -D^g \, \mathrm{grad}\, \phi^g \cdot S_{ac} = -D^g \frac{\mathrm{d}\phi^g}{\mathrm{d}r} \cdot S_{ac} \tag{4-8}$$

式中，S_{ac} 为 $r=a_c$ 边界上的表面积。

可以进一步得到

$$J^g = -D_{rc}^g \frac{\phi_{ac}^g - \phi_1^g}{\Delta r_1} \cdot S_{ac} = -D_{rf}^g \frac{\phi_2^g - \phi_{ac}^g}{\Delta r_2} \cdot S_{ac} \tag{4-9}$$

其中，D_{rc}^g、D_{rf}^g 分别为控制棒区及燃料区的扩散系数；ϕ_{ac}^g 为控制棒栅元与燃料交界面上的通量；Δr_1、Δr_2 分别为控制棒区内和燃料区内的差分点到交界面的距离；ϕ_1^g、ϕ_2^g 分别为控制棒区和燃料区差分点上的中子通量。因此有

$$\phi_{ac}^g = \frac{D_{rf}^g \Delta r_1 \phi_2^g + D_{rc}^g \Delta r_2 \phi_1^g}{D_{rc}^g \Delta r_2 + D_{rf}^g \Delta r_1} \tag{4-10}$$

并且

$$J^g = -D_{rc}^g D_{rf}^g \cdot S_{ac} \cdot \frac{\phi_2^g - \phi_1^g}{D_{rc}^g \Delta r_2 + D_{rf}^g \Delta r_1} \tag{4-11}$$

令 J^g 等于根据式（4-7）由 WIMS 输运计算求得的值，由此可得

$$D_{rc} = -\frac{J^g D_{rf}^g \Delta r_1}{J^g \Delta r_2 + D_{rf}^g S_{ac} \left(\phi_2^g - \phi_1^g \right)} \tag{4-12}$$

为了保证输运解和扩散解的一致性，需要对输运解和扩散解的通量进行归一化。令燃料区输运解与扩散解的源相等，则有

$$E_f \sum_g \sum_K \nu \Sigma_{fK}^g \phi_K^g V_K = \sum_{g=1}^{G} \sum_{i=1}^{N} \nu \Sigma_{fg} \phi_i^g V_i \tag{4-13}$$

式（4-13）中，等号左侧为输运解，右侧为扩散解，其中 K 指所有燃料区内的区域，V_i、ϕ_i^g 指燃料区内的体积和通量，$\nu\Sigma_{fK}^g$ 为 K 区 g 群的有效裂变截面。

4.1.3 确定论方法计算模型

确定论计算方法需要对堆芯做一定的简化和近似，以 CITATION 计算程序为例，采用六角形栅元时，其计算模型如图 4-2 所示。脉冲反应堆堆芯是正六边形模型，为了适应 CITATION 的几何描述，在左上和右下角加了两块黑体，相当于真空，中子进入黑体后不再返回堆芯。

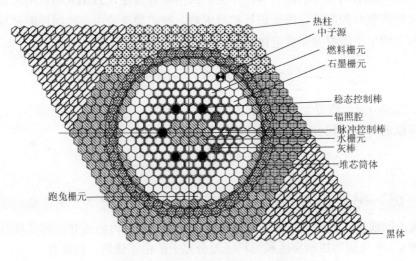

热柱
中子源
燃料栅元
石墨栅元
稳态控制棒
辐照腔
脉冲控制棒
水栅元
灰棒
堆芯筒体
跑兔栅元
黑体

图 4-2　铀氢锆脉冲反应堆堆芯模型

4.2　堆芯稳态参数的蒙特卡罗计算方法

蒙特卡罗方法是以概率统计为基础的一种方法，与一般的数值计算方法有很大区别。它通过模拟大量粒子的运动，逼真地描述事物的特点及物理实验过程，获得需要的参数。目前，世界各国开发的蒙特卡罗程序已有很多，比较著名的有美国洛斯阿拉莫斯实验室的 MCNP[24]、美国斯坦福直线加速器中心的 EGS4[25]，欧洲核子研究中心发行的 GEANT[26] 和 FLUKA[27]，除 GEANT 主要用于高能物理探测器响应和粒子径迹的模拟外，其他程序都深入到低能领域，并被广泛应用。国内近年来也正在开展蒙特卡罗软件的自主研发工作，目前有中国工程物理研究院的 JMCT 程序，清华大学的 RMC 程序和 FDS 团队的 SuperMC 等[28,29]。

在这些蒙特卡罗程序中，MCNP 程序可求解三维复杂几何系统内的粒子输运问题，采用精确的点截面数据，并且具有灵活、通用的特点，目前 MCNP 程序被广泛应用于反应堆物理计算工作。

4.2.1　蒙特卡罗方法原理

1. 蒙特卡罗方法的基本原理

概率论中的大数法则和中心极限定理就是蒙特卡罗方法的理论依据。大数法则反映了大量的随机数之和的性质。例如在 $[a,b]$ 上，以均匀的概率分布密度随机抽取 n 个 u_i，对每个 u_i 计算函数值 $h(u_i)$，由大数法则可知，这些函数值之和除以 n 所得到的值将收敛于函数 h 在 $[a,b]$ 上的期望值，即

$$\lim_{n\to\infty}\frac{1}{n}\sum_{i=1}^{n}h(u_i)\equiv\lim_{n\to\infty}I_n=\frac{1}{b-a}\int_a^b h(u)\mathrm{d}u\equiv I \tag{4-14}$$

如果要对计算结果的收敛程度进行研究，并且计算统计误差，那么就要用到中心极限定理。在有足够大，但又有限的抽样数 n 的情况下，它的若干个独立的随机变量抽样值之和总是满足正则分布，即高斯分布。例如，一个随机变量 η，它满足分布密度函数 $f(x)$，如果将 n 个满足分布函数 $f(x)$ 的独立的随机数相加，则可得

$$R_n=\eta_1+\eta_2+\cdots+\eta_n \tag{4-15}$$

式中，R_n 满足高斯分布。高斯分布可以由给定的期望值 μ 和方差 σ^2 确定，通常用 $N(\mu,\sigma^2)$ 表示：

$$N(\mu,\sigma^2)=\frac{1}{\sigma\sqrt{2\pi}}\exp[-(x-\mu)^2/2\sigma^2] \tag{4-16}$$

中心极限定理可以给出蒙特卡罗估计值的偏差，公式（4-14）右边积分的期望值为 I，公式左边用 n 次抽样的蒙特卡罗估计值为 I_n，标准误差为 σ，则当 n 充分大时，对任意的 $\lambda(\lambda>0)$，都有

$$\lim_{n\to\infty}\mathrm{Prob}\left\{-\lambda\frac{\sigma(f)}{\sqrt{n}}\leqslant I_n-I<\lambda\frac{\sigma(f)}{\sqrt{n}}\right\}=\frac{1}{\sqrt{2\pi}}\int_{-\lambda}^{\lambda}\mathrm{e}^{-t^2/2}\mathrm{d}t=1-\alpha \tag{4-17}$$

这说明式（4-17）积分的期望值与蒙特卡罗估计值之差在范围 $|I_n-I|<\lambda\dfrac{\sigma(f)}{\sqrt{n}}$ 内的概率为 $1-\alpha$，其中 α 为显著水平，$1-\alpha$ 为置信水平，σ 为蒙特卡罗估计值的标准误差。

为了得到具有较高精度的近似解，必须要有足够多的子样，通过人工方法获得这些抽样是很难的，因此蒙特卡罗方法虽然很早就被提出，但很少被使用。在计算机发展之后，由计算机来完成大量的抽样，蒙特卡罗方法才能得到广泛的应用。

2. 随机数产生和抽样方法简介

由已知分布的总体中抽取简单子样，在蒙特卡罗方法中的地位十分重要。抽取的子样是使用严格的数学方法，借助于随机数产生的。随机数是从单位均匀分布（也称[0,1]上的均匀分布）上抽取的简单子样，记为 ξ，独立性和均匀性是它的两个重要特点。随机数可以由计算机通过一定的运算直接获得，这样产生的随机数相互之间并不独立，因此称为伪随机数，但只要选取的运算规则很好，这些伪随机数之间的独立性可以近似满足。目前最实用和最广泛的随机数获取方法是乘同余法。

获得随机数之后，就可以按照已知的分布抽取子样，以最简单的离散型分布为例介绍抽样方法：

$$F(x) = \sum_{x_i < x} P_i \qquad (4\text{-}18)$$

该分布函数 $F(x)$ 示意图如图 4-3 所示，图中 X_1、X_2、X_3、X_4 为离散型分布函数的跳跃点 P_1、P_2、P_3 对应的概率，那么 $F(x)$ 的抽样方法为

$$X_F = X_I, \qquad \sum_{i=1}^{I-1} P_i \leqslant \xi < \sum_{i=1}^{I} P_i \qquad (4\text{-}19)$$

若 $P_1 + P_2 \leqslant \xi < P_1 + P_2 + P_3$，那么抽取的子样为 X_3。

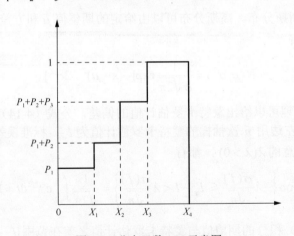

图 4-3　分布函数 $F(x)$ 示意图

3. 蒙特卡罗方法模拟反应堆中子输运过程

蒙特卡罗方法模拟反应堆中子的输运主要有以下几个过程。

1）源中子状态的抽样

根据源的位置分布、能量分布和运动方向分布抽取中子的状态 $S(r,E,\boldsymbol{\Omega},\tau)$，其

中，r 表示中子的位置；E 表示中子的能量；Ω 表示中子的运动方向；τ 表示初始粒子产生的时刻。例如，对于裂变产生的瞬发中子，中子位置 r 就在裂变发生的位置，中子能量 E 由裂变谱抽样获得，τ 即为裂变发生的时刻，中子运行方向 Ω 由各向同性分布抽样获得。

2）碰撞距离的抽样

中子在飞行至下一次碰撞点的距离 l 可以根据其服从的指数函数分布抽样获得。先确定第 $m-1$ 次碰撞后自由飞行的路程，在 [0,1] 选取随机数 ξ，抽样有

$$l_m = -\frac{\ln(\xi)}{\varSigma_t(E_{m-1})} \tag{4-20}$$

式中，E_{m-1} 为第 $m-1$ 次碰撞后中子的能量。这样可以求得第 m 次碰撞点的坐标

$$x_m = x_{m-1} + l_m \cos\alpha_{m-1} \tag{4-21}$$

3）碰撞核及反应类型的确定

一般的介质由多种原子核组成，根据各反应核的总截面可以获得碰撞核的分布，再根据该分布抽样即可确定碰撞核。根据碰撞核的各类反应截面可以获得反应类型的分布，然后根据该分布抽样可以确定反应类型，中子和第 k 种核碰撞的概率为

$$p_k = \frac{N_k\sigma_{t,k}(E_{m-1})}{\varSigma_t(E_{m-1})}; \quad \sum_{k=1} p_k = 1 \tag{4-22}$$

对裂变反应，由于每次裂变产生的平均中子数并非整数，蒙特卡罗模拟通常使用取整的办法使每次裂变释放的中子数为整数。根据每次裂变放出的平均中子数 $\bar{\upsilon}$ 值，将释放出 N_p 个中子（N_p 为整数）。如果 I 为小于 $\bar{\upsilon}$ 的最大整数，那么

$$N_p = I - 1 ，\ 如果\ \xi \leqslant \bar{\upsilon} - I \tag{4-23}$$

$$N_p = I ，\ 如果\ \xi > \bar{\upsilon} - I \tag{4-24}$$

4）确定碰撞后的运动方向

弹性散射时在质心坐标系中散射是各向同性的，因而在质心坐标系中散射前后运动方向的夹角 θ_c 是在 $[0,2\pi]$ 均匀分布的。选取随机数 ξ，可知 θ_c 的抽样值为 $\theta_c = 2\pi\xi$，由于实验室坐标系中散射角余弦与质心坐标系的散射角余弦的关系式为

$$\cos\theta_L = (1 + A\cos\theta_c)/\sqrt{1 + A + 2A\cos\theta_c} \tag{4-25}$$

这样抽样出 θ_c 后便可由式（4-25）求出实验室坐标系内的散射角余弦 $\cos\theta_L$。

5）确定碰撞后能量

弹性散射后，中子能量 E_m 由下式确定：

$$E_m = \frac{E_{m-1}}{2} \left[1 + \left(\frac{A-1}{A+1} \right)^2 + \left(1 - \left(\frac{A-1}{A+1} \right)^2 \right) \cos\theta_c \right] \quad (4\text{-}26)$$

6）次级粒子的处理

当有次级中子产生时，要对产生的中子分别跟踪，每次只跟踪一个中子，将其他中子库存，待中子历史结束后，再跟踪库存中子。

7）判断中子历史是否结束

根据中子是否穿出系统以及粒子权重是否小于规定值等来判断中子历史是否结束。

4.2.2 铀氢锆脉冲反应堆的 MCNP 程序计算模型

MCNP 程序可以方便地对铀氢锆脉冲反应堆堆芯进行精确的三维建模，模型的 XY 截面和 XZ 截面示意图如图 4-4 所示。

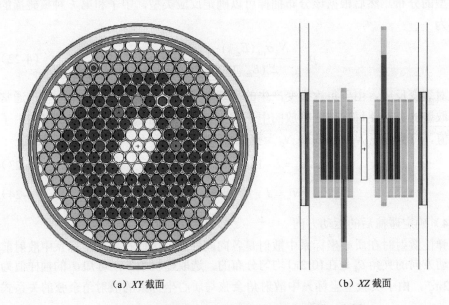

（a）XY 截面　　　　　　　　　　（b）XZ 截面

图 4-4　铀氢锆脉冲反应堆堆芯 MCNP 建模示意图

通过模拟反应堆中子的运动，记录中子运行过程中的各项数据，可以得到中子通量密度、有效增殖因子等重要参数。

4.3　堆芯稳态参数计算

4.3.1　有效增殖因子 k_{eff} 计算

中子输运方程或中子扩散方程都可以简写为

$$L\phi = \frac{1}{k_{\text{eff}}} F\phi \qquad (4\text{-}27)$$

式中，$L\phi$ 是中子的消失率；$F\phi$ 是中子的产生率；k_{eff} 为有效增殖因子。在采用源迭代法求解中子输运方程时，有

$$L\phi^{(n+1)} = F\phi^{(n)} = \frac{\chi(\boldsymbol{r}, E' \to E)}{4\pi} Q_{\text{f}}^{(n)}(\boldsymbol{r}) \qquad (4\text{-}28)$$

式中，n 为迭代次数；$Q_{\text{f}}^{(n)}(\boldsymbol{r})$ 为第 n 代的裂变源的空间分布；$\chi(\boldsymbol{r}, E' \to E)$ 为裂变谱。

k_{eff} 定义为相邻代中子数之比，有

$$\begin{aligned} k_{\text{eff}} &= \lim_{n\to\infty} k^{(n+1)} = \lim_{n\to\infty} \int_V Q_{\text{f}}^{(n+1)}(\boldsymbol{r}) \mathrm{d}\boldsymbol{r} \Big/ \int_V Q_{\text{f}}^{(n)}(\boldsymbol{r}) \mathrm{d}\boldsymbol{r} \\ &= \lim_{n\to\infty} \frac{\iiint \nu(\boldsymbol{r}, E') \varSigma_{\text{f}}(\boldsymbol{r}, E') \phi^{(n+1)} \phi(\boldsymbol{r}, E', \boldsymbol{\Omega}') \mathrm{d}\boldsymbol{r} \mathrm{d}E' \mathrm{d}\boldsymbol{\Omega}'}{\iiint \nu(\boldsymbol{r}, E') \varSigma_{\text{f}}(\boldsymbol{r}, E') \phi^{(n)} \phi(\boldsymbol{r}, E', \boldsymbol{\Omega}') \mathrm{d}\boldsymbol{r} \mathrm{d}E' \mathrm{d}\boldsymbol{\Omega}'} \end{aligned} \qquad (4\text{-}29)$$

式中，ν 和 $\varSigma_{\text{f}}$ 分别是裂变中子数和裂变截面。同样，通过求解上下两代裂变中子数之比，MCNP 程序即可以计算出 k_{eff}。MCNP 求解 k_{eff} 一般迭代 M 代，每代 N 个中子，初始源往往是随意给定的，前几代的 $k^{(n)}$ 不一定准确，一般不参加统计，然后将其余的 $k^{(n)}$ 值取平均得到 k_{eff}，具体的实现方法则在 MCNP 中通过 KCODE 命令实现。铀氢锆脉冲反应堆稳态运行时是临界堆芯，其理论 k_{eff} 值为 1。同样，通过源迭代法，确定论程序可以直接求出 k_{eff}。

4.3.2　功率分布

铀氢锆脉冲反应堆堆芯的功率分布是反应堆热工计算的基础，因此它是反应堆物理计算的重要目的之一。采用蒙特卡罗程序 MCNP 或者六角形节块程序 SIXTUS-2/3 作堆芯扩散计算都可以得到功率分布，SIXTUS-2/3 得到的堆芯热态归一化功率分布如图 4-5 所示。

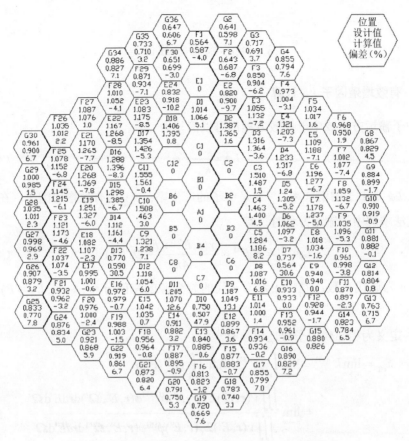

图 4-5　铀氢锆脉冲反应堆堆芯热态归一化功率分布

4.3.3　剩余反应性

堆芯中没有任何控制毒物时的反应性称为剩余反应性。控制毒物指的是反应堆中用于反应性控制的各种中子吸收体，如控制棒、可燃毒物和化学补偿毒物。对于仅用控制棒作为控制毒物的铀氢锆脉冲反应堆堆芯，后备反应性就是将所有控制棒提至顶位的堆芯反应性。采用 SIXTUS-2/3 计算的铀氢锆脉冲反应堆稳态堆芯额定功率下的剩余反应性为 5513pcm（1pcm=10^{-5}），脉冲堆的物理设计值为 5418.8pcm。

4.3.4　停堆深度

当全部控制毒物都投入堆芯中时，反应堆所达到的负反应性称为停堆深度。为了保证反应堆的安全，要求反应堆有足够大的停堆深度。对于仅用控制棒作为控制毒物的铀氢锆脉冲反应堆堆芯，停堆深度就是将所有控制棒降至底位时的堆芯反应性。采用 SIXTUS-2/3 计算的铀氢锆脉冲反应堆稳态堆芯热态满功率下控制棒全插时的停堆裕量为-7786.3pcm，脉冲反应堆的物理设计值为-7616.1pcm。

4.3.5　控制棒价值

控制棒的价值常用控制棒的积分价值和微分价值表示，当控制棒从一初始参考位置插入到某一高度时，所引入的反应性称为这个高度上的控制棒积分价值。参考位置选择堆芯顶部，则插棒向堆芯引入负反应性。随着棒不断插入，所引入的负反应性也越大。铀氢锆脉冲反应堆脉冲棒的控制棒积分价值曲线如图4-6所示。

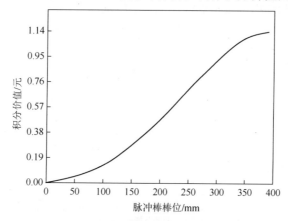

图 4-6　铀氢锆脉冲反应堆脉冲棒的控制棒积分价值曲线

棒在顶位时积分价值为 0，在底位时积分价值最大，即为控制棒的总积分价值，可表示为

$$\Delta\rho = \frac{k_1 - k_2}{k_1 \cdot k_2} \tag{4-30}$$

式中，k_1 为控制棒拔出堆芯时堆芯 k_{eff}；k_2 为控制棒插入堆芯时的堆芯 k_{eff}。

铀氢锆脉冲反应堆共有 6 根控制棒，采用 SIXTUS-2/3 计算每根控制棒的价值，表 4-1 给出了铀氢锆脉冲反应堆稳态堆芯热态满功率下控制棒单棒价值的计算值与物理设计值。

表 4-1　铀氢锆脉冲反应堆稳态堆芯热态满功率下控制棒单棒价值的计算值与物理设计值

控制棒	SIXTUS 计算值/pcm	设计值/pcm
E1	548.3	540.5
D4	1350.9	1371.0
D7	1879.7	1854.6
D10	2039.8	2078.0
D13	1962.0	1999.2
D16	1409.0	1473.3

在反应堆设计和运行时，不仅要知道控制棒在不同插入深度时的价值，而且还需要知道控制棒在堆芯不同高度处移动单位距离所引起的反应性变化，即控制棒微分价值，它的表示形式如下：

$$\alpha_c = \frac{d\rho}{dz} = \frac{\Delta\rho}{\Delta z} \tag{4-31}$$

式中，$\Delta\rho$ 为反应性变化；Δz 为棒位变化量。

控制棒的微分价值是随控制棒在堆芯内的位置而变化的，铀氢锆堆脉冲反应堆 D 调节棒的控制棒微分价值曲线如图 4-7 所示。

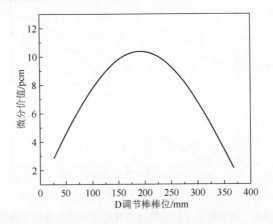

图 4-7　铀氢锆脉冲反应堆 D 调节棒的控制棒微分价值曲线

一般来说，控制棒在靠近堆芯顶部和底部时，微分价值很小，当控制棒插入到中间一段区间时，控制棒的微分价值比较大并且与控制棒移动距离的线性关系较好。因此，反应堆中调节棒的调节区间一般都选择在轴向靠近中间的位置，铀氢锆脉冲反应堆调节棒的初始位置选在 150mm。

4.3.6　堆芯燃料温度系数

由单位燃料温度变化引起的反应性变化称为燃料温度系数 α_f，可以表示为

$$\alpha_f = \frac{1}{k}\frac{\partial k}{\partial T_F} \tag{4-32}$$

式中，T_F 是燃料温度；k 是有效增殖因子。反应堆的热量主要在燃料中产生，功率升高时，燃料温度立即升高，其效应是瞬发的。对于普通的压水堆，燃料负温度系数较小，比慢化剂温度系数约小一个量级。对于铀氢锆脉冲反应堆，其主要慢化剂氢和燃料是混合的，慢化剂的温度变化与燃料是同步的，因此铀氢锆脉冲反应堆具有很大的瞬发燃料负温度系数，这是铀氢锆脉冲反应堆非常重要的特性，也是其可以脉冲运行的根本原因。在引入很大的正反应性时，铀氢锆脉冲反应堆

堆芯功率和温度迅速增长，在较大的负的瞬发燃料温度系数作用下，很快引入大的负反应性，使功率迅速降低，形成脉冲峰。

铀氢锆燃料的负温度系数对铀氢锆脉冲反应堆的稳态和瞬态性质非常重要，它的大小直接影响到堆的功率亏损、停堆深度、脉冲形状和释放能量等。燃料负温度系数主要由多普勒展宽和能谱硬化引起。当中子能量低于 0.625 eV 时，中子的热化主要决定于中子与氢化锆晶体的非弹性碰撞，中子与氢化锆晶体之间存在着量子化的能量交换，中子可以从氢原子的激发态获得能量，从而使热中子能谱变硬。另外，燃料温度升高使得氢化锆晶体处于激发态的概率增大，热中子从氢化锆晶体的激发态获得量子化能量的概率增大，它从燃料中逃脱的概率增大，因而堆功率下降幅度增大，从而产生了较大的负温度系数。

铀氢锆燃料的温度系数可用如下方法计算：首先用 WIMS-D/4 程序和 WIMS-N2 库计算铀氢锆脉冲反应堆在不同温度下各类栅元的群常数，然后用 SIXTUS-2 程序计算出堆芯的 k_{eff}。燃料温度系数可以认为是在其他条件不变的情况下堆芯燃料温度每增加（或减少）1℃时堆芯反应性的变化，即

$$\alpha_f = \frac{k_2 - k_1}{k_2 k_1 (T_2 - T_1)} \tag{4-33}$$

式中，k_1、k_2 分别为温度为 T_1、T_2 下的堆芯 k_{eff} 值；α_f 为燃料温度系数。

图 4-8 给出了铀氢锆脉冲反应堆第一循环 0EFPD，冷却剂温度为 20℃，稳态堆芯的燃料负温度系数值。

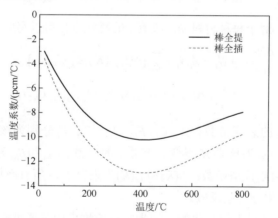

图 4-8　铀氢锆脉冲反应堆稳态堆芯的燃料负温度系数（冷却剂温度为 20℃）

计算燃料温度系数时，温度变化很小，反应性变化也很小，确定论计算方法应用于计算小反应性变化时有明显的优势，因为计算结果不存在统计误差，只要计算出反应性扰动前后的 k_{eff}，再反推出反应性即可。而在采用 MCNP 计算小反应性变化时，由于其计算出的 k_{eff} 有统计误差，统计误差相对反应性可能会十分显

著，有时需要大量增加运算时长来减小统计误差。对于一些问题，如堆芯样品引入小反应性，也可以采用 MCNP 的微扰卡来解决[30]。

4.3.7　燃耗和毒物计算

反应堆运行时要消耗一定量的核燃料铀或钚，在运行过程中，核燃料中的易裂变核素不断减少，可转换材料（如 ^{232}Th 或 ^{238}U）俘获中子后又转换成易裂变核素（如 ^{233}U 或 ^{239}Pu）。因此，核燃料中各种重同位素的核密度将随反应堆运行时间不断地变化，并且裂变产物同位素的成分也会随着时间变化。

热中子反应堆主要的燃料循环过程是铀-钚燃料循环过程[31]。燃料循环中的重同位素链如图 4-9 所示。

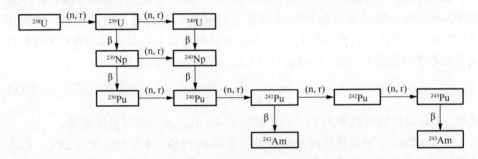

图 4-9　铀-钚燃料循环中的重同位素链

根据燃耗链，对于每种材料 m，核素 i 的燃耗方程可以写成以下形式：

$$\frac{\mathrm{d}N_i}{\mathrm{d}\tau} = \lambda_i N_i - A_i N_i + \sum_K [\delta(i, j_1(K))\alpha_{Ki} C_K N_K]$$
$$+ \sum_K [\delta(i, j_2(K))\beta_{Ki} \lambda_K N_K] + \sum_K [Y_{Ki} F_K N_K] \qquad (4\text{-}34)$$

其中，λ_i 为核素 i 的衰变常数；$A_i=C_i+F_i$，A_i、C_i、F_i 分别为核素 i 的吸收、俘获、裂变反应率；Y_{Ki} 为核素 K 裂变为产物 i 的产额；α_{Ki} 和 β_{Ki} 为产物的分支比；$\delta(i, j_1(K))$ 和 $\delta(i, j_2(K))$ 为 δ 函数；$j_1(K)$ 和 $j_2(K)$ 为来自 K 的所有产物的标记；$\delta(i, j)$ 表示当 $j=i$ 时会发生该种核反应。

式（4-34）是经过近似简化的，因为在反应堆内中子通量密度和核子密度都是空间和时间的函数，对于这样一个非线性的问题，求解是很困难的。在实际计算中，首先把堆芯划分成若干子区，即为燃耗区，在每个燃耗区内，可以认为中子通量密度和核子密度等于常数；然后，把运行时间 τ 也分成许多时间间隔，每一时间间隔（τ_{n-1}, τ_n）称为燃耗时间步长。由于运行的反应堆内堆芯成分变化并不很快，中子通量密度的空间分布形状随时间的变化也很缓慢，因此在每个时间步长中，也可以近似地认为中子通量密度不随时间变化而等于常数。经过空间和时间的近似，得到式（4-34）所示燃耗方程。对这样的微分方程可以通过数值方法进行求解。求解燃耗方程，可以得到所需燃耗深度下各种核素 i 的浓度。

　　针对燃耗和毒物计算的确定论方法，可以利用 WIMS 的燃耗计算功能，计算各栅元在等效运行时间下的群常数，再利用堆芯扩散程序开展全堆芯计算，计算不同燃耗下的 k_{eff}，以得到燃耗或者毒物对反应性的影响。确定论方法的优势在于计算速度很快。

　　针对铀氢锆脉冲反应堆的燃耗和毒物的蒙特卡罗计算方法，近年来研究了MCNP 程序和 ORIGEN2 程序耦合[32]，以及 MCNP 程序和 WIMS 程序相耦合的计算方法[33,34]。

　　ORIGEN2 程序包括较完整的衰变链、裂变产额和各种核反应截面等数据，广泛应用于点燃耗及放射性衰变计算，其计算采用单群截面，在不同堆芯能谱下所归并出的单群截面值会有一定差异，故需用 MCNP 程序对 ORIGEN2 程序的单群截面库进行修正。ORIGEN2 程序计算出各燃耗步长后的核素成分，传递给 MCNP程序进行下一步输运计算，MCNP 可以通过将燃料元件分层的方法建立堆芯精细几何结构，得到准确的中子通量密度分布，然后再传递给 ORIGEN2 进行计算。在采用 MCNP 和 ORIGEN2 计算燃耗时，开发了两种程序的接口处理程序，实现了 MCNP 和 ORIGEN2 程序耦合。计算流程如图 4-10 所示。

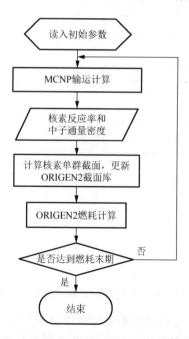

图 4-10　MCNP 和 ORIGEN2 耦合计算燃耗流程

　　在使用 WIMS 和 MCNP 耦合的方法计算燃耗时，首先用 WIMS 程序计算出每根燃料棒、不同燃耗值对应的宏观中子截面（截面考虑了共振自屏、互屏及温度效应），然后由接口程序完成截面的转化，生成 MCNP 用的多群截面。计算流程如图 4-11 所示。耦合程序计算燃耗的基本过程如下：①k_{eff} 及中子通量密度收敛后，利用该中子通量密度计算每根燃料元件的功率。②由计算出的燃料元件功率，利用 WIMS 计算出新的多群截面，经过接口程序转化后，将此截面替代上一步耦合程序中的多群截面，再次计算 k_{eff} 及中子通量密度，如此循环，直到满足结束条件。

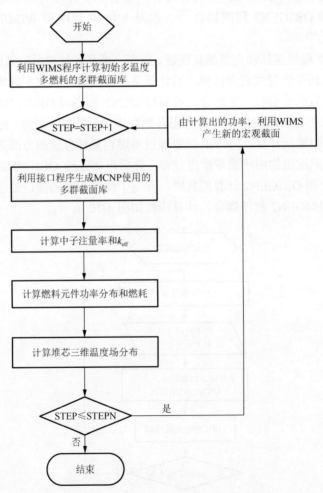

图 4-11　WIMS 和 MCNP 耦合计算燃耗流程

　　利用以上两种方法，可以计算铀氢锆脉冲反应堆堆芯燃料棒的燃耗。计算满功率运行 15 天后（简称 15EFPD），D5 和 G14 燃料棒的燃耗（消耗的百分比），燃料棒轴向功率分布的不均匀性会导致燃料棒不同高度处燃料成分的不同，因此对 D5 和 G14 两根燃料棒进行了轴向分层，对不同高度处 U-235 的含量进行了计算，并与实验值进行对比（实验测量值有 20%的不确定度），结果如图 4-12 和图 4-13 所示。

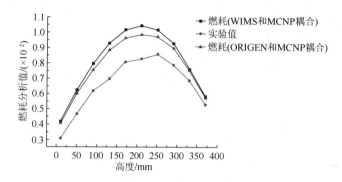

图 4-12　D5 棒燃耗分析

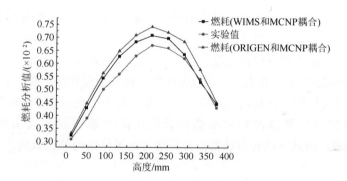

图 4-13　G14 棒燃耗分析

　　目前 MCNPX 程序已经集成了燃耗计算功能，可以直接计算出脉冲堆的燃耗。

　　在裂变产物中，有两种同位素特别重要：^{135}Xe 和 ^{149}Sm。一方面，因为它们具有很大的热中子吸收截面和裂变产额，其浓度在反应堆启动后迅速增长，不久趋于饱和，对反应性有较大影响；另一方面，由于 ^{135}X 和 ^{149}Sm 具有很大的热中子吸收截面，它们的浓度在工况变化时迅速变化。这些将使反应堆的启动、停堆及功率升降时反应性在较短时间内发生较大的变化。

　　毒物对反应性影响（主要是氙和钐）的计算方法和燃耗计算方法基本是一致的。脉冲堆在运行 78 小时后停堆时，由 MCNP 和 ORIGEN2 耦合计算得到的毒物对反应性影响的曲线如图 4-14 所示。

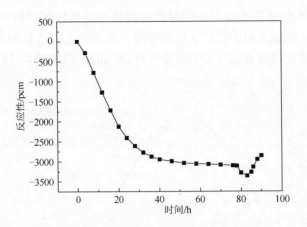

图 4-14　毒物对反应性影响的曲线

4.4　小　　结

本章介绍了用于铀氢锆脉冲反应堆堆芯计算的确定论方法和蒙特卡罗方法，并给出了采用两种方法计算的一些堆芯参数。两种方法各具优缺点。确定论方法计算速度快，结果不存在统计误差，但在计算过程中要做一定的近似。蒙特卡罗方法可以精确描述堆芯三维几何，可以使用较为精确的点截面数据，计算方便、直观，但计算速度较慢，计算结果存在统计误差，对于小反应性需采用蒙特卡罗微扰进行计算。铀氢锆脉冲反应堆燃料元件由浓缩铀和固态氢化锆的混合物（$UZrH_x$）制成，因此这两种方法都需要特别考虑氢化锆的热化效应。

参 考 文 献

[1] 谢仲生, 邓力. 中子输运理论数值计算方法[M]. 西安: 西北工业大学出版社, 2005: 15-17.

[2] 陈伟, 谢仲生, 江新标, 等. 用于 TRIGA 堆计算的 WIMS-D/4 核数据库的评价[J]. 原子核物理评论, 1997, 14(4): 259-263.

[3] 陈伟, 谢仲生, 江新标, 等. 铀氢锆脉冲反应堆栅元计算[J]. 核动力工程, 1998, 19(1): 5-11.

[4] 陈伟, 江新标, 陈达, 等. 氢化锆中氢的散射核的研究和 WIMS 库的扩充及评价[J]. 西安交通大学学报, 1998, 32(11): 72-75.

[5] 裴鹿成, 张孝泽. 蒙特卡罗方法及其在粒子输运问题中的应用[M]. 北京: 科学出版社, 1980: 10-19.

[6] 许淑艳. 蒙特卡罗方法在实验核物理中的应用[M]. 北京: 原子能出版社, 2006: 3-10.

[7] FOWLER T B, VONDY D R, CUNNINGHAM G W. Nuclear reactor core analysis code: CITATION[R]. Oak Ridge, 1971.

[8] 西北核技术研究所. 西安脉冲反应堆最终安全分析报告[R]. 西安, 2006.

[9] 郭文元, 林生活. 氢化锆固态零功率反应堆的物理计算[J]. 原子能科学技术, 1995, 29(5): 428-433.

[10] ARKUSZEWSKI J J. SIXTUS-2: A two dimensional multigroup diffusion theory code in hexgonal geometry[J]. Progress in nuclear energy, 1986, 18(1): 123-136.

[11] BHUIYAN S I, ANISUR R K, SARKER M M, et al. Generation of a library for reactor calculations and some applications in core and safety parameter studies of the 3-MW TRIGA MARK-II research reactor[J]. Nuclear technology, 1992, 97(3): 253-262.

[12] MELE I. TRIGA computer package H4. SMR/757-25[C]. Workshop on nuclear reactors—physics, design and safety. Trieste, 1994.

[13] 张亦宁. RBF 无网格法在核反应堆堆芯中子扩散数值计算中的应用[D]. 哈尔滨: 哈尔滨工业大学, 2016.

[14] 王伟金. 基于离散纵标法的三维中子/光子输运程序开发[D]. 北京: 华北电力大学, 2012.

[15] KEISUKE K, NAOKI S. 3D radiation transport benchmark problems and results for simple geometries with void regions[J]. Progress in nuclear energy, 2001, 39(2): 119-144.

[16] LUCAS D S, GOUGAR H D, WAREING T, et al. Comparison of the 3-D deterministic neutron transport code Attila to measured data, MCNP and MCNPX for the advanced test reactor[C]. International topical meeting on mathematics and computation, supercomputing, reactor physics and nuclear and biological applications(M&C 2005 International Topical), 2005.

[17] 张知竹, 李庆, 王侃. GPU 加速三维特征线方法的研究[J]. 核动力工程, 2013, 34(S1): 18-23.

[18] 安萍, 姚栋. 六角形格林函数节块法[J]. 原子能科学技术, 2014, 48(4): 667-672.

[19] 谢仲生, 吴宏春, 张少泓. 核反应堆物理分析[M]. 西安: 西安交通大学出版社, 2004: 62-69.

[20] 陈伟. 铀氢锆脉冲研究堆堆芯燃料管理计算和换料方案的优化研究[D]. 西安: 西安交通大学, 1998.

[21] SCHMIDT FAR. Numerical reactor calculations[C]. Proceedings of a seminar on numerical reactor calculations held by the International atomic energy agency, Vienna, 1972.

[22] AZEKURA K, KURIHARA K. Effective homogenization method for control rod channels[J]. Journal of nuclear science and technology. 1994, 31(11): 1143-1150.

[23] 陈伟, 谢仲生, 陈达. 铀氢锆堆物理计算和燃料管理软件包[J]. 核动力工程, 1998, 19(4): 320-325.

[24] BRIESMEISTER J F. Mont Carlo – N– particle transport, LA–13709–M[R]. Los Alamos national laboratory, 2000.

[25] Hiryama H, Namito Y, Bielajew A F, et al. The EGS4 code system, SLAC-Report-730[R]. Stanford linear accelerator center, 2005.

[26] AGOSTINELLI S. Geant4—a simulation toolkit[J]. Nuclear instruments and methods in physics research A, 2003(506): 250-303.

[27] FERRARI A, SALAP R, FASSO A, et al. FLUKA: a multi-particle transport code(Program version 2005) [R]. GENEVA: CERN, 2005.

[28] 李刚, 张定义, 邓力. 自主蒙特卡罗粒子输运程序 JMCT 介绍[C]. 第十一届全国蒙特卡罗方法及其应用学术会议. 贵阳, 2012.

[29] 宋婧, 孙光耀, 郑华庆. SuperMC2. 0: 中子、光子输运超级蒙特卡罗仿真软件[C]. 第十一届全国蒙特卡罗方法及其应用学术会议. 贵阳, 2012.

[30] 朱养妮, 赵柱民, 陈立新, 等. 基于 MCNP 程序的入堆样品价值计算[J]. 原子能科学技术, 2009, 43(S2): 115-117.

[31] 郭和伟. 基于 WIMS 和 MCNP 的西安脉冲堆燃耗耦合计算方法研究[D]. 西安: 西北核技术研究所, 2011.

[32] 张信一, 赵柱民, 江新标, 等. 基于 MCNP 和 ORIGEN2 耦合程序的 IHNI-1 型堆裂变产物中毒及燃耗分析[J]. 中国工程科学, 2012, 14(8): 69-71.

[33] 郭和伟, 赵柱民, 陈立新, 等. 临界－燃耗耦合计算方法[J]. 强激光与粒子束, 2013, 25(1): 147-149.

[34] 郭和伟, 江新标, 赵柱民, 等. 西安脉冲堆 WIMS 和 MCNP 耦合燃耗计算方法[J]. 科技导报, 2012, 30(20): 52-55.

第 5 章 热工水力分析

反应堆是实现原子核可控链式裂变反应的装置。建造和运行反应堆的目的就是利用可控链式裂变反应释放的能量或射线。由于裂变反应所释放的能量大，反应堆的堆芯成为一个高能量密度的热源，如压水堆堆芯体积释热率可达到约 $100MW/m^3$。

对于各种用途的反应堆，最基本的要求是安全和实用。第一，要保证反应堆的安全，就要求反应堆在整个寿期内不但能够长期稳定运行，而且能够适应启动、功率调节和停堆等工况的变化。第二，要保证在一般事故工况下，堆芯不遭到破坏，甚至严重的事故工况下，也要保证堆芯中的放射性物质不扩散到周围环境中去。这一要求自然要靠反应堆物理、热工、结构、材料、控制、化工等多方面的良好设计来共同保证。其中，热工水力设计在其中起着特别重要的作用。这是因为反应堆是一个非常紧凑的热源，堆芯单位体积的释热率要比火电站锅炉大得多。燃料元件若得不到良好的冷却，其温度就会过高，使燃料元件面临强度降低、腐蚀加剧甚至熔化的危险，因此燃料元件的释热率最终要受到冷却条件和材料性能的限制。在燃料和结构材料已选定的情况下，为确保反应堆的安全，保证在任何工况下能够及时输出堆芯的热量，必须设计一个良好的堆芯输热系统。此外，一个完善的堆型方案能否实现，反应堆的安全性、经济性和实用性究竟如何协调，也要在反应堆的热工设计中体现出来。正是由于热工设计的这种重要性，在整个反应堆的设计过程中，其他各方面的设计都要以保证和改善堆芯的输热为前提。当各个方面的设计出现矛盾时，也往往要通过热工水力设计来进行协调。因此，热工设计在整个反应堆设计过程中常常起着主导和桥梁作用。

反应堆的热工水力分析是研究在反应堆及其回路系统中冷却剂的流动特性和热量传输特性、燃料元件传热特性的一门工程性很强的学科。反应堆的热工水力分析涉及反应堆的各种工况，内容是非常复杂的。为了分析这些工况和过程，往往需要对它的物理过程建立起一系列计算分析模型。在反应堆发展的初期，由于对反应堆内热工水力的机理缺乏了解，加上运行经验少，因此制定的计算分析模型都比较粗糙，均采用较大的安全裕度。从 20 世纪 60 年代中期后，随着核能的发展，对反应堆的安全性和经济性要求越来越高，这种因素推动了热工水力分析方法的迅猛发展，陆续出现了单通道方法和子通道方法，考虑的工况越来越深入，模型日益精细。计算机技术的发展也为这些分析计算提供了有力的工具。

特别指出，由于堆内涉及的热工水力情况极为复杂，影响因素多，因此反应堆的热工水力分析与实验是密不可分的。在分析中使用的许多原始数据和关系式需要实验来确定，模型也需要依靠实验来发展，分析结果则需要实验来验证。

为了使从事脉冲堆运行和应用的有关人员掌握脉冲堆热工水力和安全的基本知识，本章主要讨论了反应堆热工水力的基本理论和脉冲堆热工安全分析计算中采用的基本方法，这些研究方法在反应堆热工水力设计中具有一定的通用性，但也会根据堆型的不同有所差别。

5.1　堆芯热源及其分布

反应堆运行时，中子引起的核燃料裂变反应释放出的能量约为 207MeV，其能量的分配如表 5-1 所示。裂变能的绝大部分（约 168MeV）以裂变碎片的动能形式释放，约占总能量的 84%，这部分能量由于裂变碎片的射程极短，主要沉积在核燃料内部。由于中微子与物质作用的截面极小，因此中微子所携带的能量一般认为不会在堆芯内部沉积。裂变产生的中子、γ、β 等射线所携带的能量一部分会沉积在燃料内部，另一部分会在堆芯结构材料、冷却剂与慢化剂内沉积。

表 5-1　铀-235 核的裂变能分配

类型		能量形式	释放的能量/MeV	释热地点
裂变	瞬发	裂变碎片	168	燃料内部
		裂变中子	5	大部分在慢化剂内
		瞬发 γ 射线	7	堆内各处
		裂变中微子	12	堆外
	缓发	裂变产物衰变 β 射线	8	燃料与慢化剂内
		裂变产物衰变 γ 射线	7	堆内各处
过剩中子的 (n，γ) 反应	瞬发和缓发	过剩中子引起的非裂变反应与俘获 γ 射线	7	堆内各处
总计			207	

5.1.1　堆芯功率分布

反应堆堆芯的功率来自易裂变核燃料的裂变反应，其计算公式可用下式表示：

$$P_c = 1.6021 \times 10^{-13} F_a E_f N \sigma_f \bar{\phi} V_c \tag{5-1}$$

式中，F_a 为堆芯（主要是燃料和慢化剂）的释热量占堆芯总释热量的份额；E_f 为单个裂变反应所释放的能量，MeV；N 为可裂变核子的密度，核·cm^{-3}；σ_f 为燃料微观裂变截面，cm^2；$\bar{\phi}$ 为堆芯内的平均中子通量，n·cm^{-2}·s^{-1}；V_c 为堆芯体积，cm^3。

由式（5-1）可知，在堆芯材料和几何结构确定的前提下，反应堆的功率与堆芯平均中子通量成正比。实际上，堆芯内部的中子通量不可能处处相等，总是呈现一定的分布，并且随着燃耗的变化不断改变。在反应堆物理计算中，一般以堆芯内的燃料组件或燃料元件为单元给出堆芯功率的分布。对于圆柱形的堆芯（均匀裸堆），可用下式近似计算其功率的分布：

$$q_v(r,z) = q_{v,\max} J_0\left(2.405\frac{r}{R_e}\right)\cos\left(\frac{\pi z}{L_{Re}}\right) \tag{5-2}$$

式中，$q_v(r,z)$ 为堆芯任一位置（r,z）处的体积释热率；$q_{v,\max}$ 为堆芯最大体积释热率；J_0 为零阶第一类贝塞尔函数；R_e 为堆芯外推半径；L_{Re} 为堆芯外推高度。

由式（5-2）可看出，堆芯的释热率在轴向呈余弦函数分布，在径向为贝塞尔函数分布。脉冲堆堆芯呈六角形布置，堆芯中央存在一水腔，其中子通量分布较为复杂，图 5-1 给出了采用蒙特卡罗程序（MCNP/4B）计算的脉冲反应堆稳态第一燃料循环零燃耗时刻的堆芯功率归一化分布情况。

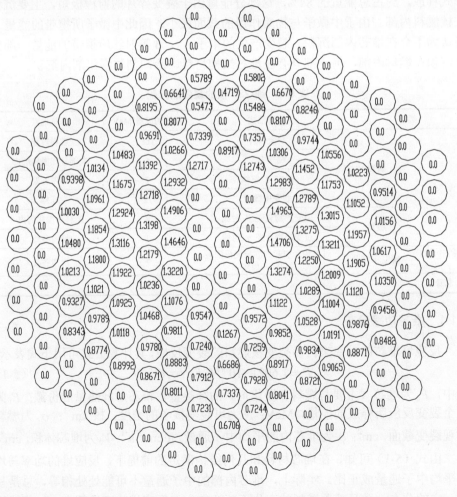

图 5-1　MCNP/4B 程序计算的脉冲堆稳态第一燃料循环零燃耗时刻的堆芯功率归一化分布

5.1.2　影响堆芯功率分布的因素

1. 燃料布置方式

燃料布置方式直接决定了堆芯内易裂变核燃料的分布，从而对堆芯功率分布产生影响。对于固态反应堆，堆芯核燃料以固态形式存在，同时在燃料周围布置有冷却剂，因此燃料在堆芯内的分布不可能是绝对均匀的。对于大型动力堆，其堆芯内部的燃料元件呈规则排布，并且堆芯较大，因此可以近似地认为堆芯燃料是均匀的。对于像脉冲反应堆这样的小型研究堆，堆芯采用粗棒状燃料元件，堆芯内部又同时布置有实验孔道和多种辅助元件，因此其堆芯燃料的不均匀性相比动力堆要显著得多。

2. 控制棒

控制棒采用强中子吸收材料制成，目的是使反应堆的功率能够在设定的范围内可调，同时保证反应堆的安全。一般是将控制棒均匀的布置在具有高中子通量的区域，这既有利于提高控制棒的效率，也有利于径向中子通量的展平（图 5-2）。轴向中子通量的分布在控制棒未插入前基本呈余弦分布；运行初期，由于控制棒的插入，通量峰向下移动；寿期末，由于控制棒逐渐提出堆芯，通量峰缓慢地向上移动。

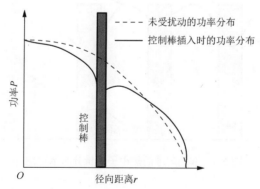

图 5-2　控制棒对功率分布的影响

3. 水隙和空泡

轻水作为一种中子慢化剂，常被作为反应堆的慢化剂和冷却剂。由于轻水对中子的慢化作用，在反应堆安全分析时必须考虑水隙引起的局部功率变化。脉冲反应堆在堆芯中央布置有水腔，虽然铀氢锆燃料中的氢作为慢化剂起到主要的慢化中子作用，但中央水腔的存在引起了附加的中子慢化效果，使得靠近中央水腔周围的热中子通量提高，进而引起中央水腔周围的燃料元件功率较高，加大了堆芯径向功率的不均匀程度。

在脉冲反应堆高功率稳态运行时，堆芯内部发生过冷沸腾，产生一定量的气泡，气泡的密度远小于水，使得堆芯中水的慢化能力降低，导致堆芯局部反应性的下降，对堆芯功率分布的展平具有一定的效果。

5.1.3　燃料元件内的功率分布

在实际的反应堆中，由于燃料元件的自屏效应，燃料元件内的中子通量与周围慢化剂中的中子通量分布存在较大差异（图5-3）。在反应堆热工水力计算中，通常假设燃料元件内部的体积释热率为常数，这只是对燃料元件内部的功率分布的一种近似。实际上因为热中子是在燃料元件外围的慢化剂中产生，而燃料元件的外侧要吸收热中子，所以燃料元件中心的热中子通量要比外面的低。采用栅元计算程序就可以计算燃料元件内的热中子通量分布。对于脉冲反应堆，慢化剂为铀氢锆燃料中的氢，因此其内部的中子通量分布不同于一般的轻水作慢化剂的反应堆，其燃料内部的中子通量分布也较为均匀，忽略其燃料元件的自屏效应是可以接受的。

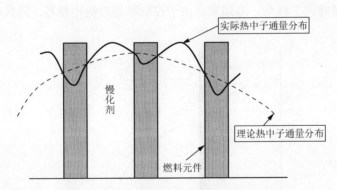

图 5-3　非均匀堆的热中子通量分布示意图

5.2　堆芯材料和热物性

5.2.1　核燃料

由于铀-235、铀-233和钚-239在各种不同能量的中子作用下能产生裂变反应，通常把它们称为易裂变燃料。因此，作为核燃料要"燃烧"必须含有上述三种易裂变材料。因为自然界中只有铀-235一种易裂变材料，所以目前在核反应堆中使用的易裂变材料主要是铀-235。根据反应堆中使用的形式不同，可以把核燃料分为固体核燃料和液体核燃料两类。由于液体燃料使用的许多技术问题还有待解决，当前实际使用的燃料主要是固体核燃料。对于固体燃料来说，除了能产生裂变反应外，还必须满足下列要求。

（1）良好的辐照稳定性。由于反应堆内的燃料长期处于强中子环境，因此必须确保燃料长期辐照后不发生过度的肿胀、碎裂、脆化等辐照损伤，即使到燃耗末期，也能够保证其安全性。一般反应堆在设计时，均规定燃料元件的燃耗限值，来平衡燃料的经济性与安全性，例如，西安脉冲反应堆使用的铀氢锆燃料元件燃耗限值规定为 35000MW·d/tU，达到这一限值的燃料将不能再使用。

（2）良好的热物理性能。为了提高反应堆堆芯的比功率和功率密度，堆芯一般设计得非常紧凑，这就要求燃料具有高的熔点，能够耐受更高的堆芯温度，同时具有良好的热导率，能够及时将产生的热量传递给冷却剂。

（3）良好的化学稳定性。高温环境下与包壳材料和冷却剂具有良好的相容性。

（4）易于机械加工，经济性好，适合后处理。

目前固体燃料通常分为金属铀和铀合金、陶瓷燃料和弥散体燃料三类。脉冲堆所用的铀氢锆燃料属于铀合金燃料类。

铀氢锆燃料（$UZrH_{1.6}$）是铀锆合金氢化产生的。在各种轻元素中，氢慢化中子的性能最好。在各种载氢剂中，单位体积的 $UZrH_{1.6}$ 中氢核数目是最高的，与 H_2O 相当。在 $UZrH_{1.6}$ 中，金属铀燃料与氢均匀混合，因此这种燃料元件也称为燃料-慢化剂一体化元件。对于脉冲反应堆，冷却剂水与 $UZrH_{1.6}$ 燃料所含氢核数目之比约为 2:3，因此燃料中的氢是堆芯中的主要慢化剂。

在脉冲堆运行时，金属铀裂变产生的快中子将与束缚在锆晶格中的氢碰撞并以 $h\nu=0.137eV$ 的整数倍量子化地交换能量而热化，能量低于 $h\nu$ 的中子，也能通过一种激发点阵振动的声学模型过程而损失能量；但按该模型中子热化效率非常低，所以能量低于 $h\nu$ 的中子，除在周围冷却剂中进一步热化外，难以在氢化锆中进一步热化。特别需要指出的是，中子在 $UZrH_{1.6}$ 燃料中还可能在一次或数次散射中从激发的爱因斯坦振子得到一份或几份能量，而 $UZrH_{1.6}$ 晶格中受激的振子随燃料温度的升高而增加。这样，当反应堆功率突然升高而燃料温度随之立即升高时，中子在 $UZrH_{1.6}$ 中通过氢核碰撞得到的能量也增大，从而使中子能谱变硬，反应性和堆功率自动迅速地降低下来。这就是脉冲堆堆芯具有很大的反应性瞬发负温度系数的主要原因，这种效应称为栅元效应。铀氢锆脉冲反应堆的反应性瞬发负温度系数比一般水冷堆大 1 个数量级，这也是脉冲堆可以超临界安全运行的物理基础。

（1）熔点和熔化热。对于铀氢锆材料，随铀和氢含量不同，熔点略有差别，如 10%$U-ZrH_{1.8}$ 燃料的熔点为 1805℃，8.5% $U-ZrH_{1.7}$ 燃料的熔点为 1800℃，计算中可统一取值 1800℃。铀氢锆材料的熔化热为 209.3J/g。

（2）密度。脉冲反应堆采用 12wt%铀-氢化锆燃料，燃料材料密度计算公式[1]为

$$\rho_{\text{UZrH}} = 1 \bigg/ \left(\frac{w_{\text{U}}}{\rho_{\text{U}}} + \frac{w_{\text{ZrH}}}{\rho_{\text{ZrH}}} \right) \quad (\text{kg} \cdot \text{m}^{-3}) \tag{5-3}$$

式中，w 表示 U 和 ZrH 材料在合金中的重量百分比，其中

$$\rho_{\text{U}} = 19.07 \times 10^3 \text{kg} \cdot \text{m}^{-3}$$

$$\rho_{\text{ZrH}} = 5.64 \times 10^3 \text{kg} \cdot \text{m}^{-3}$$

利用公式（5-3）计算氢化锆密度值为 6.161g/cm^3。中国核动力研究设计院利用水测量密度法对 UZrH$_{1.6}$ 密度进行了测量，最后给出其在 20℃下的推荐密度值为 6.1792g/cm^3，与公式（5-3）计算结果符合较好，误差的产生主要来源于燃料中各元素配比的误差和实验测量的误差。

（3）比热容。UZrH$_x$ 比热容 C_p 由下式给出：

$$C_{\text{p}} = \frac{C_{\text{pU}} \cdot w_{\text{U}} + C_{\text{pZrH}} \cdot w_{\text{ZrH}}}{\rho_{\text{UZrH}}} \quad (\text{J} \cdot \text{m}^{-3} \cdot \text{K}^{-1}) \tag{5-4}$$

铀的比热容为

$$C_{\text{pU}} = 0.1305T + 265.253 \quad (\text{J} \cdot \text{kg}^{-1} \cdot ℃^{-1}) \tag{5-5}$$

氢化锆的比热容为

$$C_{\text{pZrH}} = 67.96T + 70.84982 \times 10^3 \quad (\text{J} \cdot \text{kg}^{-1} \cdot ℃^{-1}) \tag{5-6}$$

将 C_{pU} 和 C_{pZrH} 的值代入式（5-4）得到 UZrH 材料的比热容为

$$C_{\text{pUZrH}} = 8.3396 \times 10^5 + 3.9060 \times 10^3 T \quad (\text{J} \cdot \text{m}^{-3} \cdot \text{K}^{-1}) \tag{5-7}$$

中国核动力研究设计院给出的 UZrH 材料的比热容计算推荐公式[2]如下：

$$C_{\text{pUZrH}} = 299.96 + 0.72554T - 1.8941 \times 10^{-4}T^2 \quad (\text{J} \cdot \text{kg}^{-1} \cdot \text{K}^{-1}) \tag{5-8}$$

（4）导热系数。UZrH 导热系数对铀含量的多少并不敏感，其导热系数如下：

$$k_{\text{UZrH}} = 17.58456 + 7.49437 \times 10^{-3}T \tag{5-9}$$

（5）热膨胀。UZrH$_{1.6}$ 燃料的热膨胀量比 UO$_2$ 陶瓷燃料大 30%左右，但由于前者热导率高得多，因此相同燃料棒径和线发热率下，前者的热膨胀总量仍将低于后者。

（6）材料强度。UZrH$_{1.6}$ 属脆性材料，与 UO$_2$ 陶瓷燃料的强度相当。

（7）辐照肿胀。UZrH$_{1.6}$ 燃料的辐照肿胀基本呈现各向同性的特点并对温度较为敏感。通过国外对铀氢锆燃料在快中子辐照下的行为的研究表明，对已成功达到 0.52%总金属原子的最大燃耗（相当于烧掉 75%的 ^{235}U）的 δ 相铀氢锆燃料，其辐照体积膨胀在所有情况下均小于 1.5%。

上述性能表明，铀氢锆燃料具有良好的物理、机械和辐照等性能。

5.2.2 包壳材料

为了保护燃料使其不受冷却剂的化学腐蚀和机械侵蚀，保持包容裂变气体和其他裂变产物的性能，防止裂变产物扩散到冷却剂中，燃料必须用合适的材料包覆。燃料包壳既是燃料的封装容器，又是规定燃料元件几何形状的支撑结构，燃料元件包壳是包容放射性的一道屏障。由于燃料元件的工作条件极为苛刻，因此包壳材料的选择必须具有中子吸收截面小、辐照稳定性好、中子感生放射性弱、导热性好、与燃料和冷却剂的相容性好、易于加工制造，成本低廉等特性。

反应堆常用的包壳材料包括：铝、镁、锆、不锈钢、镍基合金和石墨等，一些昂贵的铌、镍、钼等合金材料能够耐受更苛刻的条件，也用于具有更高功率密度的特殊反应堆中。脉冲反应堆燃料元件采用不锈钢材料（0Cr18Ni11Ti），其导热系数见表 5-2。根据表 5-2 的数据将其拟合成温度的函数，如图 5-4 所示。其计算公式为

$$k_{\text{clad}} = 10.7756 + 1.455 \times 10^{-2} T \tag{5-10}$$

表 5-2 0Cr18Ni11Ti 不锈钢材料导热系数

温度/K	373	573	773	873
$k_{\text{clad}}/(\text{W·m}^{-1}\text{·K}^{-1})$	16.329	18.841	22.190	23.446

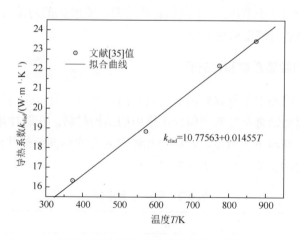

图 5-4 不锈钢包壳导热系数拟合曲线

0Cr18Ni11Ti 不锈钢材料的比热容按下式计算：

$$c_{\text{p,clad}} = \begin{cases} 0.603T + 273.2, & -293\text{K} \leqslant T < 393\text{K} \\ 0.166T + 447.5, & 393\text{K} \leqslant T \leqslant 1033\text{K} \end{cases} \tag{5-11}$$

5.2.3　冷却剂

为了维持反应堆连续安全运行，任何一个反应堆都必须采用一定的措施进行冷却。凡是对反应堆进行冷却，并把裂变链式反应释出的能量带到反应堆外面的液体或气体称为冷却剂。不同类型的反应堆所使用的冷却剂不尽相同，如采用天然铀燃料的反应堆不能使用中子吸收截面大的冷却剂（如轻水或其他含氢的冷却剂），只能使用重水，或者用石墨作慢化剂而用气体作冷却剂；快堆所使用的冷却剂只限于液态金属（如钠、锂、铅铋合金等）和气体（如氦气），而不能使用慢化能力强的冷却剂。冷却剂材料除具有与包壳材料相同的物理化学性能外，还需具有沸点高、饱和蒸气压力低、黏度低、密度高、流动性好等特性；此外其慢化能力也应与反应堆类型相匹配。对于脉冲反应堆，采用轻水作冷却剂，既能够满足堆芯冷却的需要，又具有良好的经济性。

5.2.4　慢化剂

慢化剂是在热中子堆中用来将燃料裂变释放的快中子慢化成热中子以维持裂变链式反应的材料。从核性能来说，慢化剂既要能够有效地慢化中子，又要少吸收中子。通常所采用的慢化剂有固体慢化剂（如石墨）和液态慢化剂（如水和重水）。慢化剂除了具备优良的核性能外，还必须满足一些工程要求，如导热性能、结构强度等。如 5.2.2 小节所述，铀氢锆脉冲反应堆的慢化剂为铀氢锆合金中的氢，同时冷却剂水也具有辅助慢化效果。

5.2.5　锆芯棒的导热系数和比热容

由于金属锆的热中子吸收截面小、熔点高，锆及其合金在高温水中有良好的抗腐蚀性能，因此锆合金经常用做轻水堆中的结构材料。在脉冲堆的粗棒燃料元件中，为了降低高温下氢析出，同时增加燃料元件的轴向导热性能，增加了锆-4芯棒。锆-4 合金的主要成分见表 5-3。

表 5-3　锆-4 合金组成

元素	Zr	Sn	Fe	Cr	Ni
质量百分比/%	98.75～99.00	1.20～1.70	0.18～0.24	0.07～0.13	<0.007

锆-4 材料的导热系数按下式计算：

$$k_{Zr} = 7.73 + 3.15 \times 10^{-2} T - 2.87 \times 10^{-5} T^2 + 1.552 \times 10^{-8} T^3 \qquad (5-12)$$

锆-4 材料的比热容按下式计算：

$$c_{p,Zr} = \begin{cases} 286.5 + 0.1T, & 0 < T < 750\,^{\circ}\text{C} \\ 360, & T \geqslant 750\,^{\circ}\text{C} \end{cases} \tag{5-13}$$

式中，k_{Zr} 为锆-4 的导热系数，W/(m·℃)；T 为温度，℃；$c_{p,Zr}$ 为比热容，J/(kg·℃)。

5.3　堆内的热量传递

铀氢锆脉冲反应堆功率运行时，堆芯内核反应产生的沉积在燃料芯块中的热量在燃料元件内部通过热传导方式传递给包壳，包壳与堆芯冷却水之间通过自然对流传热将热量传递给堆芯冷却水，吸收热量的堆芯冷却水在温度升高后在自然循环力的驱动下进入反应堆水池，到达反应堆水池的热量一部分通过池壁和堆池盖板以自然对流的方式传递给最终热阱——大气，绝大部分热量则通过冷却剂泵的驱动进入冷却回路，最终通过冷却塔将热量传递给大气，此外还有极少部分热量通过堆池底部的混凝土向地表传递，堆芯热量传输的途径如图 5-5 所示。

图 5-5　脉冲堆堆芯热量传输途径

在脉冲堆的设计准则中，燃料元件芯体温度被确定为唯一的安全限值，其他一切限值都是为了保证这一核心参数而制定的，该限值适用于脉冲堆所有运行方式。其安全限值[3]是：当包壳温度大于 500℃时，燃料芯体最高温度小于 970℃；当包壳温度小于等于 500℃时，燃料芯体最高温度小于 1150℃。

如上所述，核反应产生的热量首先在燃料元件内部传递，因此反应堆热工水力设计首先要进行燃料元件内的传热分析，以下对燃料元件内部的热量传递过程进行介绍。

5.3.1　燃料元件内部的导热

如图 5-6 所示，在燃料元件内部，核反应在燃料芯块内发生，绝大部分热量沉积在芯块内，芯块内部的热量通过包壳间的气隙利用热传导的方式传递给不锈钢包壳，这一过程在传热学中可用有内热源的固体导热方程进行描述。

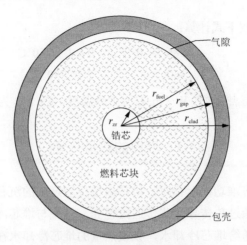

图 5-6　脉冲堆燃料棒横截面图

1. 燃料元件导热方程

对于一维非稳态导热问题，其通用控制方程为

$$\rho c \frac{\partial T}{\partial \tau} = \frac{1}{F(x)} \frac{\partial}{\partial x}\left[kF(x)\frac{\partial T}{\partial x} \right] + S \tag{5-14}$$

式中，ρ 是材料密度；c 是材料比热容；x 是与热量传递方向平行的坐标；$F(x)$ 是与导热面积有关的因子；S 为源项；k 为导热系数；T 为温度；τ 为时间。

对于粗棒状燃料元件，忽略其周向与轴向导热的不均匀性，式（5-14）所示的控制方程可写为如下导热方程：

$$\rho c \frac{\partial T}{\partial \tau} = \frac{1}{r} \frac{\partial}{\partial r}\left[k \cdot r \frac{\partial T}{\partial r} \right] + q_v \tag{5-15}$$

根据脉冲堆燃料元件的几何结构（图 5-6），由式（5-15）可推导出燃料元件各部分的导热方程[4]

锆芯棒导热方程：
$$\rho_{zr} c_{zr} \frac{\mathrm{d}T_{zr}}{\mathrm{d}\tau} = \frac{1}{r} \frac{\mathrm{d}}{\mathrm{d}r}\left[k_{zr} r \frac{\mathrm{d}T_{zr}}{\mathrm{d}r} \right] \tag{5-16}$$

燃料芯块导热方程：
$$\rho_{fuel} c_{fuel} \frac{\mathrm{d}T_{fuel}}{\mathrm{d}\tau} = \frac{1}{r} \frac{\mathrm{d}}{\mathrm{d}r}\left[k_{fuel} r \frac{\mathrm{d}T_{fuel}}{\mathrm{d}r} \right] + q_V \tag{5-17}$$

气隙导热方程：
$$\rho_{gap} c_{gap} \frac{\mathrm{d}T_{gap}}{\mathrm{d}\tau} = \frac{1}{r} \frac{\mathrm{d}}{\mathrm{d}r}\left[k_{gap} r \frac{\mathrm{d}T_{gap}}{\mathrm{d}r} \right] \tag{5-18}$$

包壳导热方程：
$$\rho_{clad} c_{clad} \frac{\mathrm{d}T_{clad}}{\mathrm{d}\tau} = \frac{1}{r} \frac{\mathrm{d}}{\mathrm{d}r}\left[k_{clad} r \frac{\mathrm{d}T_{clad}}{\mathrm{d}r} \right] \tag{5-19}$$

式中，ρ 为燃料的密度，kg/m^3；c 为燃料比热容，$J/(kg \cdot K)$；k 为燃料导热系数，$W/(m \cdot K)$；T 为燃料的温度，K；q_V 为体积功率密度，W/m^3；下标 zr 为锆芯棒，fuel 为燃料，gap 为气隙，clad 为包壳。

式（5-16）～式（5-19）的边界条件为

（ⅰ）
$$-k_{zr}\left.\frac{\mathrm{d}T_{zr}}{\mathrm{d}r}\right|_{r=r_{zr}}=-k_{fuel}\left.\frac{\mathrm{d}T_{fuel}}{\mathrm{d}r}\right|_{r=r_{zr}} \quad (5-20)$$

（ⅱ）
$$-k_{fuel}\left.\frac{\mathrm{d}T_{fuel}}{\mathrm{d}r}\right|_{r=r_{fuel}}=-k_{gap}\left.\frac{\mathrm{d}T_{gap}}{\mathrm{d}r}\right|_{r=r_{fuel}} \quad (5-21)$$

（ⅲ）
$$-k_{gap}\left.\frac{\mathrm{d}T_{gap}}{\mathrm{d}r}\right|_{r=r_{clad}}=-k_{clad}\left.\frac{\mathrm{d}T_{clad}}{\mathrm{d}r}\right|_{r=r_{clad}} \quad (5-22)$$

2. 气隙导热的理论分析

式（5-21）中的气隙等效导热系数 k_{gap} 对燃料和包壳的温度分布有重要的影响，但 k_{gap} 的准确计算非常困难。影响气隙等效导热系数 k_{gap} 的主要因素有以下几个方面：第一，对于反应堆的燃料元件，加工和储存一般在常温条件，而其工作温度却可达到数百摄氏度甚至更高，燃料长时间处于高温环境中，恶劣的工作环境会造成材料受热膨胀，这种热形变可分为弹性形变与塑性（永久）形变。热膨胀使得气隙的厚度发生改变。第二，由于燃料长期工作于强辐射场环境，随着燃耗的不断加深，燃料芯块会产生辐照肿胀，芯块内部也可能发生碎裂，使得燃料与包壳可能在一些局部位置发生接触，这些接触表面具有一定的粗糙度，这样的接触仅发生在两个表面的凸出点，热量既可通过接触点导热又可通过接触点之间的气体导热，使得导热系数的计算更加复杂。第三，在燃料芯块外表面与包壳内表面之间存在温度差，这一温度差会引起芯块向包壳的热辐射传热，同样会对气隙等效导热系数 k_{gap} 产生影响。图 5-7 给出了在不同温度和不同燃耗下气隙的变化情况。

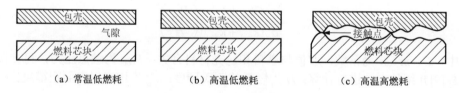

（a）常温低燃耗　　　　　　　（b）高温低燃耗　　　　　　　（c）高温高燃耗

图 5-7　燃料元件氦气隙示意图

在求解气隙的等效导热系数 k_{gap} 时，一般有以下三类方法[5]。

（1）气隙导热模型。该方法将气隙看成一个没有内热源的气体薄层，认为气隙等效导热系数即为气体导热系数，计算过程中不考虑材料形变对导热的影响。

（2）气隙导热和接触导热混合模型。这种方法在考虑了气隙导热的同时，将材料的形变引发的导热系数的变化考虑在内，其计算较为复杂，但更接近实际。

（3）实验数据或经验数值。这种方法中 k_{gap} 的取值来自于实验数据，不能够反映气隙导热的实际物理过程，取值往往趋于保守。目前动力反应堆设计中 k_{gap} 的典型取值为 5678W/(m^2·K)，为反应堆整个运行过程中可能出现的最低值。显然，这一数值较为保守。在脉冲堆燃料元件气隙等效导热系数 k_{gap} 计算时，可以认为气隙在不同温度下具有相同的导热系数，其值为 15019W/(m^2·K)[6]。为了准确计算燃料元件各部分的温度，本书给出气隙导热模型的理论推导。

依据以上气隙导热和接触导热混合模型，可写出气隙等效导热系数 k_{gap} 的表达式：

$$k_{gap} = k_{cond} + k_{cont} + k_{rad} \tag{5-23}$$

式中，k_{cond} 为气体导热系数；k_{cont} 为接触导热系数；k_{rad} 为热辐射导热系数。

1）气体导热系数

在反应堆运行的寿期末，气隙中不仅包含初始时充入的氦气，还包括各种裂变气体成分。对于混合气体，气体导热系数 k_{cond} 按下式计算[7]：

$$k_{cond} = k_{g,mix} = \sum_i \frac{X_i M_i^{1/3} k_i}{\sum X_i M_i^{1/3}} \tag{5-24}$$

式中，$k_{g,mix}$ 为气隙中混合气体热导率；X_i、M_i、k_i 分别为第 i 种气体的分子份额、相对分子量和气体导热系数。本书中，不考虑燃耗末期的混合气体影响，只考虑氦气体的贡献。对于氦气，其导热系数可用下式计算[8]：

$$k_{He}(T) = 0.1448(T/T_0)^{0.68}[1 + 1.665 \times 10^{-4}(T/T_0)^{1.17}(T/T_0)^{1.85}] \quad [W/(m \cdot K)] \tag{5-25}$$

式中，T 为气体的实际温度；T_0 值为 273.15K。

2）接触导热系数

关于接触导热系数 k_{cont} 的计算，可参考下式：

$$k_{cont} = \frac{Ck_{fuel}k_{clad}}{\delta_{sr}^n(k_{fuel} + k_{clad})}\left(\frac{P_{cont}}{H}\right)^m \tag{5-26}$$

式中，C、m、n 为常数，取值与燃料和包壳材料有关；P_{cont} 为触点压力，可参照文献[9]介绍的方法进行计算；H 为燃料的迈氏硬度；δ_{sr} 为均方根表面粗糙度，按下式计算：

$$\delta_{sr} = \sqrt{(\Delta r_{fuel}^2 + \Delta r_{clad}^2)/2} \tag{5-27}$$

迈氏硬度 H 指物质在被其他尖锐物质压入时，其抵抗塑性（永久）变形的能力。在压痕硬度测试里，被测物质经过数次检测直到表面产生压痕，而压痕硬度测试可以在宏观或者微观的条件下进行。

3）热辐射导热系数

对于热辐射对气隙等效导热系数的影响，由于气隙厚度相比于燃料芯块外表面和包壳内表面的半径为一小量，可将燃料与包壳之间的热辐射等效为两无限大平板的辐射传热问题，对其传热量 q 做如下推导：

$$q = q_{fuel} = -q_{clad} = \varepsilon_{fuel} E_{b,fuel} - a_{fuel} G_{fuel} \tag{5-28}$$

式中，ε_{fuel} 为燃料的辐出度；$E_{b,fuel}$ 为温度 T_{fuel} 的黑体辐射力；a_{fuel} 为燃料芯块的吸收比；G_{fuel} 为燃料的投射辐射。

燃料芯块表面投射辐射 G_{fuel} 由两部分组成：一部分是燃料芯块自身表面辐射引起的，记作 $G_{fuel\text{-}fuel}$；另一部分是包壳内表面辐射施加给燃料芯块的，记作 $G_{fuel\text{-}clad}$。其求解公式分别为

$$
\begin{aligned}
G_{fuel\text{-}fuel} &= E_{fuel}(1-\varepsilon_{clad}) + E_{fuel}(1-\varepsilon_{fuel})(1-\varepsilon_{clad})^2 + E_{fuel}(1-\varepsilon_{fuel})^2(1-\varepsilon_{clad})^3 + \cdots \\
&= E_{fuel}(1-\varepsilon_{clad})[1+(1-\varepsilon_{fuel})(1-\varepsilon_{clad})+(1-\varepsilon_{fuel})^2(1-\varepsilon_{clad})^2+\cdots] \\
&= E_{fuel}(1-\varepsilon_{clad})/[1-(1-\varepsilon_{fuel})(1-\varepsilon_{clad})]
\end{aligned} \tag{5-29}
$$

$$G_{fuel\text{-}clad} = E_{clad}/[1-(1-\varepsilon_{fuel})(1-\varepsilon_{clad})] \tag{5-30}$$

因此，可求出燃料芯块表面的投射辐射 G_{fuel}：

$$
\begin{aligned}
G_{fuel} &= G_{fuel\text{-}fuel} + G_{fuel\text{-}clad} \\
&= [E_{fuel}(1-\varepsilon_{clad}) + E_{clad}]/[1-(1-\varepsilon_{fuel})(1-\varepsilon_{clad})]
\end{aligned} \tag{5-31}
$$

对于燃料芯块-包壳系统，可认为以下关系式成立：

$$a_{fuel} = \varepsilon_{fuel}, \quad E_{fuel} = \varepsilon_{fuel} E_{b,fuel}, \quad E_{clad} = \varepsilon_{clad} E_{b,clad}, \quad E_{b,fuel} = \sigma T_{fuel}^4$$

将以上关系式连同式（5-31）代入式（5-28），整理得

$$q = \frac{\varepsilon_{fuel}\varepsilon_{clad}}{\varepsilon_{fuel}+\varepsilon_{clad}-\varepsilon_{fuel}\varepsilon_{clad}}\sigma(T_{fuel}^4 - T_{clad}^4) \tag{5-32}$$

式中，σ 为 Stefan-Boltzmann 常数，其值为 $5.67 \times 10^{-8}\text{W}/(\text{m}^2 \cdot \text{K}^4)$。

由于燃料芯块完全包覆在包壳之内，可按黑体辐射处理，则 $\varepsilon_{fuel}=\varepsilon_{clad}\approx1$，式（5-32）可简化为

$$q = \sigma(T_{fuel}^4 - T_{clad}^4) \tag{5-33}$$

可将气隙热辐射部分按导热处理，写出其导热方程：

$$q = k_{gap}(T_{fuel} - T_{clad})/\delta_{gap} \tag{5-34}$$

将式（5-33）和式（5-34）联立，求得辐射等效导热系数 k_{rad} 为

$$k_{rad} = \frac{\sigma(T_{fuel}^4 - T_{clad}^4)}{T_{fuel} - T_{clad}}\delta_{gap} \tag{5-35}$$

对于新燃料元件，燃料芯块还没有发生辐照肿胀，可认为燃料与包壳无接触点，则触点导热系数可忽略，其等效导热系数只包括气体导热和热辐射两个部分。

4）气隙厚度计算

金属材料（固体）的热膨胀是指金属晶体的线度和体积随温度升高而增大的

现象，是原子在热作用下振动的结果[10]。金属材料的伸长和温度的关系通常用以下经验公式表示：

$$\Delta L = \alpha(T_2 - T_1) \tag{5-36}$$

式中，ΔL 为金属材料的热膨胀变化量；α 为材料的线膨胀系数；T_1、T_2 分别为加热前、后的温度。

对于棒状燃料元件，在工作温度下的气隙厚度可按下式计算[11]：

$$\delta_{gap} = \delta_{gap}^0 + \alpha_{clad}\frac{d_{clad}}{2}(T_{clad} - 300) - \alpha_{fuel}\frac{d_{fuel}}{2}(T_{fuel} - 300) \tag{5-37}$$

式中，δ_{gap}^0 为装配条件下气隙厚度，cm。

燃料元件在受热后会产生热形变，对于铀氢锆燃料芯块和不锈钢包壳，其热膨胀系数计算公式如下：

$$\alpha_{fuel} = 4.52 \times 10^{-6} + 19.25 \times 10^{-9} \cdot T_{fuel} \quad (\text{K}^{-1}) \tag{5-38}$$

$$\alpha_{clad} = 17.5 \times 10^{-6} \quad (\text{K}^{-1}) \tag{5-39}$$

3. 燃料元件导热的有限差分方程求解

对于燃料元件导热方程组的求解，实际可用的方法较多，包括解析方法、集总参数法、数值解法等。对于一维稳态导热问题，解析方法能够给出精确的温度计算解析解；而对于非稳态导热问题，尤其对于内热源随时间变化的问题，导热微分方程的解析解求解变得不再可行。当固体内部的导热热阻远小于固体表面的传热热阻时，可认为此时任一时刻固体内部的温度趋于一致，即认为整个固体在同一瞬间具有相同温度，此时固体内部的温度与空间坐标无关而只随时间坐标变化，可应用集总参数法进行求解。对于脉冲反应堆堆芯传热分析，包括稳态和瞬态分析，以上两种方法不能够同时给出稳态和瞬态条件下的温度场精确计算结果。因此，本书介绍一种采用求解有限差分方程的数值方法处理燃料元件的导热方程，以瞬态方程的求解为基础，稳态计算时消除时间项，从而得到了适用于脉冲堆热工分析的统一的燃料元件温度场求解方法。

考虑两个方程，连续方程和传热方程：

$$\text{div}q = -\rho c_p \partial T / \partial \tau \tag{5-40}$$

$$q = -k\nabla T \tag{5-41}$$

燃料棒径向的间隔变量（$0 < r < r_N$）分成两套插入点，即基本系列点（N 个间隔）和辅助系列点，如图 5-8 所示。网格在同一种材料中的划分按等距处理。为了满足第一边界条件，将锆芯棒的中心线设置为网格的零点，同时各材料的边缘必须是某一网格的边界，也即保证每一个网格在划分后仅包含单一的材料成分。

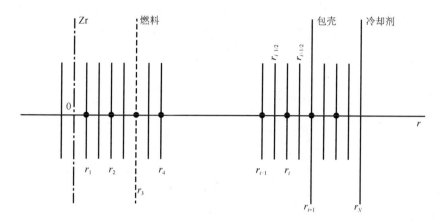

图 5-8　扩散方程数值解的燃料棒网格

如图 5-8 所示的节块划分，连续方程是 i 点附近体积 V 内的积分，积分域为 $r_{i-1/2} \leqslant r \leqslant r_{i+1/2}$，应用高斯定理得

$$\int_V \mathrm{div}q\mathrm{d}V = \int_A q\mathrm{d}A = -\int_V \rho c_\mathrm{p} \frac{\partial T}{\partial \tau}\mathrm{d}V \tag{5-42}$$

应用一维近似得

$$r_{i+1/2} \cdot q_{i+1/2} - r_{i-1/2} \cdot q_{i-1/2} \approx -\int_{r_{i-1/2}}^{r_{i+1/2}} \rho c_\mathrm{p} r\mathrm{d}r \frac{\partial T}{\partial \tau} \tag{5-43}$$

把热通量的表达式代入式（5-43）左侧，有

$$q_{i+1/2} = -k_{i+1/2}\left(T_{i+1} - T_i\right)/\left(r_{i+1} - r_i\right) \tag{5-44}$$

$$q_{i-1/2} = -k_{i-1/2}\left(T_i - T_{i-1}\right)/\left(r_i - r_{i-1}\right) \tag{5-45}$$

得如下方程式：

$$-\frac{k_{i-1/2}}{h_i}\left(r_i - h_i/2\right)\left(T_{i,\tau} - T_{i-1,\tau}\right) + \frac{k_{i+1/2}}{h_{i+1}}\left(r_i + h_{i+1}/2\right)\left(T_{i+1,\tau} - T_{i,\tau}\right)$$

$$\approx \left[\left(\rho c_\mathrm{p}\right)_i^{-}\frac{h_i}{2} + \left(\rho c_\mathrm{p}\right)_i^{+}\frac{h_{i+1}}{2}\right]\frac{r_i}{\Delta \tau}\left(T_{i,\tau+\Delta\tau} - T_{i,\tau}\right)$$

$$\approx \left[\left(\rho c_\mathrm{p}\right)_i^{-}\frac{h_i}{2} + \left(\rho c_\mathrm{p}\right)_i^{+}\frac{h_{i+1}}{2}\right]\frac{r_i}{\Delta \tau}\left(T_{i,\tau+\Delta\tau} - T_{i,\tau}\right) \tag{5-46}$$

其中，$\left(\rho c_\mathrm{p}\right)_i^{-}$ 表示点 i 左侧物质材料的性能（密度和比热容）；$\left(\rho c_\mathrm{p}\right)_i^{+}$ 代表点 i 右侧物质材料的性能（密度和比热容）；如果 i 设在两种材料的交界点，那么 $\left(\rho c_\mathrm{p}\right)_i^{-} = \left(\rho c_\mathrm{p}\right)_i^{+}$，$k_{i-1/2} = k_{i+1/2}$，方程（5-46）的左侧还可进行化简。

一般情况下，把式（5-46）化成一个更简明的形式：

$$\alpha_i T_{i-1,\tau} + \beta_i T_{i,\tau} + \gamma_i T_{i+1,\tau} = \delta_i \cdot T_{i,\tau+\Delta\tau}, \quad i=1,\cdots,N \tag{5-47}$$

把系数 α_i、β_i、γ_i、δ_i 分别定义为

$$\begin{cases} \alpha_i = \dfrac{k_{i-1/2}}{h_i}\left(r_i - \dfrac{h_i}{2}\right) \\[2mm] \beta_i = -\alpha_i - \gamma_i + \delta_i \\[2mm] \gamma_i = \dfrac{k_{i+1/2}}{h_{i+1}}\left(r_i + \dfrac{h_{i+1}}{2}\right) \\[2mm] \delta_i = \left[\left(\rho c_p\right)_i^- \dfrac{h_i}{2} + \left(\rho c_p\right)_i^+ \dfrac{h_{i+1}}{2}\right]\dfrac{r_i}{\Delta\tau} \end{cases} \tag{5-48}$$

如果除两个边界条件外还已知 $\tau=0$ 时所有点的初始温度分布 $T_{i,0}$，上述方程即可求解。

5.3.2 包壳与冷却剂之间的传热

燃料包壳表面与冷却剂之间直接接触时的热交换称为包壳与冷却剂之间的传热，即热量由包壳的外表面传递给冷却剂的过程。一般来说，在这种热交换过程中起主要作用的是冷却剂位移所产生的对流。对流传热过程中传递的热量可以用牛顿定律求得，即

$$Q = hF\Delta\theta_f \tag{5-49}$$

式中，Q 为包壳外表面传递给冷却剂的热功率；F 为传热面积；h 为对流传热系数；$\Delta\theta_f$ 为膜温压。对于圆环形冷却剂通道，在位置 z 处，$\Delta\theta_f(z) = T_{cs}(z) - T_f(z)$。

式（5-49）是计算对流传热的基本公式，求解对流传热的关键是确定对流传热系数 h。对于不同的冷却剂流动情况，传热系数 h 的求取方法是不同的。在动力反应堆中，堆芯冷却剂由冷却剂泵注入堆芯，冷却剂的流动依靠泵提供的外力驱动。脉冲反应堆为池式反应堆，堆芯功率较小，燃料元件的冷却采用自然对流传热。根据传热学的基本知识，可将自然对流传热分为 4 个分区，分别为：单相对流传热、泡核沸腾传热、过渡沸腾传热与膜态沸腾传热，传热分区如图 5-9 所示。以上每一分区的传热特性都不相同，传热系数的计算应分别采用不同的传热关系式。以下就脉冲堆燃料元件表面传热进行讨论。

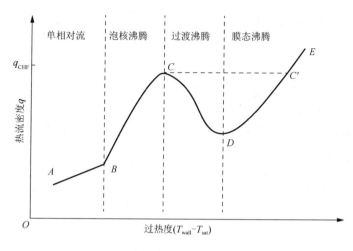

图 5-9　传热分区

1. 单相对流传热

单相自然对流亦可按雷诺数 Re 的大小分为层流和湍流。对于层流流动，传热系数取决于贴近壁面的薄层厚度；而对于湍流流动，由于流体的搅混作用，其传热系数随雷诺数 Re 的增加而增大，当达到旺盛湍流时，传热系数将接近一常量。对于自然对流的层流与湍流流动，其传热特性有所不同，可根据流型确定其各自的传热关系式。

1）池内单相自然对流传热

对于池内自然对流的层流流动，工程上广泛采用以下关系式[12]：

$$Nu = c(Gr \cdot Pr)^n \tag{5-50}$$

式中，Gr 为格拉晓夫准则数；Pr 为普朗特准则数；c 和 n 为常数。对于竖圆柱，当 $Gr < 1.0 \times 10^9$ 时，取 $c = 0.59$，$n = 1/4$；当 $Gr \geqslant 1.0 \times 10^9$ 时，取 $c = 0.10$，$n = 1/3$。

应该指出，对于竖圆柱，式（5-50）只适用于满足 $d/L \geqslant 35 Gr^{-1/4}$ 的情况；对于直径小而高的竖圆柱，边界层厚度可与冷却剂通道直径相比拟，推荐使用以下关系式：

$$Nu = 0.95 \left(Gr \, Pr \frac{d}{L} \right)^{0.052}, \qquad 1.296 \times 10^{-13} < Gr \, Pr \frac{d}{L} < 0.0001 \tag{5-51}$$

$$Nu = 0.59 \left(Gr \, Pr \frac{d}{L} \right)^{1/4} + 0.52, \qquad 0.0001 < Gr \, Pr \frac{d}{L} < 1.05 \times 10^6 \tag{5-52}$$

2）流动单相自然对流传热

当冷却剂流速进一步提高时（$Gr/Re^2 < 10$），冷却剂在流动通道内形成显著的宏观流动，该过程可以类比于强制对流下的流动传热过程，此时以微观流动机理

为主的池内传热的影响可以忽略。此时，流动按 Re 大小可分为层流和湍流两种流动方式。

当管内流动为层流（Re＜2300）时，传热关系式采用 Sieder-tate 公式[12]：

$$\text{Nu} = 1.86 \left(\frac{\text{Re Pr}}{l/d}\right)^{1/3} \left(\frac{\mu_l}{\mu_w}\right)^{0.14} \tag{5-53}$$

式中，μ_w 的计算按壁面温度，其余参数按流体整体平均温度计算。式（5-53）的适用范围为 $\text{Re Pr}\dfrac{d}{L} \geqslant 10$。

当 Re≥2300 时，管内流动处于湍流过程，湍流计算使用最广泛的公式是 Dittus-Boelter 关系式[12]：

$$\text{Nu} = 0.023\text{Re}^{0.8}\text{Pr}^{0.4} \tag{5-54}$$

式（5-54）适用于 Re≥10000 的旺盛湍流阶段，且要求温差为 20～30℃，$l/d \geqslant 60$。

对于堆芯采用自然循环冷却的铀氢锆脉冲反应堆，堆芯内冷却剂流速较低，一般不会发生旺盛湍流流动。可采用 Gnielinski 关系式进行流动传热的计算，公式为：

$$\text{Nu} = \frac{(f/8)(\text{Re}-1000)\text{Pr}_{\text{flow}}}{1+12.7\sqrt{f/8}(\text{Pr}_{\text{flow}}^{2/3}-1)}\left[1+\left(\frac{d}{l}\right)^{2/3}\right]c_t \tag{5-55}$$

对于液体：　　　$c_t = \left(\dfrac{\text{Pr}_{\text{flow}}}{\text{Pr}_{\text{wall}}}\right)^{0.11}$，　　$0.05 < \dfrac{\text{Pr}_{\text{flow}}}{\text{Pr}_{\text{wall}}} < 20$

对于气体：　　　$c_t = \left(\dfrac{T_{\text{flow}}}{T_{\text{wall}}}\right)^{0.45}$，　　$0.5 < \dfrac{T_{\text{flow}}}{T_{\text{wall}}} < 1.5$

式中，l 为管长，m；f 为管内湍流流动的达西阻力系数，其计算公式如下：

$$f = (1.82\lg\text{Re} - 1.64)^{-2} \tag{5-56}$$

公式（5-55）的实验验证范围为 $0.6 < \text{Pr}_{\text{flow}} < 10^5$，$2300 < \text{Re} < 10^6$。Gnielinski 关系式是计算精度较高的关系式，在其所依据的 800 多个实验数据中，90%数据与关系式的最大偏差在±20%以内，大部分在±10%以内。

3）单相自然对流的混合流动

当处理实际的单相对流传热时，有时需要综合考虑强制对流与自然对流的影响，即流体宏观流动和微观流动并存，二者的影响均不能忽略。一般认为，当 $\text{Gr}/\text{Re}^2 \geqslant 0.01$ 时，自然对流的影响不能忽略；当 $\text{Gr}/\text{Re}^2 \geqslant 10$ 时，强制对流的影响相对于自然对流可以忽略；而在 $0.1 \leqslant \text{Gr}/\text{Re}^2 \leqslant 10$ 时，称为混合对流阶段，对于这种混合对流的传热工况，文献[12]给出了一个简单的估算方法：

$$Nu_M^n = Nu_F^n \pm Nu_N^n \qquad (5-57)$$

其中，Nu_M^n 为混合对流的努谢尔特数；Nu_F^n、Nu_N^n 分别为采用流动和池内自然对流关系式的计算结果，两种流动方向相同时取正号，相反时取负号，特征长度取管内径或冷却剂通道当量直径，n 常取为 3。图 5-10 给出了采用混合对流计算的脉冲堆单相对流传热系数的曲线情况。图中曲线中间的波动部分是由自然对流关系式切换时的跳跃引起的，在实际的计算时可将其进行线性化近似。

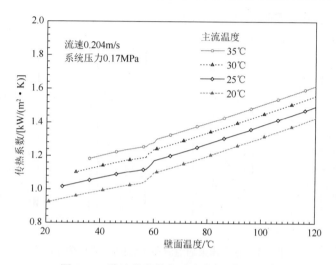

图 5-10　脉冲堆传单相对流传热系数曲线

2. 沸腾传热

随着反应堆功率的提升，燃料元件包壳温度不断升高，当包壳温度达到一定数值时，尽管冷却剂的平均温度还未达到饱和温度，但在包壳表面的冷却剂却可以被汽化，这是冷却剂的热力学不平衡作用所致，这一现象即为冷却剂的过冷沸腾。由于在燃料元件包壳表面的气泡在汽化时会吸收周围冷却剂与包壳的热量，并且气泡的运动会对包壳表面的冷却剂产生扰动，这些作用都会加快冷却剂在包壳表面的局部流动，加速冷却剂与包壳的传热。因此，过冷沸腾有利于燃料元件的冷却。对于过冷沸腾亦可分为大空间沸腾和流动沸腾两种，国际上对沸腾传热的研究较多，但大多基于实验研究，缺乏类似于单相对流传热工况的概括性较强的关系式。

对于如脉冲反应堆堆芯这样的由棒束围成的冷却剂通道，其过冷沸腾两相流的流型与垂直圆管的流型有所不同，主要包括以下几种流型：泡状流，泡状-搅混流，搅混流和环状流，如图 5-11 所示。对于泡状流，其主要形成于热流密度较低的高过冷度工况，气泡在棒束通道内近似孤立的产生，随主流流体向上运动的过程中，少数气泡会聚合成直径稍大的气泡，一些较小的气泡也会在进入主流后湮没。当加热壁面的热流密度进一步增大后，小气泡的聚合增强，冷却剂通道内开始产生较多的大气泡，这些气泡的存在和运动使得流体的流型介于泡状流与搅混流之间。随着壁面热流密度的进一步增加，聚合的大气泡受到通道的分割、扰动，开始破碎成不规则的气泡，这种破碎与聚合的过程交替发生，形成振荡型的流型，加剧了冷却剂流动的扰动。当热流密度增加到一定值后，在加热表面会形成一层水膜，而通道中心则被蒸气占据，形成环状流。

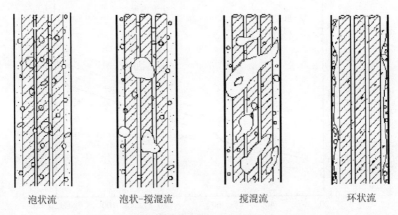

泡状流　　　　　泡状-搅混流　　　　搅混流　　　　　环状流

图 5-11　垂直棒束通道流型示意图（向上流动）

就脉冲堆堆芯的过冷沸腾传热工况而言，其冷却剂流型主要介于泡状流和泡状搅混流之间，这是由堆芯内燃料元件表面与冷却剂主流之间较高的过冷度决定的。

由于脉冲堆堆芯采用自然循环冷却方式，冷却剂流速较低（2.0MW 额定功率运行时，堆芯冷却剂平均流速为 0.204m/s），包壳表面过热度较小（额定功率时小于 50℃），堆芯冷却剂的沸腾传热主要为大空间沸腾传热。沸腾传热的影响因素较多，流体中夹带的不凝结气体、主流液体的过冷度、重力加速度等都会对其产生影响。

1）泡核沸腾区

在沸腾起始点（图 5-9 中 B 点）与偏离泡核沸腾点（C 点）之间的传热分区，称为泡核沸腾区。在泡核沸腾区内，包壳表面开始形成气泡并进入主流流体。大量气泡的形成与运动，使包壳表面与冷却剂之间形成强烈的对流传热。研究表明：对于充分发展泡核沸腾情况，壁面热流密度与壁面过冷度呈 n 次幂关系（$n=2\sim 4$）。脉冲反应堆堆芯燃料元件表面的热流密度较小，冷却剂自然循环流速低，堆芯内发生的沸腾工况属于过冷池式泡核沸腾。对于过冷池式泡核沸腾工况，在沸腾起始点附近观察不到气泡，随着壁温升高或热流密度增加，包壳表面会产生气泡，气泡或者就地缩灭，或者跃离包壳表面进入主流中随冷却剂一起运动，直至在冷却剂中因凝结而溃灭。

对于过冷池式泡核沸腾，McAdams[13]给出了计算过冷沸腾区传热系数的计算方法：

$$q_{\text{N}} = 2.257 \times (T_{\text{wall}} - T_{\text{sat}})^{3.86} \tag{5-58}$$

等效传热系数为

$$h_{\text{N}} = q_{\text{N}} / (T_{\text{wall}} - T_{\text{flow}}) \tag{5-59}$$

式中，q_{N} 为过冷沸腾区热流密度，W/cm^2；h_{N} 为等效传热系数，$\text{W/(cm}^2 \cdot \text{K)}$。在工作压力为 0.1 MPa 附近，核态沸腾的区间很窄，壁面温度一般局限在 $T_{\text{sat}} + 5\,℃ \leqslant T_{\text{wall}} \leqslant T_{\text{sat}} + 25\,℃$ 的范围内。

图 5-12 给出了采用 McAdams 公式计算的不同主流温度下的泡核沸腾传热系数。由图可见，随主流液体温度的升高，沸腾传热系数逐渐增大。

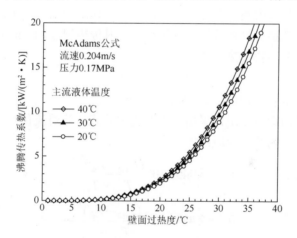

图 5-12　McAdams 公式计算的不同主流温度下泡核沸腾传热系数

2）过渡沸腾区

过渡沸腾是液体由泡核沸腾向稳定膜态沸腾过渡的一个不稳定传热区。在该区内，壁面热流密度随壁面温度的升高而减小，加热面被气膜与液体交替覆盖。因此，一般认为在过渡沸腾区内，泡核沸腾与膜态沸腾同时存在，并且随热流密度与壁面温度的波动发生交替。过渡沸腾是一种非常不稳定的传热工况，壁面传热系数和壁面温度在空间上呈不均匀分布，随时间的变化也呈现不规律性。过渡沸腾属于不稳定传热工况，为了简化处理，工程上一般采用对数坐标的沸腾曲线，取该工况下热流密度最大值（q_{CHF}）和最小值（q_{min}）绘成直线，利用线性内插的办法去估计其传热强度，显然，这种处理方法较为粗糙。

在脉冲堆正常运行工况中是不允许发生过渡沸腾工况的，但在失水事故等极端工况下，燃料元件表面有可能经历过渡沸腾传热工况。对于脉冲堆的过渡沸腾工况，可采用 Cheng 关系式[14]描述过渡沸腾传热：

$$q_{TB} = 2.483 \times 10^8 (\Delta T_{SAT})^{-1.496} \exp(0.005G + 0.0188\Delta T_{SUB}) \qquad (5\text{-}60)$$

其中，q_{TB} 为过渡沸腾传热的热流密度。式（5-60）的实验范围为：p 为常压，流量 G 取 68～203kg/(m²·s)，ΔT_{SUB} 取 0～27℃。

3）膜态沸腾

膜态沸腾工况下，冷却剂与加热面间形成稳定气膜。由于气膜的传热系数远低于液体传热系数，因此膜态沸腾传热系数比泡核沸腾传热系数要小很多。在高热流密度条件下，加热面温度会迅速升高，有可能达到材料的熔点。反应堆设计时绝对禁止发生膜态沸腾的传热工况，在某些事故工况下，则必须考虑膜态沸腾传热对反应堆燃料元件安全性能的影响。

由于气膜的热阻较大，加热面温度在膜态沸腾时变得很高，壁面的净传热量除沸腾外，还必须考虑热辐射传热。辐射传热的作用会增加气膜的厚度，因此不能简单地将膜态沸腾传热系数按对流传热与辐射传热相加。Holman[15]给出以下超越方程来计算膜态沸腾传热系数：

$$h^{4/3} = h_c^{4/3} + h_r^{4/3} \qquad (5\text{-}61)$$

式中，h_c、h_r 分别为对流传热系数和辐射传热系数。

针对脉冲堆的运行工况，采用以下经验关系式计算对流传热系数，传热关系式按壁温的不同分为两个阶段：

$$h_{c,1} = 5.945 \times 10^2 \frac{(T_{wall} - T_{sat})^{0.747}}{T_{wall} - T_{flow}} \qquad (5\text{-}62)$$

$$h_{c,2} = 2.439 \times 10^{-2} \frac{(T_{wall} - T_{sat})^{2.308}}{T_{wall} - T_{flow}} \qquad (5\text{-}63)$$

两阶段的分界点由以上两条曲线的交点确定，即 $h_c = h_{c,1}$ 或 $h_c = h_{c,2}$。辐射传热系数 h_r 按下式计算：

$$h_r = \frac{\varepsilon\sigma(T_{wall}^4 - T_{sat}^4)}{T_{wall} - T_{sat}} \qquad (5\text{-}64)$$

4）临界热流密度

准确计算反应堆堆芯传热工况的临界热流密度 q_{CHF} 对反应堆的安全具有重要意义。在传热学领域对临界热流密度的研究工作较多，有各种预测公式与计算模型。一类研究为依据实验数据的经验关系式法，主要依靠对实验数据的拟合与分析，其准确性依赖于实验结果，由于此类研究需开展大量的实验，较高的实验成本和有限的实验条件限值了研究工作深入开展，这类研究主要针对动力反应堆，公式多集中于高压、大流量工况。另一类研究从临界沸腾传热的机理出发，从理论角度开展研究工作，但由于发生临界沸腾的物理机制复杂，限制了临界热流密度机理模型的发展，其准确性较经验关系式法还具有一定的差别。

对于铀氢锆脉冲反应堆堆芯临界热流密度的计算，可采用 Bernath[16]关系式：

$$q_{CHF} = h_{CHF}\left(T_{wall} - T_{flow}\right) \tag{5-65}$$

其中

$$h_{CHF} = 67000\left(\frac{D_e}{D_e + D_h}\right) + 65\frac{v}{D_e^{0.6}}$$

$$T_{wall} = 57\ln\left(14.5p\right) - 54\frac{p}{p + 1.0345} - \frac{v}{122}$$

式（5-65）的适用条件为：圆管，p 为 0.159~20.69MPa，D_e 为 3.63×10^{-3}~1.68×10^{-2}m，v 为 1.22~16.5m/s。

5）烧毁比

为了保证反应堆的安全，在水堆中总要求燃料元件表面的最大热流密度小于临界热流密度，并留出足够的安全阈量。为了定量地表达这一安全要求，引入了烧毁比（departure from nucleate boiling ratio，DNBR）这一概念。DNBR 是指用合适的 CHF 预测方法得到的冷却剂通道中燃料元件表面某一点临界热流密度 q_{CHF} 与该点的实际热流密度的比值，即

$$DNBR(z) = \frac{q_{CHF}(z)}{q(z)} \tag{5-66}$$

由公式（5-66）可知，DNBR(z)沿冷却剂通道长度是变化的，其最小值称为最小 DNBR，记为 MDNBR。为了保证堆的安全，在水堆热工设计中，把 MDNBR 不小于某一个值作为堆热工设计准则之一。例如，对于铀氢锆脉冲反应堆，MDNBR 的设计限值为 1.3。

5.4 单通道分析方法

在早期的堆芯热工设计中，普遍采用单通道分析模型，即把所要计算的通道看成是孤立、封闭的，它在整个堆芯高度上与相邻通道之间没有冷却剂的质量、动量和能量交换。这种模型最适合于计算闭式通道。对于开式通道，由于相邻通道间的流体发生横向的质量、动量和能量交换，因此采用单通道模型处理时计算结果与实际存在差距。

在轻水堆的初步设计和许多试验研究堆的设计中，为简化计算，一般采用修正后的单通道分析模型，即在计算热通道焓升时引入一个交混工程热通道因子来考虑横向质量和热量的交换。脉冲反应堆是一种试验研究堆，稳态功率小于 2MW 的脉冲反应堆一般采用池式自然循环方式冷却，因此其运行参数大大低于动力堆，

一般其冷却剂通道的压力为 0.1～0.2MPa，并且堆芯结构比较简单。典型的堆芯
冷却剂通道见图 5-13。

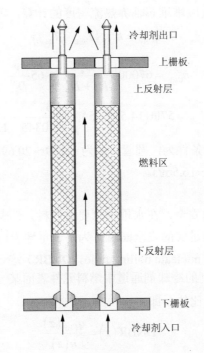

冷却剂出口
上栅板
上反射层
燃料区
下反射层
下栅板
冷却剂入口

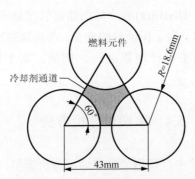

图 5-13　脉冲堆堆芯冷却剂通道

对于脉冲堆的热工分析方法，国外早期均采用单通道分析方法。如果要考虑
实际开式通道之间的交混效应，可采用修正的单通道模型。以下以修正的单通道
分析模型为基础，简要介绍脉冲堆单通道热工水力分析的主要过程。

在单通道分析模型中，常将通道分为平均通道和热通道两种。所谓平均通道，
就是堆芯内积分功率或焓升为全堆芯平均值的通道。所谓热通道，就是堆芯内积
分功率或焓升最大的冷却剂通道。这两种通道实际上都是一种假设，热通道是将

堆芯传热的所有不利因素都集中在该通道中，实际上这样的通道是不存在的，是一种保守的假设。平均通道是为了了解整个堆芯传热的平均情况，实际中这样的通道也不一定存在。此外，还将堆芯内燃料元件表面热流密度最大的点称为热点，显然，在单通道模型中，热点位于热通道内。

5.4.1 平均通道计算

1. 平均通道内冷却剂的质量流速

平均通道如图 5-13 所示，通道内冷却剂质量流速 G_m 等于参与冷却堆芯燃料元件的有效冷却剂流量除以冷却剂的有效流通截面积。所谓有效冷却剂流量是指参与冷却燃料元件的那部分流量。而不参与冷却燃料元件的那部分流量称为旁通流量，主要包括：从下栅板流过堆芯垂直孔道的冷却剂，从下栅板流过石墨元件组成的冷却剂通道的冷却剂等。用旁通流量系数 ξ_s 来定量描述旁通流量：

$$\xi_s = W_s / W_t \tag{5-67}$$

式中，W_t 为流经反应堆的总流量，kg/s；W_s 为冷却剂的旁通流量，kg/s。

不同结构的反应堆，其旁通系数是不同的，通常先由反应堆热工设计提出一个合理的数值，而后由结构设计予以检验。在已知旁通流量后，即可求得平均通道的冷却剂质量流速：

$$G_m = \frac{(1 - \xi_s) W_t}{3.6 N A_b} \quad (\text{kg}/(\text{m}^2 \cdot \text{s})) \tag{5-68}$$

式中，A_b 为一根燃料元件栅元的冷却剂流通截面，m^2；N 为燃料元件总根数。

2. 平均通道内冷却剂的轴向温度场

将冷却剂通道沿轴向分为若干步长 Δz，由堆芯入口起，用差分方法逐个求各步长出口的冷却剂焓 $H_{f,m}(z)$：

$$H_{f,m}(z) = H_{f,m}(z - \Delta z) + \frac{\Delta z \pi d_{c,s}}{G_m A_b F_u} \bar{q} \phi(z - 0.5\Delta z) \tag{5-69}$$

式中，F_u 为燃料功率占堆功率的份额；$d_{c,s}$ 为包壳外径，m；$\phi(z - 0.5\Delta z)$ 为坐标 $(z - 0.5\Delta z)$ 处轴向功率归一化系数；$\bar{q}$ 为平均通道内的平均热流密度，W/m^2。

3. 平均通道内冷却剂的轴向密度场

平均通道内冷却剂一般处于单相液体状态，液相水的密度场 $\rho_{l,m}(z)$ 可根据堆芯压力 p 和平均通道轴向温度场 $T_{f,m}(z)$ 由物性手册查出或由有关的物性关系式求出。在一些情况下，平均通道也可能出现两相流情况，此时冷却剂的密度与真实含汽率 $x_m(z)$ 有关。对于脉冲堆，汽水混合物密度计算公式如下：

$$\rho_{\mathrm{m}}(z) = 1 \Big/ \left[\frac{1 - x_{\mathrm{m}}(z)}{\rho_{\mathrm{l,m}}(z)} + \frac{x_{\mathrm{m}}(z)}{\rho_{\mathrm{g}}} \right] \tag{5-70}$$

式中，饱和汽密度 ρ_{g} 按堆芯压力由物性手册或由物性关系式求出。

4. 平均通道的压降

除沿程加速压降和通道入口压降，其他压降都按步长计算，然后进行累加处理。

坐标 z 处在步长 Δz 内的摩擦压降 $\Delta p_{\mathrm{F,m}}(z)$ 为

$$\Delta p_{\mathrm{F,m}}(z) = f_{\mathrm{m}}(z) \frac{\Delta z}{d_{\mathrm{e}}} \frac{G_{\mathrm{m}}^2}{2\rho_{\mathrm{l,m}}(z)} \overline{\phi}_{\mathrm{f0,m}}^2(z) \tag{5-71}$$

式中，$f_{\mathrm{m}}(z)$ 为平均通道沿程摩擦系数；$\overline{\phi}_{\mathrm{f0,m}}^2(z)$ 为两相摩擦压降倍率，对于单相流，$\overline{\phi}_{\mathrm{f0,m}}^2(z) = 1.0$，而对于两相流动，$\overline{\phi}_{\mathrm{f0,m}}^2(z)$ 的计算根据不同的模型有不同的计算关系式，具体的计算可参考文献[17]。

提升压降 $\Delta p_{\mathrm{el,m}}(z)$ 为

$$\Delta p_{\mathrm{el,m}}(z) = g\Delta z \rho_{\mathrm{m}}(z) \tag{5-72}$$

沿程加速压降与步长无关，其计算式为

$$\Delta p_{\mathrm{a,m}} = G_{\mathrm{m}}^2 \left(\frac{1}{\rho_{\mathrm{e,m}}} - \frac{1}{\rho_{\mathrm{i,m}}} \right) \tag{5-73}$$

式中，$\rho_{\mathrm{e,m}}$ 和 $\rho_{\mathrm{i,m}}$ 分别为平均通道出口和入口处的冷却剂密度。

局部形阻压降包括上、下栅板和燃料元件上、下端部冷却剂通道截面发生突变造成的压力损失，其计算式为

$$\Delta p_{\mathrm{c,m}} = \sum_i K_i \frac{G_{\mathrm{m}}^2}{2\rho_i} \tag{5-74}$$

式中，K_i 为局部阻力系数。

对于采用自然循环冷却的反应堆，为了提高其堆芯冷却剂的自然循环能力，在堆芯结构设计时，在上栅板处设计一个吸力腔，这时冷却剂通道的结构如图 5-14 所示。

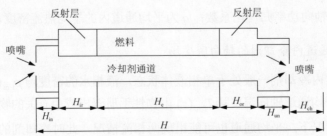

图 5-14　冷却剂通道简化模型

由于脉冲堆采用的是自然循环冷却，因此回路压降关系式满足：

$$\sum_i \Delta p_{F,m} + \sum_i \Delta p_{el,m} + \Delta p_{a,m} + \Delta p_{c,m} = \rho_0 g H \qquad (5\text{-}75)$$

$$H = \sum_i H_i = H_{in} + H_{ir} + H_c + H_{or} + H_{un} + H_{ch} \qquad (5\text{-}76)$$

式中，ρ_0 为堆池活性区外堆芯标高处的冷却剂平均密度，kg/m^3；H 为冷却剂通道的长度，m，H_{in} 为冷却剂入口段长度，m；H_{ir} 为燃料下部石墨反射层长度，m；H_c 为燃料活性区长度，m；H_{or} 为燃料上部石墨反射层长度，m；H_{un} 为冷却剂出口段长度，m；H_{ch} 为吸力腔长度，m。

5.4.2 热通道计算

1. 热通道的压降关系式

由于堆芯下腔室流量分配不均匀，除提升压降外，热通道压降关系式的各组成项都要小于平均通道的驱动压降，其计算关系式满足：

$$K_{f,h} \sum_i \Delta p_{F,m} + \sum_i \Delta p_{el,m} + K_{a,h}(\Delta p_{a,m} + \Delta p_{c,m}) = \rho_0 g H \qquad (5\text{-}77)$$

式中沿程摩擦压降修正系数为

$$K_{f,h} = (1-\delta)^{2-b} \qquad (5\text{-}78)$$

加速和形阻压降修正系数为

$$K_{a,h} = (1-\delta)^2 \qquad (5\text{-}79)$$

其中下腔室流量系数 δ 常由实验确定，一般取 0.05 左右，单相摩擦压降公式的指数 $b \approx 0.2$。

2. 热通道冷却剂轴向温度场

热通道冷却剂焓场的计算与平均通道类似，但在计算式中需要引入适当的热通道因子。

$$H_{f,h}(z) = H_{f,h}(z-\Delta z) + \frac{\Delta z \pi d_{cs}}{G_h A_b F_u} \overline{q_h} \varphi(z-0.5\Delta z) F_{\Delta H,1}^E F_{\Delta H,2}^E \qquad (5\text{-}80)$$

式中，$\overline{q_h}$ 为热通道平均热流密度，由径向核热通道因子 F_R^N 及热流密度工程热通道因子 F_q^E 乘平均管热流密度 $\overline{q}$ 得到；G_h 为热通道质量流速。

5.5 子通道分析方法

5.4 节主要介绍了反应堆热工水力设计早期使用的单通道方法，随着对反应堆堆芯传热的认识不断深入和计算技术的发展，一种考虑棒束间质量、能量与动量交混的子通道分析方法逐渐被应用于反应堆热工水力设计，并不断完善。子通道方法通过对堆芯燃料棒束间的流道进行划分，充分考虑各子通道间冷却剂的质量、能量和动量交混，更为准确地模拟了堆芯的热工水力状况。由于这种横向交混的存在，各子通道间的温度和焓相比没有交混时低，同时也提高了燃料元件表面的热流密度，有利于准确地计算堆芯的热工安全参数。

5.5.1 子通道模型的数学方程

一般情况下，子通道分析常采用均相流模型，也就是假设气、液两相的相对速度为零，并且具有相同的压力与温度。基于以上假设，可将冷却剂看成气、液两相的混合物而进行统一处理，列出其连续性方程、能量和动量方程如下：

连续性方程：
$$\frac{\partial \rho}{\partial \tau} + \nabla \cdot (\rho u) = 0 \tag{5-81}$$

能量守恒方程：
$$\frac{\partial}{\partial \tau}(\rho E) + \nabla \cdot (\rho E u) = -[\nabla \cdot (q - \overline{\overline{T}} \cdot u)] + \rho f \cdot u + Q \tag{5-82}$$

动量守恒方程：
$$\frac{\partial}{\partial \tau}(\rho u) + \nabla \cdot \rho(u_i \cdot u_k) + \nabla \cdot \overline{\overline{T}} - \rho f = 0 \tag{5-83}$$

式中，ρ 为流体密度；τ 为时间；u 为速度矢量；u_i、u_k（i，k=1，2，3）表示不同的速度分量；E 为流体具有的能量；$\overline{\overline{T}}$ 为应力张量；f 为体积力；Q 为流体发热量。

实际上，以上方程组的求解是非常困难的，为了简化方程的形式，一般的子通道分析方法均需做必要的假设，认为通道中冷却剂的轴向流速度远大于横流速度，以至于横流在通过通道间的间隙后就失去了其原来具有的方向而随轴流运动。这样就可将动量方程分解为轴向动量守恒方程和横向动量守恒方程。在横向动量守恒方程中，假定相邻子通道间横流的相互作用分为湍流横流与转向横流，将两者所传递的动量在影响区进行叠加，即可得到总的横向动量。

5.5.2 子通道数学方程的推导

由于子通道间的横向交混属于复杂三维流动，分析求解困难，实际划分子通道时认为相邻子通道间通过间隙 b（图 5-15）相互连通，互相作用。这样棒束内复杂的横向流动就可以假定为定向的流动——横流，横流的方向由其流过的间隙确定，当横流离开间隙后，也就失去了方向的意义。因此，棒间隙上所有的横流速度就可以用一个变量 V_k 表示，V_k 的方向与间隙垂直，使三维问题简化为二维。对于每一个子通道，使用适当的平均方法，将质量流量、比焓、横向流量等性质参量简化为轴向坐标 Z 和时间 τ 的函数，问题又简化为一维。对于脉冲反应堆的高过冷度沸腾工况，可近似认为气、液两相处于热平衡状态。对于气液两相流采用均相流模型，即滑速比 S 取值为 1.0。以下根据脉冲反应堆的三角形燃料排布方式给出简化的子通道守恒方程推导过程。

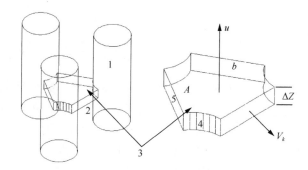

图 5-15　子通道控制体划分

1: 燃料棒；2: 棒间隙；3: 控制体 V；
4: 燃料棒壁面；5: 流体边界（间隙面 S）

针对堆芯内流体的流动情况，分别建立时间-空间守恒方程[18]，具体如下。

1. 连续性方程

$$\bar{A}\frac{\partial}{\partial \tau}\rho + \frac{\partial}{\partial Z}M + \sum_{k=1}^{n_k} w_k = 0 \tag{5-84}$$

方程（5-84）中左边第一项是由流体密度变化引起的控制体 V 内冷却剂质量随时间的变化率；第二项为沿轴向方向冷却剂流入和流出控制体 V 的质量代数和；第三项为冷却剂在横向上通过各间隙流入、流出控制体 V 的质量代数和。

2. 能量守恒方程

$$\bar{A}\frac{\partial}{\partial \tau}(\rho h) + \frac{\partial}{\partial Z}(Mh) + \sum_{k=1}^{n_k}(wh^*)_k = \sum_{r=1}^{n_r}\left[P_{\mathrm{rod}}(T_{\mathrm{rod}} - T_{\mathrm{flow}})\right]_r + \frac{\partial}{\partial Z}\left(Ak_{\mathrm{flow}}\frac{\partial T}{\partial Z}\right)$$
$$- \sum_{k=1}^{n_k}\left[\frac{bC_g k_{\mathrm{flow}}}{L_c}(T_i - T_j)\right]_k - \sum_{k=1}^{n_k}\left[w'(h_i' - h_j')_k\right] \tag{5-85}$$

方程（5-85）左侧，第一项为冷却剂热焓随时间的变化率；第二项为单位时间内冷却剂沿轴向流入和流出控制体 V 的热焓差值；第三项为单位时间内通过控制体 V 的所有间隙由横流带入和带出的热焓代数和。方程右侧，第一项为单位时间内从包围控制体 V 的所有燃料棒表面传输给冷却剂的热量之和；第二项为单位时间冷却剂沿轴向的导热；第三项为单位时间冷却剂横向导热；第四项为所有与控制体 V 相邻的子通道控制体之间的湍流热交混项。

3. 轴向动量守恒方程

$$\frac{\partial}{\partial \tau}M + \frac{\partial}{\partial Z}(Mu) + \sum_{k=1}^{n_k}(wu^*)_k = -\bar{A}\frac{\partial P}{\partial Z} - \frac{1}{2}\left(\frac{f}{D_e} + \frac{c}{\Delta Z}\right)Mu$$

$$-C_T\sum_{k=1}^{n_k}[W'(u_i' - u_j')_k] - \bar{A}g\rho\cos\theta \qquad （5-86）$$

方程（5-86）左侧，第一项为轴向动量随时间的变化率；第二项为动量沿轴向的变化量；第三项为单位时间内通过所有间隙面由横流 W' 产生的动量代数和。方程右侧，第一项为控制体 V 在轴向上的压力变化（压力梯度），为控制体 V 所受的外力；第二项为冷却剂通道内的摩擦和形阻引起的压力变化；第三项为子通道控制体之间的湍流动量交换对控制体 V 轴向动量的贡献；第四项则是重力引起的体积力变化。

4. 横向动量守恒方程

$$\frac{\partial W}{\partial \tau} + \frac{\partial}{\partial Z}(Mu^*W) + \frac{C_s}{b^2}\left\{\sum_{k=1}^{n_k}\left(\frac{b}{l}W^2v\cos\Delta\beta\right)_{k,j} - \sum_{k=1}^{n_k}\left(\frac{b}{l}W^2v\cos\Delta\beta\right)_{k,i}\right\}$$

$$= \frac{b}{l}(p_i - p_j) - \frac{bk_G}{2l}\frac{W^2v^*}{b^2} \qquad （5-87）$$

方程（5-87）左侧，第一项为横向动量随时间的变化率；第二项为横向动量在空间的变化；第三项为横向动量通量。方程右侧，第一项为控制体 V 与相邻子通道控制体之间的压力差；第二项为横流摩擦及形阻压力损失。

守恒方程（5-84）～（5-87）中 h 代表两相混合物的焓值，式中各物理量均为两相混合物在控制容积 V 内的平均值。h^*、u^*、v^* 的取值如下：

$$h^* = \begin{cases} h_i, & W_{ik} \geqslant 0\text{时} \\ h_k, & W_{ik} < 0\text{时} \end{cases}, \quad u^* = \begin{cases} u_i, & W_{ik} \geqslant 0\text{时} \\ u_k, & W_{ik} < 0\text{时} \end{cases}, \quad v^* = \begin{cases} v_i, & W_{ik} \geqslant 0\text{时} \\ v_k, & W_{ik} < 0\text{时} \end{cases}$$

以上 4 个守恒方程共包含 5 个未知量，即密度 ρ、轴向质量流量 M、横向质量流量 W、比焓 h、压力 p。为了使子通道方程组封闭，补充气水两相混合物的状态方程：

$$\rho = f(h, p) \qquad （5-88）$$

5.5.3　子通道方程的数值解法

对于子通道方程（5-84）～（5-87），可采用有限差分方法对其进行求解。将堆芯划分为 N 个子通道，并将各通道在轴向上分为 L 层，将每一层看成图 5-16 中所划分的控制体。在控制体内部，流体具有单一的温度、压力、密度、比热容等参数。将子通道守恒方程应用于每一个控制体，则可得到 $N×L$ 组守恒方程。以第 n 个通道第 l 层的控制体为研究对象，给出其守恒方程的求解方法。

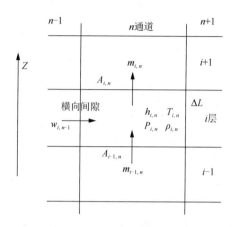

图 5-16　子通道网格划分

按图 5-16 所示的控制体网格 (i,n)，可将子通道守恒方程组在网格上进行离散化，其离散形式的守恒方程如下。

质量守恒方程：

$$\frac{1}{\Delta\tau}A_{i-1,n}(\rho_i-\rho_{i-1})+\frac{1}{\Delta Z}(m_i-m_{i-1})+\sum_{k=1}^{n_k}w_k^{i,n}=0 \tag{5-89}$$

能量守恒方程：

$$\frac{1}{\Delta\tau}\overline{A}_i(\rho_{i,n}h_{i,n}-\rho_{i-1,n}h_{i-1,n})+\frac{1}{\Delta Z}(m_{i,n}h_{i,n}-m_{i-1,n}h_{i-1,n})+\sum_{k=1}^{n_k}(wh^*)_k^{i,n}$$

$$=\sum_{r=1}^{n_r}[P_{\text{rod}}^{i,n}(\tau)\phi_{i,n}(T_{\text{rod}}(\tau)-T_{\text{flow}}(\tau))]_r+\frac{1}{\Delta Z}\left(A_{i,n}k_{\text{flow}}\frac{\Delta T}{\Delta Z}\right) \tag{5-90}$$

$$-\sum_{k=1}^{n_k}\left[\frac{bC_gk_{\text{flow}}}{L_c}(T_{i,n}-T_{i-1,n})\right]_k-\sum_{k=1}^{n_k}\left[w'_{i,n}(h'_{i,n}-h'_{i-1,n})_k\right]$$

轴向动量守恒方程：

$$\frac{1}{\Delta\tau}(m_{i,n}-m_{i-1,n})+\frac{1}{\Delta Z}(m_{i,n}u_{i,n}-m_{i-1,n}u_{i-1,n})+\sum_{k=1}^{n_k}(wu^*)_k^{i,n}$$

$$=-\overline{A}_{i,n}\frac{1}{\Delta Z}(P_{i,n}-P_{i-1,n})-\frac{1}{2}\left(\frac{f_{i,n}}{D_e^{i,n}}+\frac{c}{\Delta Z}\right)(m_{i,n}u_{i,n}-m_{i-1,n}u_{i-1,n})$$

$$-C_T\sum_{k=1}^{n_k}\left[w'_{i,n}(u'_{i,n}-u'_{i,n-1})_k^{i,n}-\overline{A}_{i,n}g\rho_{i,n}\cos\theta_k^{i,n}\right] \tag{5-91}$$

横向动量守恒方程：

$$\frac{1}{\Delta \tau}(w_{i,n-1} - w_{i,n}) + \frac{1}{\Delta Z}[(mu^*w)_{i,n} - (mu^*w)_{i-1,n}]$$

$$+ \frac{C_s}{b^2}\left\{\sum_{k=1}^{n_k}\left(\frac{b}{l}w^2 v\cos\Delta\beta\right)_k^{i-1,n} - \sum_{k=1}^{n_k}\left(\frac{b}{l}w^2 v\cos\Delta\beta\right)_k^{i,n}\right\}$$

$$= \frac{b}{l}(p_{i,n} - p_{i-1,n}) - \frac{bk_G}{2l}\frac{w_{i-1,n}^2 v^*}{b^2} \tag{5-92}$$

对于离散化方程（5-89）～（5-92），在每一时间步长 $\Delta\tau$ 内按轴向分层逐层对各通道进行迭代求解，在得到本层的所有参数后再进入下一层的求解，其中能量方程需要同燃料元件导热方程联合求解。

5.5.4　子通道方法的计算实例

为了说明子通道方法的计算效果，本书给出了西安脉冲反应堆采用子通道方法分析堆芯温度与实测值的对比结果[18]，见表5-4。

表 5-4　实验测量结果与子通道计算结果的对比

功率/MW	堆池水温/℃		燃料芯温/℃			冷却剂水温/℃		
			1#	2#	3#	通道 1	通道 2	通道 3
1.0	20.7	测量值	296	318	305	23	23	31
		计算值	309.3	312.9	310.4	22.12	22.11	30.22
		偏差/%	4.5	1.6	1.8	−3.8	−3.9	−2.5
1.5	24.9	测量值	386	421	405	27	29	42
		计算值	400.3	405.7	402.1	27.01	27.00	39.08
		偏差/%	3.7	3.6	0.7	0	−6.9	−6.9
2.0	28	测量值	454	499	479	28	33	47
		计算值	485.4	492.4	486.2	30.80	30.78	46.92
		偏差/%	6.9	1.3	1.5	10.0	−6.7	0.1

注：表中给出的测量值的测量误差为±3℃。

5.6　堆芯热工水力设计

5.6.1　热工水力设计的主要任务

铀氢锆脉冲反应堆属于轻水堆，热工水力设计的主要任务包括：

（1）根据总体设计的要求，与一、二回路装置设计协调，提出反应堆的总热功率；

（2）与一、二回路装置设计协调平衡，确定反应堆运行压力、进出口温度和冷却剂流量等主要热工参数；

（3）与堆物理、结构和燃料元件设计协调平衡，确定堆芯水铀比、堆芯结构、燃料元件尺寸和栅格布置等；

（4）对已确定的反应堆及其系统在运行中可预期瞬态和事故工况进行分析，最后确定可能达到的反应堆额定功率，提出反应堆安全保护系统各种动作的整定值，应设置的应急冷却、安全注射等系统的容量以及各种设备和部件在运行中可能遇到的工况等。

对于反应堆堆芯的稳态热工设计，具体的计算工作包括以下几方面。

（1）计算体现反应堆安全性的热工参数：最小烧毁比（MDNBR），燃料元件中心最高温度，包壳表面最高温度，冷却剂在额定工况和超调功率工况下的沸腾裕度等；

（2）计算体现反应堆先进性的有关参数：燃料比功率，堆芯功率密度，燃料元件平均线功率和最大线功率，冷却剂平均流速和出口温度等；

（3）计算其他设计部门所需的平均参数：燃料芯块的平均温度，包壳的平均温度，冷却剂平均温度和平均密度，反应堆总压降和堆芯局部压降等。

根据 Q/AU·J03·58—94《脉冲堆热工水力设计准则》及 Q/AU·J·03－49《脉冲堆脉冲运行设计和安全分析准则》的规定，脉冲堆的热工水力设计应满足下列要求：

（1）在额定工况下，堆芯热通道出口水温不允许达到饱和温度；

（2）在额定工况下，燃料芯块最高温度不得高于 750℃；

（3）直到 1.2 倍的额定功率下，堆芯任何位置上的燃料元件表面不允许发生偏离泡核沸腾。

5.6.2 堆芯热工水力分析

脉冲反应堆热工水力设计时，必须考虑到诸多不确定性因素对计算的影响，因此在计算时必须考虑以下几个工程因子：

（1）热流密度工程热通道因子 F_q^E，按统计法计算出该因子为 1.059；

（2）焓升工程热通道因子 $F_{\Delta H}^E$，该因子也按统计方法计算，为 1.082；

（3）燃料棒周向发热不均匀性因子 F_e，根据经验一般取 1.1；

（4）总的功率分布计算不确定性因子 1.05。

本书给出了脉冲反应堆稳态热工水力分析计算的部分参数计算结果[19,20]，包括以子通道方法计算的 100% 和 120% 额定功率的工况及单通道计算工况，详细计算结果见表 5-5 和图 5-17～图 5-20。实际上，为了满足 5.6.1 小节的热工设计准则，在反应堆设计时对影响反应堆安全的一些重要参数规定了相应的设计限值与安全限值。

从表 5-5 及图 5-17 可以看出，计算所得的最小烧毁比高于准则规定的 1.3 的限值，燃料元件芯体温度小于规定的安全限值。表 5-5 的计算结果对比也说明了单通道方法的保守性，不论是冷却剂温度还是燃料芯体或包壳温度，单通道的计算结果均大于子通道的结果。

表 5-5 热工水力设计主参数

名称	单位	子通道工况 1	子通道工况 2	单通道
反应堆热功率	MW	2.0	2.4	2.0
系统压力	MPa	0.17	0.17	0.17
反应堆入口水温度	℃	35.0	35.0	35
自然循环流量	kg/s	12.13	13.03	12.13
平均表面热流密度	MW/m^2	0.414	0.497	0.414
最大表面热流密度	MW/m^2	0.708	0.850	1.076
最小烧毁比	—	2.358	1.819	1.56
热通道出口水温度	℃	88.2	94.9	97.6
平均通道出口水温度	℃	46.85	48.24	77.2
燃料棒中心最高温度	℃	503.8	575.0	592.2
燃料棒包壳最高温度	℃	132.7	134.3	153.6

注：工况 1 为额定工况；工况 2 为 120%额定功率工况。

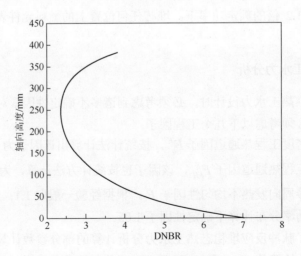

图 5-17 满功率的烧毁比

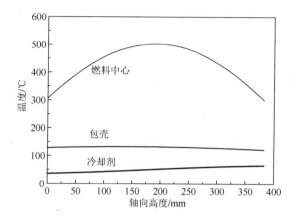

图 5-18　燃料棒中心、包壳、冷却剂温度分布（热棒、热通道、满功率）

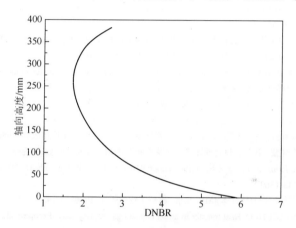

图 5-19　120%额定功率下的烧毁比

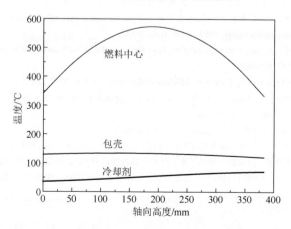

图 5-20　120%额定功率下的燃料棒中心、包壳、冷却剂温度场（热棒、热通道）

5.7 小　结

本章介绍了铀氢锆脉冲反应堆热工设计的任务、基本的方法和主要步骤，并结合作者在铀氢锆脉冲反应堆热工水力研究工作中的体会，有针对性地给出了在脉冲堆热工计算中所用到的有关模型及其计算公式，当然这些公式都是从大量的经验公式中遴选出来的，并经过了铀氢锆脉冲反应堆热工水力分析工作的检验。本章的内容也可作为类似反应堆的热工水力设计工作的参考。

参 考 文 献

[1] NEGUT G H, MLADIN M, PRISECARU I, et al. Fuel behavior comparison for a research reactor[J]. Journal of nuclear materials, 2006, 352: 157-164.

[2] 田盛. 脉冲堆燃料的安全特性及其在小型动力堆中的应用[J]. 核动力工程, 1991, 12(1): 52-57.

[3] 西北核技术研究所. 西安脉冲反应堆最终安全分析报告[R]. 西安, 2006.

[4] CHEN L X, TANG X B, JIANG X B, et al. Theoretical study on boiling heat transfer in the Xi'an pulsed reactor[J]. Science China Technological Sciences, 2013, 56(1): 137-142.

[5] 邬国伟. 核反应堆工程设计[M]. 北京: 原子能出版社, 1997: 148-149.

[6] 景春元. 脉冲反应堆动态特性与失水事故分析[D]. 西安: 西安交通大学, 1999.

[7] 于平安, 朱瑞安, 喻真烷, 等. 核反应堆热工分析(修订版) [M]. 北京: 原子能出版社, 1986: 86-109.

[8] 居怀明, 徐元辉, 李怀萱. 载热质热物性计算程序及数据手册[M]. 北京: 原子能出版社, 1990: 4-6.

[9] ROHDE U. The modeling of fuel rod behaviour under RIA conditions in the code DYN3D[J]. Annals of nuclear energy, 2001, 28: 1343-1363.

[10] 宋学孟. 金属物理性能分析(修订本)[M]. 北京: 机械工业出版社, 1990: 72-74.

[11] GIULIANI S, MUSTACCHI C. Heat transfer in a fuel element gas gap[R]. Italy: European atomic energy community. 1964.

[12] 杨世铭, 陶文铨. 传热学(第四版) [M]. 北京: 高等教育出版社, 2006: 356-365.

[13] MCADAMS W H, KENNEL W E, MINDEN C S, et al. Heat transfer at high rates to water with surface boiling[J]. Industrial and engineering chemistry, 1949, 41(9): 1945-1953.

[14] GRAAF R, HAGEN T H. Two-phase flow scaling laws for a simulated BWR assembly[J]. Nuclear engineering and design, 1994, 148(2-3): 455-462.

[15] HOLMAN J P. Heat Transfer[M]. NewYork: McGraw-Hill companies, Inc. 2002: 269-271.

[16] BERNATH L. A theory of local-boiling burnout and its application to existing data[J]. Chemical engineering progress symposium, 1960, 30(56): 95-116.

[17] 徐济钧. 沸腾传热与气液两相流[M]. 北京: 原子能出版社, 1993.

[18] 陈立新, 张颖, 陈伟, 等. 子通道程序 PRTHA 在西安脉冲堆上的应用[J]. 核动力工程, 2003, 24(S2): 56-59.

[19] 陈立新, 赵柱民, 袁建新. 西安脉冲堆热工水力分析与脉冲特性分析[J]. 核动力工程, 2006, 27(6): 1-4.

[20] 陈立新. 脉冲反应堆过冷沸腾传热特性与堆芯空泡份额计算方法研究[D]. 南京: 南京航空航天大学, 2012.

第6章　脉冲动态特性分析

铀氢锆脉冲反应堆能够发射脉冲是其重要特性之一。当外界引入一个较大的正反应性时，堆功率在极短的时间内（几十毫秒）发生瞬变，产生一个极大的功率脉冲，随后堆功率又快速恢复到很低的水平。

铀氢锆脉冲反应堆能安全地发射脉冲的基础是 UZrH$_x$ 燃料具有较大的瞬发负反应性温度系数。当脉冲堆燃料温度升高时，UZrH$_x$ 燃料晶格中的氢原子产生振荡而处于激发态，这使燃料中的热中子从氢原子获得能量的概率增大，燃料中的热中子能谱硬化，堆芯中子平均自由程明显变大（对 20%富集度的标准 TRIGA 堆燃料平均自由程约为 3cm），使中子在燃料元件中逃脱吸收的概率增大。当中子进入燃料栅元的水中时，又被迅速重新热化，而在水中中子的俘获和逃脱吸收概率对中子能量并不敏感，因此，使得燃料中的中子能谱比水中的能谱硬，这在燃料栅元中产生了一个与温度有关的不利因子，形成了 UZrH$_x$ 燃料的瞬发负反应性温度反馈效应。

铀氢锆脉冲反应堆脉冲动态特性分析就是利用反应堆动力学方法，结合脉冲发射的特点，分析脉冲运行工况下反应堆的动态特性，给出有关脉冲运行过程的功率、反应性、温度等参数随时间的变化特性，以及脉冲峰功率、积分能量、燃料最高温度、脉冲宽度等体现脉冲发射安全性与先进性的脉冲参数。为了能更好地理解脉冲发射的物理过程，本章主要从反应堆动力学最基本的点堆动态模型出发，给出脉冲运行过程的物理分析，同时简要介绍有关脉冲发射过程的三维时空动力学方法。

6.1　脉冲参数计算模型

反应堆的动态特性可用点堆动态方程描述：

$$\begin{cases} \dfrac{\mathrm{d}n(\tau)}{\mathrm{d}\tau} = \dfrac{(1-\beta)k_{\mathrm{eff}}-1}{\varLambda}n(\tau) + \sum_{i=1}^{6}\lambda_i C_i(\tau) \\ \dfrac{\mathrm{d}C_i(\tau)}{\mathrm{d}\tau} = \dfrac{\beta_i k_{\mathrm{eff}}}{\varLambda}n(\tau) - \lambda_i C_i(\tau) \quad (i=1,2,\cdots,6) \end{cases} \tag{6-1}$$

式中，$n(\tau)$ 为 τ 时刻堆芯内中子密度；β 和 β_i 分别表示缓发中子总份额与第 i 组缓发中子份额；k_{eff} 为 τ 时刻有效增殖因子；$\varLambda$ 为瞬发中子寿命；λ_i 为第 i 组缓发中子先驱核衰变常数；$C_i(\tau)$ 为第 i 组缓发中子先驱核浓度。

6.1.1　大反应性引入的点堆动态方程解

对于脉冲运行过程，可对点堆动态方程作如下假设：①功率瞬变过程中，功率及其变化率较大，可忽略缓发中子和外中子源的贡献；②功率瞬变的时间很小，功率瞬变过程中堆芯燃料可作绝热处理；③反应性阶跃引入。通过以上假设对点堆动态方程（6-1）进行简化，得

$$\frac{\mathrm{d}P(\tau)}{\mathrm{d}\tau} = \frac{\rho}{\varLambda} P(\tau), \quad P(0) = P_0 \tag{6-2}$$

式中，P 为堆功率，W；P_0 为脉冲发射前反应堆初始功率；τ 为时间，s；$\varLambda$ 为瞬发中子寿命，s。

因脉冲运行的时间很短，可将整个脉冲发射过程作绝热处理，有

$$\frac{\mathrm{d}T(\tau)}{\mathrm{d}\tau} = KP(\tau), \quad T(0) = T_0 \tag{6-3}$$

式中，T 为燃料温度，℃；T_0 为脉冲发射前的燃料温度，℃。

对于脉冲反应堆，K 是与燃料比热容有关的量：

$$K = \frac{1}{mC_\mathrm{p}} \tag{6-4}$$

式中，m 是堆芯中 UZrH$_x$ 的装载量，g；C_p 为燃料的比定压热容，J/（kg·℃）。

τ 时刻反应堆的实时反应性方程可表示为

$$\rho(\tau) = \rho_0 + \alpha T(\tau) \tag{6-5}$$

式中，α 为反应性温度反馈系数，℃$^{-1}$。

由式（6-2）、式（6-3）和式（6-5）组成了求解点堆动态方程的 Nordheim-Fuchs（NF）模型[1-3]。该模型忽略了缓发中子和外源中子的贡献，因此只对足够大的反应性（$\rho_0 > \beta$）引入才有意义，该模型能够很好地模拟大阶跃反应性引入时脉冲运行的动态过程。其功率的解析解为

$$P(\tau) = \frac{1}{2\alpha\varLambda}[(\rho_0 - \beta)^2 + 2\alpha\varLambda P_0]\mathrm{sech}^2\left(\frac{\tau - sd}{2d}\right) \tag{6-6}$$

式中

$$d = \varLambda[(\rho_0 - \beta)^2 + 2\alpha\varLambda P_0]^{-1/2}$$

$$s = \frac{[(\rho_0 - \beta)^2 + 2\alpha\varLambda P_0] + (\rho_0 - \beta)}{[(\rho_0 - \beta)^2 + 2\alpha\varLambda P_0] - (\rho_0 - \beta)}$$

由 dP（τ）/dτ=0，可求得脉冲峰值功率

$$P_{\max} = \frac{(\rho_0 - \beta)^2}{2\alpha\varLambda} + P_0 \tag{6-7}$$

脉冲过程释放的能量由下式计算：

$$E(\tau) = \int_0^\tau P(\tau)\mathrm{d}\tau = \frac{(\rho_0 - \beta)}{\alpha}\left[1 + \frac{(\rho_0 - \beta)^2 + 2\alpha\Lambda P_0}{\rho_0 - \beta}\tanh^2\left(\frac{\tau - sd}{2d}\right)\right] \quad （6\text{-}8）$$

整个脉冲过程释放的能量为

$$E = \frac{2(\rho_0 - \beta)}{\alpha}$$

由 NF 模型的假设，整个脉冲过程中燃料元件可按绝热处理，则可得到燃料的最高平均温度出现在脉冲结束时刻，即

$$T_{\max} = \frac{E}{mC_p} + T_0 = \frac{2(\rho_0 - \beta)}{\alpha mC_p} + T_0 \quad （6\text{-}9）$$

式中，$T_{\max}$ 为燃料最高平均温度；T_0 为脉冲前燃料的温度。

此外，引入脉冲半高宽来描述脉冲功率曲线的形状，其定义为功率达到峰值功率一半时所对应的上升段时间与下降段时间的差值，如图 6-1 所示，即

$$\tau_w = \tau_2 - \tau_1 \quad （6\text{-}10）$$

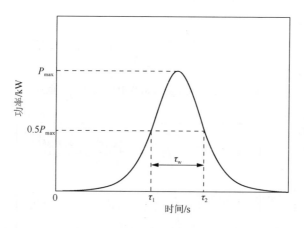

图 6-1　脉冲功率曲线示意图

当脉冲棒弹出堆芯引入一正反应性时，反应堆功率增加 e 倍所需的时间称为反应堆功率上升的周期，可用下式计算：

$$\tau_e = \frac{1}{\dfrac{\mathrm{d}}{\mathrm{d}\tau}\ln P(\tau)} = \frac{l}{\rho_0 - \beta} \quad （6\text{-}11）$$

表 6-1 中列出了引入不同反应性时脉冲功率峰时刻，脉冲峰功率、脉冲释放能量、燃料芯体最高温度和脉冲半高宽。图 6-2 给出了阶跃引入不同反应性时的脉冲功率曲线。图 6-3 为阶跃引入 3.5 元反应性时脉冲功率测量曲线。

表 6-1　脉冲参数计算结果[4]

引入反应性 /元	脉冲峰功率 /MW	脉冲半高宽 /s	脉冲释放能量 /MJ	最小正周期 /s	燃料芯体最高温度 /℃
1.5	158.4	0.03517	6.752	0.01001	270.9
2.0	473.2	0.01763	14.15	0.00500	473.2
2.5	1501	0.01176	22.17	0.00334	652.8
3.0	2736	0.00882	30.82	0.00250	819.0
3.5	4381	0.007056	40.08	0.00200	976.1

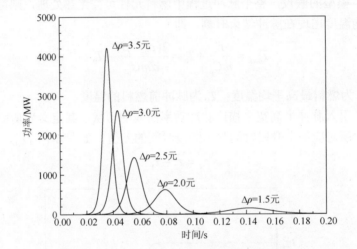

图 6-2　阶跃引入不同反应性时的脉冲功率曲线

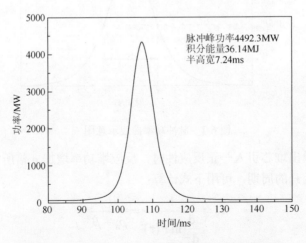

图 6-3　阶跃引入 3.5 元反应性时脉冲功率测量曲线

　　通过表 6-1 与图 6-3 比较，可以看出堆芯阶跃引入 3.5 元反应性时，点堆模型
计算结果与实验测量值吻合较好。

对于以上的 NF 模型，此处介绍一种无量纲脉冲参数的求解方法[5]，供读者参考。

首先，令 $T^* = \sqrt{\dfrac{2KP_0\Lambda}{|\alpha|}}$，$\theta^* = \left|\dfrac{\delta k}{\alpha T^*}\right|$，$\tau^* = \dfrac{KP_0}{T^*}\tau$，$\theta = \dfrac{T}{T^*}$。

由式（6-2）、式（6-3）和式（6-5）可得出

$$\frac{\mathrm{d}(P/P_0)}{\mathrm{d}\theta} = 2\theta^* + 2\mathrm{sgn}(\alpha)\theta \tag{6-12}$$

对式（6-12）积分，则有

$$\frac{P}{P_0} = 1 + 2\theta^*\theta + \mathrm{sgn}(\alpha)\theta^2 = \mathrm{sgn}(\alpha)(\theta - \theta_1)(\theta - \theta_2) \tag{6-13}$$

式中，$\theta_{1,2} = -\mathrm{sgn}(\alpha)\theta^* \pm \sqrt{\theta^{*2} - \mathrm{sgn}(\alpha)}$。对 $\alpha < 0$，θ_1、θ_2 的物理意义见图 6-4。由图 6-4 可见，对负温度反馈，功率在 $\theta = \theta^*$ 达到峰值。

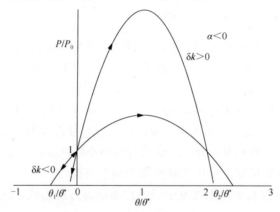

图 6-4　负反应性温度系数功率曲线

堆芯功率上升的初始倒周期 ω 为

$$\omega = \frac{\delta k}{\Lambda} \tag{6-14}$$

令 $\varepsilon = \sqrt{1 + \theta^{*2}}$。

对 $\alpha < 0$，$\delta k > 0$，由式（6-13）可得

$$\left(\frac{P}{P_0}\right)_{\max} = 1 + \theta^{*2} = \varepsilon^2 \tag{6-15}$$

对 $\alpha < 0$，由式（6-3）和式（6-13）可推导出

$$\theta(\tau^*) = \frac{\tanh(\varepsilon\tau^*)}{\varepsilon - \theta^*\tanh(\varepsilon\tau^*)} \tag{6-16}$$

$$\frac{P(\tau^*)}{P_0} = \left(\frac{\mathrm{sech}(\varepsilon\tau^*)}{1 - \dfrac{\theta^*}{\varepsilon}\tanh(\varepsilon\tau^*)}\right)^2 \tag{6-17}$$

对 $\alpha < 0$，$\delta k > 0$，脉冲宽度 $W_{\frac{1}{2}}$ 定义为脉冲功率为峰值功率一半的时间差，由式（6-17）可得

$$W_{\frac{1}{2}} = \frac{2}{\varepsilon}\mathrm{arth}\left(\frac{1}{\sqrt{2}}\right) \approx 3.525\frac{\varLambda}{\delta k}\left(1 - \frac{K\varLambda P_0}{\delta k^2}\right) \tag{6-18}$$

脉冲结束后，燃料平均温升 T 为

$$T = \varepsilon + \theta^* = \frac{2\delta k}{-\alpha} + \sqrt{\frac{K\varLambda P_0}{-2\alpha}} \tag{6-19}$$

采用上述方法，同样可获得 $\alpha > 0$ 和 $\alpha < 0$、$\delta k < 0$ 的无量纲参数。

6.1.2　小反应性引入的点堆动态方程解

以上讨论了 NF 模型在计算铀氢锆脉冲反应堆脉冲瞬态时的主要过程，必须指出的是，NF 模型只适用于 $\rho_0 > \beta$ 的情况，当 $\rho_0 \leqslant \beta$ 时，脉冲功率上升的速度较慢，缓发中子的贡献将不能忽略，因此 NF 模型的假设不再适用。特别是铀氢锆脉冲反应堆在稳态堆芯下进行脉冲发射时，由于脉冲控制棒的价值较小，只能发射 1 元左右的脉冲，此时必须考虑小反应性引入对脉冲参数计算的影响[6]。以下将从求解点堆动态方程出发，介绍一套适合描述小阶跃反应性引入（$\rho_0 \leqslant \beta$）情况下脉冲过程的动力学模型，可用于脉冲堆的动态模拟。

将公式（6-1）改写成单组缓发中子的点堆动态方程形式，反应堆功率可描述为以下方程组：

$$\frac{\mathrm{d}P(\tau)}{\mathrm{d}\tau} = \frac{\rho(\tau) - \beta}{\varLambda}P(\tau) + \lambda C(\tau) \tag{6-20}$$

$$\frac{\mathrm{d}C(\tau)}{\mathrm{d}\tau} = \frac{\beta}{\varLambda}P(\tau) - \lambda C(\tau) \tag{6-21}$$

此时，由于脉冲棒弹出堆芯的时间较短（小于 1s），仍然采用绝热近似，即式（6-3）仍然成立，而反应性引入方程仍然为式（6-5）的形式。对于由式（6-20）、式（6-21）、式（6-3）和式（6-5）组成的方程组，该方程组没有解析解，以下对模型进行适当近似，给出该方程组的近似解。

当堆芯引入一小阶跃反应性 ρ_0（$0 < \rho_0 \ll \beta$）时，式（6-13）两边对时间 τ 求导，可得

$$\frac{\mathrm{d}C^2(\tau)}{\mathrm{d}\tau^2} = \frac{\beta}{\varLambda}\frac{\mathrm{d}P(\tau)}{\mathrm{d}\tau} - \lambda\frac{\mathrm{d}C(\tau)}{\mathrm{d}\tau} \tag{6-22}$$

将式（6-3）和式（6-5）代入式（6-22），整理得

$$\frac{\mathrm{d}C^2(\tau)}{\mathrm{d}\tau^2} = \frac{\beta}{\Lambda}\left[\frac{\rho(\tau)-\beta}{\Lambda}-\lambda\right]P(\tau) + \left(\frac{\beta}{\Lambda}+\lambda\right)\lambda C(\tau) \qquad (6\text{-}23)$$

由式（6-20） $\lambda C(\tau) = \dfrac{\mathrm{d}P(\tau)}{\mathrm{d}\tau} - \dfrac{\rho(\tau)-\beta}{\Lambda}P(\tau)$ 代入式（6-23），整理得

$$\frac{\mathrm{d}C^2(\tau)}{\mathrm{d}\tau^2} = \left(\frac{\beta}{\Lambda}+\lambda\right)\frac{\mathrm{d}p(\tau)}{\mathrm{d}\tau} - \frac{\lambda\rho(\tau)}{\Lambda}P(\tau) \qquad (6\text{-}24)$$

对于以上微分方程，无法求得其解析解，在本节所讨论的计算范围内，可以认为式（6-24）中 $\mathrm{d}C^2(\tau)/\mathrm{d}\tau^2$ 相比其他两项很小，因此可令 $\mathrm{d}C^2(\tau)/\mathrm{d}\tau^2=0$，得

$$\frac{\mathrm{d}P(\tau)}{\mathrm{d}\tau} = \frac{\lambda\rho(\tau)}{\beta+\lambda\Lambda}P(\tau) \qquad (6\text{-}25)$$

式（6-5）两边对时间 τ 求导

$$\frac{\mathrm{d}\rho(\tau)}{\mathrm{d}\tau} = \alpha\frac{\mathrm{d}T(\tau)}{\mathrm{d}\tau} = \alpha K P(\tau) \qquad (6\text{-}26)$$

式（6-26）两边对时间求导，并将式（6-25）、式（6-26）代入得

$$\frac{\mathrm{d}^2\rho(\tau)}{\mathrm{d}\tau^2} = \alpha K\frac{\mathrm{d}P(\tau)}{\mathrm{d}\tau} = \frac{\lambda\rho(\tau)}{\beta+\lambda\Lambda}\frac{\mathrm{d}\rho(\tau)}{\mathrm{d}\tau} \qquad (6\text{-}27)$$

该方程为可降阶的微分方程，其解为

$$\frac{\mathrm{d}\rho(\tau)}{\mathrm{d}\tau} = \frac{A}{2}[\rho^2(\tau)-C_1] \qquad (6\text{-}28)$$

其中，$A = \dfrac{\lambda}{(\beta+\lambda\Lambda)}$。

由反应性阶跃引入的物理过程可知，在 $\tau=0$ 时，将 $\rho(\tau=0)=\rho_0$，$P(\tau=0)=P_0$，$\dfrac{\mathrm{d}\rho(\tau)}{\mathrm{d}\tau} = \alpha K P(\tau) = \alpha K P_0$ 代入式（6-28）得

$$C_1 = \rho_0^2 - \frac{2\alpha K}{A}P_0 \qquad (6\text{-}29)$$

将式（6-29）代入式（6-28），可得

$$\frac{\mathrm{d}\rho(\tau)}{\mathrm{d}\tau} = -\frac{A}{2}\left[\left(\rho_0^2 - \frac{2\alpha K}{A}P_0\right) - \rho^2(\tau)\right] \qquad (6\text{-}30)$$

式（6-30）为可分离变量的一阶微分方程，其解为

$$\frac{1}{2\sqrt{\rho_0^2 - \dfrac{2\alpha K}{A}P_0}}\ln\frac{\sqrt{\rho_0^2 - \dfrac{2\alpha K}{A}P_0}+\rho(\tau)}{\sqrt{\rho_0^2 - \dfrac{2\alpha K}{A}P_0}-\rho(\tau)} = -\frac{A}{2}[\tau - C_2] \qquad (6\text{-}31)$$

假设 $\tau=\tau_0$ 时 $P(\tau)$ 有最大值 P_{max}，此时功率处于峰值处，即 $dP(\tau)/d\tau=0$，由式（6-30）知 $\rho(\tau_0)=0$，代入式（6-31）得 $C_2=\tau_0$。对式（6-31）进行整理，得

$$\rho(\tau) = B\frac{e^{-A\cdot B(\tau-\tau_0)}-1}{e^{-A\cdot B(\tau-\tau_0)}+1} \tag{6-32}$$

式中，$B=\sqrt{\rho_0^2-\dfrac{2\alpha K}{A}P_0}$。

式（6-32）对时间求导，并代入式（6-26）得功率的计算式为

$$P(\tau) = -\frac{A\cdot B^2}{2\alpha K}\mathrm{sech}^2\left[-\frac{A\cdot B}{2}(\tau-\tau_0)\right] \tag{6-33}$$

对式（6-33）进行分析，当 $\tau=0$ 时，$P(\tau)=P_0$；当 $\tau=\tau_{max}$ 时，$P(\tau)=P_{max}$。其中

$$P_{max} = -\frac{A\cdot B^2}{2\alpha K} \tag{6-34}$$

$$\tau_{max} = \frac{2}{A\cdot B}\mathrm{arsech}\sqrt{\frac{P_0}{P_{max}}} \tag{6-35}$$

必须指出的是，以上给出的只是小阶跃反应性引入的近似计算方法，有助于读者对铀氢锆脉冲反应堆脉冲过程的理解。在方程（6-24）中忽略缓发中子高阶项、采用绝热近似等都会给模型求解的准确性带来影响。对于小阶跃反应性脉冲工况更精确的计算，可采用数值方法对点堆动态方程进行求解，或者采用更为准确的时空动力学方法进行分析。关于脉冲反应堆时空动力学方法将在本章 6.6 节进行简要介绍。

为了更好地了解小阶跃反应性引入时脉冲堆的动态特性，此处给出了引入反应性分别为 $\rho_0=\beta/2$ 和 $\rho_0=\beta/3$ 时脉冲堆动态特性。计算的初始条件如下：瞬发中子寿命：$\Lambda=3.6\times10^{-5}$ s；有效缓发中子份额：$\beta=0.007194$；燃料温度系数：$\alpha=-9\times10^{-5}{}^\circ\mathrm{C}^{-1}$；脉冲初始功率：100W；六组缓发中子份额和六组先驱核衰变常数见表 6-2。

表 6-2　缓发中子份额和先驱核衰变常数[7]

i	份额	先驱核衰变常数/s^{-1}
1	0.0377	0.0124
2	0.2122	0.0305
3	0.1877	0.1110
4	0.4068	0.3010
5	0.1290	1.1400
6	0.0265	3.0100

　　图 6-5～图 6-7 分别给出了利用以上模型所得的计算结果。由图 6-5 可以看出，在缓发临界之前（即 $\rho > 0$），堆芯总反应性逐渐减小，反应堆功率逐渐升高，当达到缓发临界时（即 $\rho = 0$），反应堆功率达到最大值，此后功率随反应性减小而下降，反应堆进入缓发次临界状态，形成脉冲峰。图 6-6 为初始引入不同反应性时堆芯总反应性随时间的变化，图 6-6 表明，初始引入反应性越大，功率峰值也越大，到达功率峰值的时间越短。图 6-7 表明，引入反应性越大，反应性变化越快。

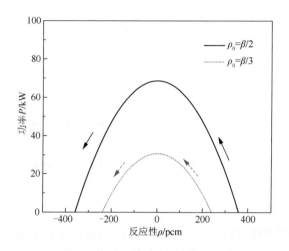

图 6-5　功率随反应性变化曲线

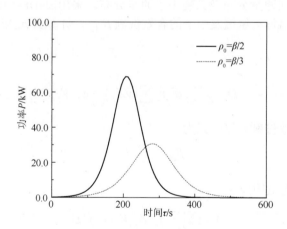

图 6-6　阶跃引入不同反应性时功率特性曲线

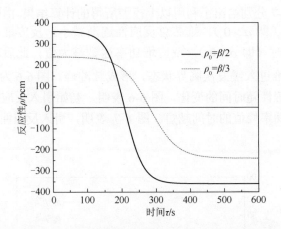

图 6-7　阶跃引入不同反应性时堆芯总反应性特性曲线

6.2　缓发中子有效份额 β_{eff} 和中子代时间 Λ

缓发中子有效份额 β_{eff} 和中子代时间 Λ 是反应堆重要的动态参数，同时也是点堆动力学模型和 NF 模型中的两个必需的参数，下面分别介绍 β_{eff} 和 Λ 的确定论和蒙特卡罗计算方法。

针对动态参数的确定论方法，开发了基于 WIMS 和 CITATION 程序的动态参数计算方法。采用 WIMS 计算出少群均匀化栅元截面，再使用 CITATION 进行少群反应堆扩散计算得到通量分布及共轭中子通量分布。采用 ENDF-VII 库中的 6 组缓发中子数据，计算出每一组缓发中子的有效份额 $\beta_{\text{eff},i}$，计算公式为[8]

$$\beta_{\text{eff},i} = \beta_i \sum_j \sum_g \phi^*_{g,j} \chi_{\text{dg},i} \sum_{g'} \left(\nu \Sigma_f \right)_{g',j} \phi_{g',j} V_j / D \tag{6-36}$$

$$D = \sum_j \sum_g \phi^*_{gj} \chi_g \sum_{g'} \left(\nu \Sigma_f \right)_{g',j} \phi_{g',j} V_j \tag{6-37}$$

总的缓发中子有效份额计算公式为

$$\beta_{\text{eff}} = \sum_i \beta_{\text{eff},i} \tag{6-38}$$

中子代时间计算公式[2]为

$$\Lambda = (\sum_j \sum_g \phi^*_{g,j} \phi_{g,j} V_j / \nu_g) / D \tag{6-39}$$

式中，β_i 为第 i 组缓发中子的基本份额；$\phi^*_{g,j}$ 为第 j 个体积块第 g 群的中子价值；$\phi_{g'j}$ 为第 j 个体积块第 g' 群的中子价值；$\left(\nu \Sigma_f \right)_{g',j}$ 为第 j 个体积块第 g 群的产生截

面；$\chi_{dg,i}$ 为缓发中子裂变谱；χ_g 为瞬发中子裂变谱；V_j 为第 j 个体积块的体积；v_g 为第 g 群平均速度；D 为所有中子总价值。

计算得到西安脉冲反应堆的 β_{eff}=719.06pcm，Λ=35.23μs，和设计值符合得很好。

近年来还开发了采用 MCNP 程序计算动态参数的蒙特卡罗方法[9-10]，下面分别介绍 β_{eff} 和 Λ 的蒙特卡罗计算方法。

在系统中加一个扰动，使缓发中子的产额变化 h 倍，就可以得到计算 β_{eff} 的微扰公式[9]：

$$\beta_{\text{eff}} = \frac{1}{k(0)} \frac{\mathrm{d}k(h)}{\mathrm{d}h}\bigg|_{h=0} \tag{6-40}$$

式中，$k(h)$ 是扰动后的反应堆的有效增殖因子；β_{eff} 的物理意义可以描述为缓发中子产额每变动一个单位对反应堆有效增殖因子 $k(0)$ 的影响，反映的是缓发中子在反应堆中的重要性程度。

一阶泰勒展开的微扰公式[11]

$$\beta_{\text{eff}} = \frac{k(h) - k(0)}{hk(0)} \tag{6-41}$$

取 h=-1，即为 Bretscher 提出的瞬发中子法的计算公式[12]。

二阶泰勒展开下的微扰公式为

$$\beta_{\text{eff}} = \frac{k(h) - k(-h)}{2hk(0)} \tag{6-42}$$

采用式（6-42）计算得到的铀氢锆脉冲反应堆 β_{eff}=(730.68±1.36)pcm，相对设计值 719.4pcm 有 1.57%的偏差。

缓发中子的份额很小（小于 0.7%），略去缓发中子对 Λ 的影响很小。假设铀氢锆脉冲反应堆裂变仅释放瞬发中子而不释放缓发中子，可以获得描述中子密度变化的动力学方程为[13]

$$\frac{\mathrm{d}n(\tau)}{\mathrm{d}\tau} = \frac{\rho_{\text{P}}}{\Lambda} n(\tau) \tag{6-43}$$

其中，ρ_{P} 是忽略缓发中子的反应堆的反应性。

由式（6-43）可得

$$n(\tau) = n(0) \exp\left(\frac{\rho_{\text{P}}}{\Lambda} \tau\right) \tag{6-44}$$

使用 MCNP 程序模拟中子通量密度随着时间的衰减，然后采用式（6-44）拟合衰减曲线，如图 6-8 所示，可以求出 $\dfrac{\rho_{\text{P}}}{\Lambda}$ 的值，进而得到 Λ。

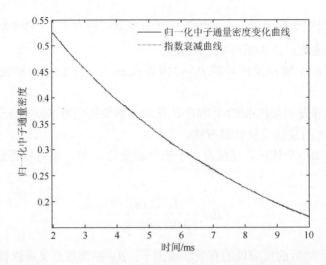

图 6-8   铀氢锆脉冲反应堆中子通量密度变化曲线和拟合的指数衰减曲线

Λ 计算值为 36.11μs，相对设计值 36μs 的偏差为 0.31%。

需要说明的是，最新版本的 MCNP 程序已经集成了动态参数计算程序，可以直接计算出动态参数。

6.3   安全参数模型

对于脉冲堆的脉冲过程，除前面讨论过的脉冲参数外，另一个重要的参数是脉冲过程中燃料元件的温度，它是脉冲堆脉冲过程安全保护参数之一。由于脉冲过程可以认为是一个绝热过程，燃料棒中温度分布正比于功率密度分布，燃料棒的最高温度（此处的最高温度与式（6-9）计算的燃料最高平均温度不同，请读者注意区分）出现在燃料芯块的外侧，而不同于稳态运行时位于燃料棒的中心。因此，燃料的最大温度 T_{m} 可由下式计算[14]

$$f_{\mathrm{T}} \int_0^E \mathrm{d}E = \frac{m}{\rho} \int_{T_0}^{T_{\mathrm{m}}} c_{V,\,p}(T') \mathrm{d}T' \tag{6-45}$$

$$f_{\mathrm{T}} = f_z f_{\mathrm{HR}} f_{\mathrm{R}} \tag{6-46}$$

式中，f_{T} 为功率总峰因子；f_z 为轴向峰功率因子；f_{R} 为热棒径向峰因子，定义为燃料元件中径向功率密度峰值与棒功率密度平均值之比；f_{HR} 为热棒功率峰因子，定义为

$$f_{\mathrm{HR}} = \frac{P_{\mathrm{rod}}^{\mathrm{max}}}{\overline{P}_{\mathrm{rod}}} \tag{6-47}$$

其中，$P_{\mathrm{rod}}^{\mathrm{max}}$ 为堆芯中单根燃料棒的最大功率（W）；$\overline{P}_{\mathrm{rod}}$ 为堆芯中燃料棒的平均功率（W）；燃料元件中的径向功率密度不一定径向对称，它不仅是燃料半径 r 的函

数，而且与燃料棒周围的介质有关，如果燃料元件处在一个高热通量梯度区域（如水隙、辐照孔道附近），则燃料棒内的径向功率分布就会向通量梯度方向倾斜。由于这个原因，热棒径向峰因子可以分为两个分因子，即

$$f_R = f_\theta f_g \tag{6-48}$$

其中，f_θ 是燃料元件周向发热不均匀系数；f_g 是描述通量梯度的修正因子，简称为通量梯度因子。f_θ 定义为

$$f_\theta = \frac{q_\theta^{\max}}{\overline{q_\theta}} \tag{6-49}$$

其中，$q_\theta^{\max}$ 为燃料元件径向的最大热流密度；$\overline{q_\theta}$ 为燃料元件径向的平均热流密度。如果堆芯中燃料元件规则均匀排列，没有水腔和其他不对称性，栅元边界为对称边界条件，则堆芯通量梯度因子 $f_g \approx 1$，$f_R \approx f_e$。对于铀氢锆脉冲反应堆，由于脉冲堆芯采用水腔不对称布置，因此 f_g 的影响应该予以考虑。

6.4　脉冲后燃料元件温度场的计算

与稳态工况的传热计算不同，脉冲发射过程可近似看成绝热过程，脉冲后反应堆功率降为零（由于脉冲过程极短，释放的能量有限，因此忽略停堆后的衰变功率）。脉冲运行期间的绝热过程中，燃料元件至冷却剂的传热忽略不计，因此，脉冲期间和脉冲刚结束时，燃料的温度分布与功率分布成正比。由此可知，燃料温度峰值出现在燃料芯块的边缘，这不同于稳态工况时最高温度出现在芯块中心位置。由于在脉冲期间的能量释放，燃料芯块温度上升，在脉冲结束时温度达到最大值，此刻燃料芯块温度分布与体积热源分布成正比，脉冲结束时燃料芯块温度分布可作为初始条件用来计算脉冲后燃料元件和包壳温度随时间的变化关系。

根据已知的脉冲过程产生的热 $q_0(r)$ 和脉冲前燃料元件温度分布均匀（$T(r,\tau<0)=T_0$）的假设，忽略脉冲过程的时间（即认为脉冲在瞬间完成），可写出脉冲刚结束时燃料元件的温度分布：

$$\tau = 0, \quad T(r,0) = \frac{q_0(r)}{\rho(r,T)c_p(r,T)} + T_0 \tag{6-50}$$

由具有内热源的一维圆柱的传热方程得

$$\rho(r,T)c_p(r,T)\frac{\partial T(r,\tau)}{\partial \tau} = \frac{\partial}{\partial r}\left[\lambda(r,T)\frac{\partial}{\partial r}T(r,\tau)\right] + q(r,\tau) \tag{6-51}$$

当 $\tau>0$ 时，内热源变为零，差分方程化为齐次：

$$\rho(r,T)c_p(r,T)\frac{\partial T(r,\tau)}{\partial \tau} = \frac{\partial}{\partial r}\left[\lambda(r,T)\frac{\partial}{\partial r}T(r,\tau)\right] \tag{6-52}$$

此时必须确定燃料芯块内外两个边界条件，如果坐标原点与燃料棒的中心重合，那么内边界条件为

$$\frac{\partial}{\partial r} T(r,\tau)\big|_{r=0} = 0 \tag{6-53}$$

对于外边界条件，位于燃料元件包壳与冷却剂的交界面，可用第三类边界条件处理，即已知包壳与冷却剂的对流传热系数 h、冷却剂主流温度 T_{flow}。对流传热系数的确定可参阅第 5 章相关内容，冷却剂的主流温度 T_{flow} 可通过迭代计算求取。利用第 5 章介绍的单通道方法，可对脉冲后燃料元件的温度变化情况进行求解。

图 6-9 和图 6-10 给出了阶跃引入 3.0 元反应性时的脉冲后燃料元件温度场计算结果。由图 6-9 可以看出，在脉冲后 0.01s 前，燃料边缘温度明显高于燃料平均温度，此时包壳温度略有上升，但幅度很小，这是因为燃料内部产生的热量刚开始向包壳内壁传递，包壳内外温差明显，而冷却剂由于没有吸收热量，温度没有变化。当时间到达 0.01～0.1s 时，燃料边缘的热量不断向内侧低温部分和外侧包壳传递，其温度逐渐低于燃料平均温度，而此时包壳由于不断吸收热量，温度逐渐升高，内外壁温差减小，冷却剂温度此时也开始升高。在 1s 后，燃料内部温度呈内高外低的分布，而冷却剂由于不断吸收热量，温度继续升高。在 100s 后，燃料温度下降明显，在 400s 时燃料、包壳与冷却剂的温差已经很小，表明脉冲释放的能量已经被堆芯冷却剂带走。由图 6-10 可清楚地看到燃料元件径向温度在不同时间点的分布情况，脉冲刚结束时，温度呈现外高内低的分布特点，随着时间的延长，温度逐渐趋于均匀。

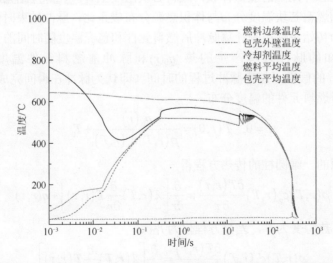

图 6-9　阶跃引入 3.0 元反应性的脉冲后燃料元件温度随时间的变化

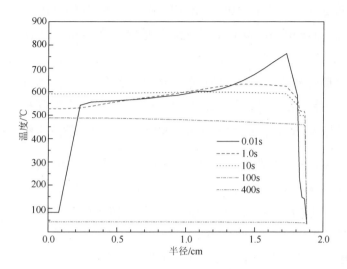

图 6-10 阶跃引入 3.0 元反应性后不同时间燃料元件径向温度分布

6.5 六角形堆芯三维时空动力学

由第 2 章的介绍可知，铀氢锆脉冲反应堆堆芯虽然采用六角形布置方式，但由于堆芯中央水腔和围绕堆芯的实验孔道（中子的泄漏）的存在，堆芯功率的空间分布畸变很大，当需要了解堆芯内部的功率（或中子通量）空间分布随时间的变化时，6.1 节介绍的点堆模型将无法适用。为了了解这些参数在空间的分布及其变化情况，需要采用求解时空动力学方程的方法[15]，故本节简要介绍适用于铀氢锆脉冲反应堆时空动力学方程。

在反应堆的动态过程中，反应堆的中子输运过程可用多群中子扩散时-空动力学方程组表示。反应堆多群中子扩散时-空动力学方程组可表示为[16]

$$\frac{1}{\upsilon_g}\frac{\partial}{\partial\tau}\Phi_g(r,\tau) = \nabla\cdot D_g(r,\tau)\nabla\Phi_g(r,\tau) - \Sigma_{rg}(r,\tau)\Phi_g(r,\tau) + \sum_{g'\neq g}\Sigma_{gg'}(r,\tau)\Phi_{g'}(r,\tau)$$

$$+ (1-\beta)\chi_{pg}\sum_{g'=1}^{G}\frac{\nu_{g'}}{k_{eff}}\Sigma_{fg'}(r,\tau)\Phi_{g'}(r,\tau) + \chi_{dg}\sum_{d=1}^{D}\lambda_d(r,\tau)C_d(r,\tau)$$

$$(6\text{-}54)$$

$$\frac{\partial}{\partial\tau}C_d(r,\tau) = \beta_d\sum_{g=1}^{G}\frac{\nu_g}{k_{eff}}\Sigma_{fg}(r,\tau)\phi_g(r,\tau) - \lambda_d(r,\tau)C_d(r,\tau) \qquad (6\text{-}55)$$

式中，υ_g 为第 g 群中子的平均速率，$\mathrm{m \cdot s^{-1}}$；$\phi_g(r,\tau)$ 为能群的与时间和空间相关的中子通量密度，$\mathrm{n/(cm^2 \cdot s)}$；$D_g(r,\tau)$ 为能群的扩散系数，cm；$\Sigma_{rg}(r,\tau)$ 为能群的移出截面，$\mathrm{cm^{-1}}$；$\Sigma_{gg'}(r,\tau)$ 为由 g' 能群到 g 能群的中子散射截面，$\mathrm{cm^{-1}}$；χ_{pg} 为瞬发中子进入 g 能群的份额；v_g 为 g 能群的中子引起裂变时每次裂变平均释放的中子数；$\Sigma_{fg}(r,\tau)$ 为能群的裂变截面，$\mathrm{cm^{-1}}$；$C_d(r,\tau)$ 为与空间和时间相关的第 d 组缓发中子先驱核浓度，$\mathrm{cm^{-3}}$；β_d 为第 d 组缓发中子先驱核的裂变份额；$\beta = \sum\limits_d \beta_d$ 为总缓发中子先驱核的裂变份额；λ_d 为第 d 组缓发中子先驱核的衰变常数。

　　对于铀氢锆脉冲反应堆堆芯，可将其看成由若干六角形栅元组成，其中每根燃料棒及其周围的水隙可看成六角形栅元，将一个栅元看成一个节块，以六角形节块为单位对堆芯进行划分，同时在轴向上分成若干层，可得到一系列如图 6-11 所示的节块。这样，就可以采用三维六角形节块法求解多群中子扩散时-空动力学方程组。

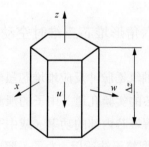

图 6-11　六角形节块图

　　在第 k 个节块内对多群时-空动力学方程组（6-46）进行体积积分，h 为节块的对边距，可获得 τ 时刻节块 k 内的中子平衡方程如下：

$$\frac{1}{\upsilon_g}\frac{\mathrm{d}\overline{\varPhi}_g^k(\tau)}{\mathrm{d}\tau} + \Sigma_{rg}^k(\tau)\overline{\varPhi}_g^k(\tau) = \overline{Q}_g^k(\tau) - \sum_{u=x,u,w,z}\frac{1}{a_u^k}[(\overline{J}_{gul}^{-k}(\tau) + \overline{J}_{gur}^{+k}(\tau)) - (\overline{J}_{gul}^{+k}(\tau) + \overline{J}_{gur}^{-k}(\tau))]$$

（6-56）

在六角形节块法中，习惯上一般把节块平衡方程（6-56）写成如下形式：

$$\frac{1}{\upsilon}\frac{\mathrm{d}\overline{\varPhi}}{\mathrm{d}\tau} + \Sigma_r\overline{\varPhi} = \overline{Q} - \frac{2}{3h}[\overline{L}_x + \overline{L}_u + \overline{L}_w] - \frac{1}{\Delta z}\overline{L}_z \qquad （6-57）$$

$\overline{L}_x$、$\overline{L}_u$、$\overline{L}_w$ 和 $\overline{L}_z$ 依次为 x、u、w 和 z 方向上按节块表面积平均的泄漏率，它可由表面平均的偏积分净中子流 $\overline{J}_u$ 表示：

$$\overline{L}_u = \overline{J}_u\left(\frac{h}{2}\right) - \overline{J}_u\left(-\frac{h}{2}\right), \quad u = x, u, w \tag{6-58}$$

$$\overline{L}_z = \overline{L}_z\left(\frac{\Delta z}{2}\right) - \overline{L}_z\left(-\frac{\Delta z}{2}\right) \tag{6-59}$$

以后为方便起见略去了节块和能群编号，同时也略去了自变量 τ。式（6-57）中，$\overline{\varPhi}$ 和 $\overline{Q}$ 是按节块体积平均的中子通量密度和中子源定义为

$$\overline{\varPhi} = \frac{1}{V}\int_{-\frac{\Delta z}{2}}^{\frac{\Delta z}{2}} \mathrm{d}z \int_{-\frac{h}{2}}^{\frac{h}{2}} \mathrm{d}x \int_{-y_s(x)}^{y_s(x)} \varPhi(x,y,z)\mathrm{d}y \tag{6-60}$$

$$\overline{Q} = \frac{1}{V}\int_{-\frac{\Delta z}{2}}^{\frac{\Delta z}{2}} \mathrm{d}z \int_{-\frac{h}{2}}^{\frac{h}{2}} \mathrm{d}x \int_{-y_s(x)}^{y_s(x)} Q(x,y,z)\mathrm{d}y \tag{6-61}$$

$$y_s(x) = \frac{1}{\sqrt{3}}(h - |x|) \tag{6-62}$$

在获得节块中子平衡方程（6-57）的同时，可得到节块 k 内 τ 时刻先驱核浓度的平衡方程如下：

$$\frac{\mathrm{d}}{\mathrm{d}\tau}\overline{C}_d = \beta_d \sum_{g=1}^{G} \frac{v_g}{k_{\mathrm{eff}}} \Sigma_{\mathrm{fg}}\overline{\varPhi}_g - \lambda_d\overline{C}_d \tag{6-63}$$

其中，$\overline{C}_d$ 是按节块体积平均的先驱核浓度，有

$$\overline{C}_d = \frac{1}{V}\int_{-\frac{\Delta z}{2}}^{\frac{\Delta z}{2}} \mathrm{d}z \int_{-\frac{h}{2}}^{\frac{h}{2}} \mathrm{d}x \int_{-y_s(x)}^{y_s(x)} \overline{C}_d(x,y,z)\mathrm{d}y \tag{6-64}$$

方程（6-57）和（6-63）分别是对空间积分后获得的 τ 时刻中子通量密度和先驱核浓度的平衡方程，也就是要求解的方程。

从 τ 时刻的节块中子平衡方程（6-57）可以看出，要对它进行求解，显然首先必须求出各表面平均偏中子流 J_u 与 $\overline{\varPhi}$ 之间的关系。这是节块法的关键所在。不同的节块法，就在于采用不同的方法求出偏中子流 J_u 或 J_u 与 $\overline{\varPhi}$ 的关系。

此处给出了不考虑热工反馈情况下脉冲堆阶跃引入 0.58 元（对应于稳态堆芯脉冲棒在第一个时间步长瞬间 0.001s 内弹出一半）、1.5 元（对应于脉冲堆芯脉冲棒在第一个时间步长瞬间 0.001s 内弹出，弹棒前脉冲棒的高度为 222mm）等不同反应性时，脉冲堆功率水平的响应曲线的计算结果，见图 6-12 和图 6-13。

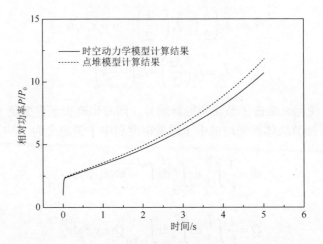

图 6-12　阶跃引入 0.58 元反应性时点堆模型与时空动力学模型的功率响应曲线对比

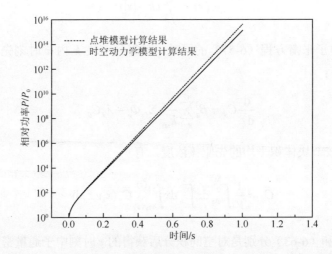

图 6-13　阶跃引入 1.5 元反应性时点堆模型与时空动力学模型的功率响应曲线对比

6.6　小　　结

由于铀氢锆脉冲反应堆具有很大的瞬发燃料负温度系数，堆功率可以在极短的时间内达到极大功率，随后又恢复到较低的功率水平，这与常见的反应堆运行工况具有很大的区别。本章研究了用于计算脉冲堆脉冲参数的 NF 模型，分析讨论了 NF 方程解的物理意义及其在脉冲堆中的应用，介绍了 NF 模型中涉及的两个动态参数（缓发中子有效份额 β_{eff} 和中子代时间 Λ）和功率安全参数的计算方法。以 NF 模型为基础，给出了脉冲峰功率、能量释放以及燃料温度等参数的计算方法，同时对脉冲反应堆时空动力学计算方法进行了简要介绍。本章内容可为读者从动力学角度了解铀氢锆脉冲反应堆脉冲动态特性提供帮助。

参 考 文 献

[1] BHUIYAN S I, ANISUR R K, SARKER M M, et al. Generation of a library for reactor calculations and some applications in core and safety parameter studies of the 3-MW TRIGA MARK-II research reactor[J]. Nuclear technology. 1992, 97: 253-262.

[2] LEWINS J D. The adiabatic Fuchs-Nordheim model and non-dimensional solutions[J]. Annals nuclear energy, 1995, 22(10): 681-686.

[3] 黄祖洽. 核反应堆动力学基础[M]. 北京: 北京大学出版社, 2007: 11-40.

[4] 陈立新, 赵柱民, 袁建新. 西安脉冲堆热工水力分析与脉冲特性分析[J]. 核动力工程, 2006, 27(6): 1-4.

[5] 景春元. 脉冲反应堆动态特性与失水事故分析[D]. 西安: 西安交通大学, 1999.

[6] 陈立新, 陈伟, 张颖, 等. 西安脉冲堆稳态堆芯脉冲运行安全性分析及新堆芯布置方案设计[J]. 核动力工程, 2006, 27(S1): 9-12.

[7] 西北核技术研究所. 西安脉冲反应堆最终安全分析报告[R]. 西安, 2006.

[8] BELL G I, GLASSTONE S. Nuclear reactor theory[M]. New York: Van Nostrand Reinhold company, 1976: 137-184.

[9] ZHANG L, CHEN W, ZHAO Z M, et al. Calculation of effective delayed neutron fraction with modified library of Monte Carlo code[J]. Annals of nuclear energy, 2013, 37: 327-333.

[10] 张良, 陈伟, 赵柱民, 等. 瞬发中子密度衰减法计算中子代时间[J]. 强激光与粒子束, 2013, 25(1): 237-240.

[11] CHIBA G. Calculation of Effective delayed neutron fraction using a modified k-Ratio method[J]. Journal of nuclear science and technology, 2009, 46(5).

[12] BRETSCHER M M. Evaluation of reactor kinetic parameters without the need for perturbation codes[C]. International meeting on reduced enrichment for research and test reactors, Wyoming, USA, 1997.

[13] ZHANG L, JIANG X, ZHANG X, et al. Monte Carlo calculation of neutron generation time in critical reactor and subcritical reactor with an external source[C]. PHYSOR 2014, Japan, Kyoto, 2014.

[14] 陈伟, 谢仲生, 陈达. 铀氢锆堆群常数库的生成及堆芯的物理和安全参数的计算[J]. 西安交通大学学报, 1998, (5): 54-57.

[15] 赵柱民. 脉冲堆核热耦合时空动力学计算方法与实验验证研究[D]. 西安: 西北核技术研究所, 2012.

[16] 谢仲生, 张育曼, 张建民, 等. 核反应堆物理数值计算[M]. 北京: 原子能出版社, 1997: 56-78.

第 7 章 堆芯燃料管理

目前，对于压水堆的燃料管理，国内外已进行了许多研究工作，主要包括各种堆芯燃料管理的计算；单个燃料循环的优化；过渡循环及其优化等[1-3]。研究堆由于堆芯装载少，用途多变，运行情况复杂，通常不是单一地追求用最少的燃料获取最大的功率输出，而是要根据研究堆的特定用途，满足其研究和实验的要求。

堆芯燃料管理主要计算反应堆的初始装载方式、循环周期以及倒换料方案、燃耗分布等，铀氢锆燃料元件的价格比普通二氧化铀燃料元件的价格高得多，堆芯燃料管理对脉冲堆的安全和经济运行有着重要的意义[4-7]。本章以西安脉冲反应堆为例，主要介绍适用于六角形几何的铀氢锆脉冲反应堆堆芯燃料管理计算方法和换料方案的优化设计[8]。

7.1 核燃料管理中的基本物理量

7.1.1 换料周期与循环长度

在每个堆芯寿期末，反应堆都必须停堆换料。两次停堆换料之间的时间间隔称为反应堆的一个换料周期[9]。每经历一个换料周期，反应堆即经历了一个运行循环。反应堆一个运行循环所经历的运行时间（通常以等效满功率天表示）称为该运行循环的循环长度，它等于反应堆在一个运行循环内所输出的总能量除以反应堆的额定功率所得到的运行时间。对于压水堆，由于不能频繁停堆以及核电厂的经济性，换料周期相对固定，一般为 1 年或者 18 个月。对于铀氢锆脉冲反应堆，由于它在实际运行中频繁启停，则以一固定的循环长度换料。

7.1.2 批料数和一批换料量

由于反应堆内中子通量密度分布的不均匀性，堆芯内各个燃料组件的燃耗程度都不相同，一般而言，堆芯中心区域的功率密度大，而靠近堆芯边缘组件的功率密度较低。因此，为了提高核燃料的利用率，反应堆内的燃料组件是分批卸出堆芯，而其余燃耗较浅的燃料组件则停留在堆内并进入下一循环的运行。铀氢锆脉冲反应堆的燃料形式为单棒燃料元件，无燃料组件，如果堆芯内的燃料棒数为

N_t，每次换料更换的燃料棒个数为 N，那么 $N_t/N=n$ 为批料数，N 为一批换料量[9]。目前，铀氢锆脉冲反应堆采用 3 批换料。

7.1.3　循环燃耗和卸料燃耗

全堆芯核燃料在经历一个运行循环后净增的平均燃耗深度称为该循环的循环燃耗，用 B_c 表示。设循环长度为 C_L，则循环长度 C_L 和循环燃耗 B_c 之间的关系式为

$$B_c = \frac{PC_L}{W_T} \quad (\mathrm{MW \cdot d / tU}) \tag{7-1}$$

式中，P 为反应堆额定功率，MW；W_T 为堆芯初始的铀装载量，t。

新料从进入堆芯开始，经过若干个循环，最后卸出堆芯时所达到的燃耗深度即为卸料燃耗深度，用 B_d 表示。一批燃料在最后卸出堆芯所达到的平均卸料燃耗深度称为这批料的平均卸料燃耗，铀氢锆脉冲反应堆卸料燃耗不超过 35000MW·d/tU。

7.2　堆芯燃料管理计算

铀氢锆脉冲反应堆堆芯燃料管理计算可以分为两部分，一部分是群常数的计算；另一部分是堆芯扩散-燃耗计算。

群常数计算是生成堆芯内各种类型组件在不同燃耗深度和工况（如功率和平衡氙反馈）下的均匀化常数，供堆芯扩散-燃耗计算使用。群常数计算程序包括下列模块：

（1）栅元计算模块，提供六角形栅元的多群能谱以及等效栅元均匀化多群常数。铀氢锆脉冲反应堆使用的是单棒燃料，无燃料组件，因此不需要进行燃料组件计算。

（2）燃耗计算，提供各个燃耗深度下燃料中的重同位素成分的变化。

可用于计算群常数的程序有：美国的 CASMO，西屋公司的 PHOENIX，法国的 APPOLO-2、欧洲的 WIMS 以及美国的 HELIOS 等。这些程序都采用基于 ENDF/B 核数据库所产生的多群常数库，应用积分输运理论或 SN 方法计算燃料栅元和组件能谱，能处理不同几何结构、不同类型的燃料组件。在铀氢锆堆堆芯燃料管理的计算中，采用 WIMS 程序。

群常数计算完成后，将计算结果传送给下一步的扩散-燃耗计算。用于扩散-燃耗计算的有二、三维有限差分扩散计算程序，如美国的 PDQ、CITATION 等程序。目前堆芯计算设计中已广泛采用先进的节块方法程序，可获得与有限差分方法相同的精度，但计算时间少得多。常用的程序有西屋公司的 ANC、STUDSVIK

公司的 SIMULATE-3、法国的 SMART 等。在铀氢锆堆堆芯燃料管理的计算中，采用 CITATION 程序。

通常把组件程序和堆芯计算程序两个模块配套组合形成一个"堆芯燃料管理计算"系统供使用，例如 CASMO-3/SIMULATE-3，西屋公司的 PHOENIX-P/ANC以及法国的 SCIENCE（APPOLO-2/SMART）等。铀氢锆堆的计算中，通过编制接口程序，将 WIMS 和 CITATION 组合起来，进行燃料管理计算。图 7-1 给出了适用六角形铀氢锆脉冲反应堆堆芯燃料管理计算程序的框图[10]。

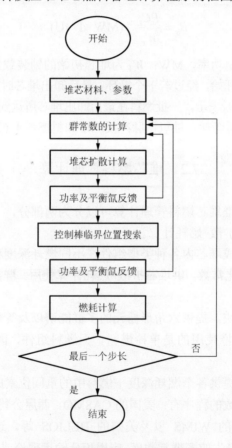

图 7-1　燃料管理计算程序框图

7.2.1　群常数的功率及平衡氙反馈校正

为了求解中子扩散方程，首先要建立扩散方程中用到的群常数库。群常数库包括了燃料元件的宏观裂变截面、宏观输运截面、宏观吸收截面、有效裂变截面以及散射矩阵等。此外，还要计算非燃料元件，如中央辐照水腔、空隙、石墨假元件和反射层等的栅元参数。

　　燃料栅元截面是燃料燃耗深度的函数，每个时刻堆芯各个燃料栅元的燃耗深度不同，群常数就不同。应用 WIMS 计算了铀氢锆脉冲反应堆在额定功率下燃料栅元和非燃料栅元的各种截面数据。所得到的栅元截面随燃耗深度的变化表称为"参数化截面库"，由参数化截面库可以求得不同燃耗深度下燃料栅元的均匀化群常数。如果燃料元件燃耗在两个燃耗步长之间，则用线性内插得到当前燃耗下的截面。

　　然而，栅元截面不仅是燃耗深度的函数，在给定燃耗下，它还是功率的函数，因为在反应堆功率不同时，燃料元件温度不同，平衡 Xe 的浓度也不同，所以需要对不同功率情况下的燃料栅元群常数进行修正。当堆芯条件与额定功率条件不同，或各燃料元件的功率不同时，用下列校正系数进行校正计算，得到在不同燃耗深度和不同功率条件下的群常数[11]。

1. 功率校正

　　假设燃料和冷却剂温度与功率呈线性关系。如果燃料元件功率不同于额定功率，则作以下修正：

$$\Delta \Sigma^p(p,r) = \Delta^p(r) \cdot \left(1 - \frac{p}{p_0}\right) \tag{7-2}$$

其中，$\Delta \Sigma^p(p,r)$ 为燃料栅元群常数的功率校正值；p 为燃料元件的功率；p_0 为额定功率 2MW 条件下燃料元件的平均功率；$\Delta^p(r)$ 为额定功率和零功率下的截面差，称为功率校正系数；r 为燃料元件的燃耗深度。

　　功率校正系数是燃耗深度的函数，本书计算了燃耗为 r =0、10%和 18%三种燃耗下的 $\Delta^p(r)$ 值，对其他燃耗下的功率校正系数，则在 0、10%、18%几个区间分段用线性外推得到，r_1 和 r_0 分别是每个线性插值区间两端的燃耗数值：

$$\Delta^p(r) = \Delta^p(r_0) + \frac{\Delta^p(r_1) - \Delta^p(r_0)}{r_1 - r_0}(r - r_0) \tag{7-3}$$

2. 平衡 Xe 浓度校正

　　同功率校正一样，每个燃料元件的平衡 Xe 浓度的修正用下式计算：

$$\Delta \Sigma^x(p,r) = \Delta^x(r) \cdot (1 - f(p)) \tag{7-4}$$

$$\Delta^x(r) = \Delta^x(r_0) + \frac{\Delta^x(r_1) - \Delta^x(r_0)}{r_1 - r_0} \cdot (r - r_0) \tag{7-5}$$

$$f(p) = \frac{N_{\mathrm{Xe},p}(\infty)}{N_{\mathrm{Xe},p_0}(\infty)} = \frac{\dfrac{\nu\Sigma_f\varphi}{\lambda_{\mathrm{Xe}}+\sigma_a^{\mathrm{Xe}}}}{\dfrac{\nu\Sigma_f\varphi_0}{\lambda_{\mathrm{Xe}}+\sigma_a^{\mathrm{Xe}}}} = \frac{\lambda_{\mathrm{Xe}}+\sigma_a^{\mathrm{Xe}}\varphi_0}{\lambda_{\mathrm{Xe}}+\sigma_a^{\mathrm{Xe}}\varphi}\cdot\frac{p}{p_0} = \frac{1+\dfrac{\sigma_a^{\mathrm{Xe}}}{\lambda_{\mathrm{Xe}}}\varphi_0}{1+\dfrac{\sigma_a^{\mathrm{Xe}}}{\lambda_{\mathrm{Xe}}}\varphi}\cdot\frac{p}{p_0}$$

$$\tag{7-6}$$

$$= \frac{1+\dfrac{\sigma_a^{\mathrm{Xe}}}{\lambda_{\mathrm{Xe}}}\varphi_0}{1+\dfrac{\sigma_a^{\mathrm{Xe}}}{\lambda_{\mathrm{Xe}}}\varphi_0\cdot\dfrac{p}{p_0}}\cdot\frac{p}{p_0} = \frac{1+c}{1+c\cdot\dfrac{p}{p_0}}\cdot\frac{p}{p_0}$$

$$f(p) = \frac{1+c}{1+c\cdot\dfrac{p}{p_0}}\cdot\frac{p}{p_0} \tag{7-7}$$

式中，p_0 为额定功率；r_1 和 r_0 分别为每个线性插值区间两端的燃耗数值；$\Delta\Sigma^x(p,r)$ 为在功率 p 和燃耗 r 下燃料栅元群常数的平衡 Xe 校正值；$\Delta^x(r)$ 为燃耗为 r 时额定功率条件下平衡 Xe 和无 Xe 的截面差值，上标 x 代表某种核反应；函数 f 正比于给定功率下的平衡 Xe 浓度；$N_{\mathrm{Xe}}(\infty)$ 为平衡氙浓度；c 为常数，仅与 Xe 的微观核常数和燃料的裂变截面有关，可以表示为

$$c = \frac{\sigma_a^{\mathrm{Xe}}\phi_0}{\lambda_{\mathrm{Xe}}} \tag{7-8}$$

式中，σ_a^{Xe} 为氙的微观吸收截面；λ_{Xe} 为氙的衰变常数；ϕ_0 为额定功率时的热中子通量。西安脉冲反应堆计算时 c 取为 2.02。

7.2.2 控制棒临界位置的搜索

在二维计算中，常需要模拟控制棒的调节，即按一定的提棒程序找到控制棒的某一位置，使得堆芯 k_{eff} 等于 1.0。对某一位置的控制棒及其跟随体进行通量和体积权重后得到控制棒及其跟随体的平均少群群常数。然后进行堆芯扩散计算，搜索控制棒的位置，直到堆芯 k_{eff} 等于 1.0，得到控制棒的临界位置。

当控制棒在堆芯不同位置（高度）z 时，控制棒及其跟随体的平均截面采用下式获得：

$$\Sigma_x^{C+F} = \frac{\Sigma_x^F\displaystyle\int_0^z\phi(z)\mathrm{d}z + \Sigma_x^C\displaystyle\int_z^H\phi(z)\mathrm{d}z}{\displaystyle\int_0^H\phi(z)\mathrm{d}z} \tag{7-9}$$

式中，Σ_x^F 为控制棒燃料跟随体段的宏观截面；Σ_x^C 为控制棒吸收体段的宏观截面；z 为控制棒的位置（高度）；H 为堆芯活性区的高度（39cm）；$\phi(z)$ 为轴向通量分布。假设

$$\phi(z) = \sin\left(\frac{\pi}{39}z\right) \tag{7-10}$$

则控制棒跟随体截面计算公式变为

$$\Sigma_x^{C+F} = \frac{\Sigma_x^F \int_0^z \sin\left(\frac{\pi}{39}z\right)\mathrm{d}z + \Sigma_x^C \int_z^H \sin\left(\frac{\pi}{39}z\right)\mathrm{d}z}{\int_0^H \sin\left(\frac{\pi}{39}z\right)\mathrm{d}z} \tag{7-11}$$

$$= \frac{1}{2}\left\{\Sigma_x^F\left[1-\cos\frac{\pi}{39}z\right] + \Sigma_x^C\left[1+\cos\frac{\pi}{39}z\right]\right\}$$

铀氢锆脉冲反应堆稳态运行提棒程序是：先将安全棒（D_4 和 D_{16}）提出堆芯，然后提升调节棒（D_{10}）到咬量位置（堆芯半高度 19.5cm）；接下来提升补偿棒（D_7 和 D_{13}）到堆顶；再提升脉冲棒（E_1）到堆顶；然后再提升调节棒（D_{10}），直至提升到尚留有 600pcm 左右的反应性价值时，该循环结束。

在进行临界棒位搜索时，为了尽可能快地使堆芯 k_{eff} 等于 1.0，根据铀氢锆脉冲反应堆物理设计提供的每个循环的临界棒位值，先拟合出控制棒初始时刻提升的高度 Δz_0，然后根据控制棒提升前后 k_{eff} 变化，建立 Δz 与 k_{eff} 的关系。

$$\Delta z_{n+1} = \frac{\left|k_{eff,n}-1\right|}{\left|k_{eff,n}-k_{eff,n-1}\right|}\left|\Delta z_n\right| \tag{7-12}$$

其中，$k_{eff,n}$ 和 $k_{eff,n-1}$ 分别是控制棒提升第 n 步与 $n-1$ 步的堆芯 k_{eff}；Δz_{n+1} 与 Δz_n 分别是第 n 步与 $n-1$ 步控制棒提升的高度，根据该公式进行控制棒临界位置搜索计算，方便简单，速度也快。

7.2.3 燃耗计算

根据堆芯燃料元件的归一化功率，得到燃料元件的燃耗深度：

$$\Delta BU(j) = NP_j \cdot P_{VC} \cdot \Delta\tau \tag{7-13}$$

式中，$\Delta BU(j)$ 为第 j 个燃料元件的燃耗，MW·d/tU；NP_j 为第 j 个燃料元件的归一化功率；P_{VC} 为堆芯平均功率，MW/tU；$\Delta\tau$ 为燃耗步长，d（天）。

7.2.4 计算结果

以西安脉冲反应堆为例，第一循环装载 106 根燃料元件，循环周期为 120EFPD，计算了铀氢锆脉冲反应堆稳态满功率运行第一循环的 k_{eff} 随燃耗的变化、控制棒位、功率和燃耗分布等，图 7-2 为铀氢锆脉冲反应堆 120EFPD 堆芯燃耗分布。

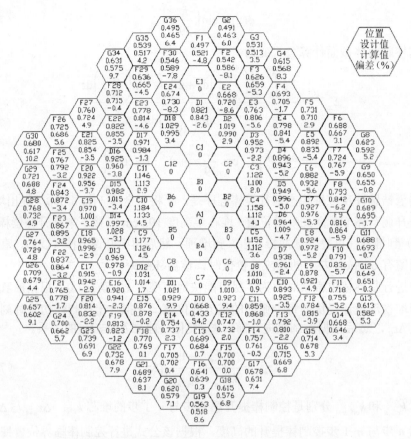

图 7-2　铀氢锆脉冲反应堆 120EFPD 堆芯燃耗分布

7.3　换料优化模型及方法

以西安脉冲反应堆为例，堆芯额定装载 106 根燃料元件（包括 5 根控制棒跟随体），总共有 106! 种堆芯装载布置组合，这么复杂的问题按穷举法实际求解非常困难，甚至是不可能的。因此，多年来人们一直致力于寻找简化和缩小问题的方法，如对问题的线性化，变量之间的脱耦方法，先进快速的堆芯中子学计算方法，以及开发高级的优化技术，研究先进的堆芯中子学的计算方法，使堆芯优化问题在实际计算中易于处理。

最早、最直观的方法是根据设计和运行的经验采取直接搜索的方法进行换料方案设计[9]，但由于可行解方案的宏大以及囿于经验的有限，因此往往耗时太大或陷于局部最优，难以找到全局最优的理想方案，随着优化技术的进步出现了"专家系统"和"神经网络"等应用，提高了搜索的空间和能力以及计算精度。

20 世纪 80 年代曾提出了用脱耦方法把燃料组件和可燃毒物布置优化问题分开处理，以减少问题的规模[9]。它们的思想是把优化问题分解成二步处理。第一步先寻找没有可燃毒物的堆芯最佳装载方案，使得循环末的组件卸料燃耗深度最大，并满足寿期内功率峰限值要求。第二步是以上述求出的功率分布为基础寻求可燃毒物的合理分布。其优点是简化了问题，提高了计算效率。但是由于作了脱耦、线性化等近似，因而在如何保证解的全局最优性等问题方面还需进一步探讨。近年来由于计算机及计算技术的发展，核燃料管理优化计算方法除了确定性的传统优化方法的进一步改进和完善，一些随机优化算法也在堆芯换料优化设计中得到了应用，包括模拟退火方法和遗传算法。

总的来说，目前在国内外用于堆芯装料优化的算法主要有禁忌搜索算法[12-15]、Haling 原理脱耦方法[16]、遗传算法（genetic algorithm，GA）[17,18]、专家系统（knowledge based system，KBS）[19]、模拟退火（simulated annealing，SA）算法[20]、分布估计算法（estimation distribution algorithm，EDA）[21,22]以及由清华大学核能与新能源技术研究院研究开发的特征统计算法（character statistic algorithm，CSA）[23]等等。本书中，铀氢锆脉冲反应堆的堆芯优化计算采用正交试验方法。

7.3.1　优化问题的描述

铀氢锆燃料元件价格昂贵，因此使燃料元件在额定功率运行工况下燃烧时间最长，使燃料元件卸料燃耗深度最深而又不超过允许燃耗深度和热工水力限制以及其他约束条件，是设计单位和运行单位追求的目标，也是进行堆芯燃料管理优化研究的目的所在。

铀氢锆脉冲反应堆物理设计中，稳态满功率第一循环堆芯装载 106 根燃料元件，循环周期为 120EFPD；第二循环堆芯加入 2 根新燃料元件，进行倒料后运行 130EFPD；第三循环堆芯加入 2 根新燃料元件，进行倒料后，运行周期为 100EFPD。这时堆芯达到额定装载 110 根燃料元件，其中包括 5 根控制棒跟随体。这是铀氢锆脉冲反应堆原设计规定好的运行模式，为了保证安全不允许改变。本书的目的是在铀氢锆脉冲反应堆第三循环末的 110 根旧燃料元件和现有的 30 根备用新燃料元件情况下，对堆芯装载方案进行优化计算，以求得堆芯的运行时间最长。需要建立一种优化模型，寻找最佳倒换料方案，使 110 根旧燃料和 30 根新燃料的燃烧时间最长，卸料燃耗都接近燃耗限值 35000MW·d/tU。

7.3.2 优化模型

铀氢锆脉冲反应堆堆芯倒换料方案优化问题可以表示为 Max（k_{eff}），即堆芯后备反应性最大，堆芯燃耗寿期最长。同时必须满足下列几个约束条件：

（1）堆芯运行模式及装载量不变，额定功率 2MW，额定装载 110 根燃料元件。

（2）燃料元件最大燃耗深度限值为 35000MW·d/tU。

（3）优化时控制棒及跟随体位置不变，若跟随体燃耗深度大于燃耗限值 35000MW·d/tU，则更换为新的控制棒跟随体。

（4）满足热工水力要求，选取功率不均匀因子 $F_{XY} \leqslant 1.65$。

（5）换料周期不小于 20 天。

可以看到堆芯燃料管理优化目标函数与控制变量（即燃料元件的布置）之间的关系不能用表达式直接表示出来，只能通过多次重复进行堆芯扩散计算，求解反应堆堆芯中子学模型（多群扩散、燃耗计算）而获得。因此，该优化问题比较复杂。

7.3.3 优化方法

本节将采用正交试验方法进行堆芯优化计算。正交试验方法是一种数理统计中常用的方法[24]，即用按统计分布所必需的少数有代表性的试验（反应堆状态计算），去较好地反映全面试验可能出现的各种情况，以便从中分析各因素、各水平对试验指标（目标函数）的影响，然后按其对目标函数影响程度的大小排出主次顺序，从而找出最佳方案。正交试验方法的大致步骤是：首先确定试验中变化因素的个数（堆芯位置）、每个因素变化的水平数（不同燃耗深度的燃料元件），其次根据组合理论，构造正交表，进行正交试验，最后对结果进行方差分析，评定出各因素（堆芯位置）和各水平（燃料元件）对目标函数影响的重要度次序，找出最佳方案。

下面以西安脉冲反应堆第四循环堆芯为例，说明正交试验方法[25,26]。铀氢锆脉冲反应堆额定装载 110 根燃料元件，包括 5 根控制棒跟随体。从第三循环末期燃料元件的燃耗深度分布（图 7-3）可以看出，堆芯 C 圈的 C2、C4、C6、C8、C10、C12 位置上的 6 根燃料元件燃耗深度大于 30000.00MW·d/tU，平均为 33635.00MW·d/tU，接近燃耗深度的限值 35000.00MW·d/tU，是下一循环卸料时考虑的对象。

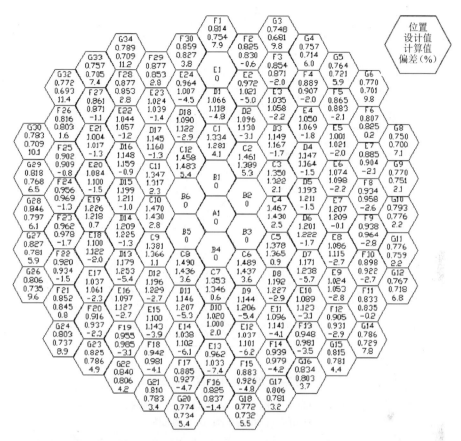

图 7-3 铀氢锆脉冲反应堆热态满功率归一化功率分布（第三循环，100EFPD）

铀氢锆脉冲反应堆中燃料元件的燃耗深度和位置各不相同，因此对于堆芯反应性的影响也各不相同。为了减少变量数目，将第三循环末期的燃料元件（不含控制棒跟随体）按燃耗深度从大到小排序分组。把燃耗深度相近的每 6 根元件组成一个组，在同一个组中的燃料元件认为是相同的。这样，燃料元件依次可以分为 1～17 组（每组含 6 根燃料元件）和第 18 组（含 3 根元件）。其中第 18 组的 3 根元件燃耗深度较深，但仅次于燃耗深度最深的第 1 组的 6 根元件。同时与燃料元件分组一一对应，将堆芯位置也划分为 1～17 组，每组含 6 个位置。同一个组的位置分布在堆芯同一圈上的 6 个对称位置上，元件在这 6 个位置对堆芯反应性的影响大致相等，因此同一个组的位置可以看成是相同的。同燃料元件分组一样，位置分组的第 18 组中含 3 个位置（G8、G20 和 G32）。图 7-4 给出了堆芯优化分区示意图。

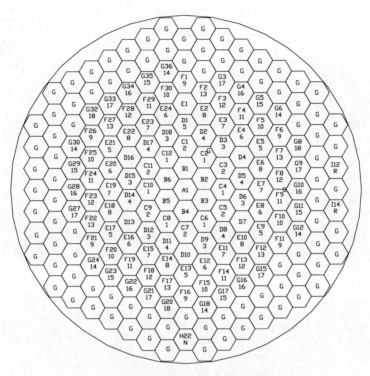

图 7-4　堆芯优化分区示意图

A1,B1～B6: 中央水腔；D4,D7,D13,D16,E1: 控制棒；

N: 中子源；R: 跑兔管；G: 石墨元件

为了简化问题，便于计算，优化时将第 18 组的 3 根燃料元件置于堆芯最外圈的第 18 组位置上（G8、G20 和 G32），不再考虑位置的变化。同时，在同一燃料或位置分组中，认为同组的 6 根元件或 6 个位置是相同的，不考虑同一分组中的不均匀性，但是每组燃料元件对应于每组堆芯位置放置时，需要注意使燃耗分布尽可能对称均匀，避免燃耗深度一边高、一边低的情况。即使这样，堆芯装载方案仍然有 17! ≈3.5×10^{14} 种，计算量仍然是大得惊人。但是，如果采用正交设计方法，铀氢锆脉冲反应堆堆芯燃料管理的优化就变成一个 17 因素（位置）和 17 个水平（燃耗深度）的正交设计问题，正交排列给出的堆芯装载方案总共有 289 种，大大减少了计算量，因此正交试验方法是一种非常简单而且又非常有效的优化方法。正交设计中的因素是指影响试验指标的因素，这里就是堆芯划分的 1～17 组位置；水平是指每个因素可能处于的状态或条件，这里就是 1～17 组燃耗深度不同的燃料元件。此处给出了 3 因素 3 水平的正交表（表 7-1）。表中列号 i 表示试验中各因素的序号，即堆芯燃料元件位置的分组顺序编号；水平号 j 即试验中燃料元件的分组编号。表 7-1 中第 l 行即为第 l 次试验，该行各列所对应的数字分别对应各因素，即堆芯燃料元件的分组位置，在第 l 次试验中放入了哪一个水平（即哪一组）的燃料元件。正交表必须具备以下两个特点：

（1）每一列中代表该因素不同水平的号数出现的次数相等，即每一因素的各水平在所有设计的试验次数中出现的机会均等。

（2）任意两列中，每一横行构成的有序数对如（1，1）、（1，2）、（1，3）、（2，1）、（2，2）、（2，3）、（3，1）、（3，2）、（3，3），既不重复又不遗漏地在所有设计的试验中各出现一次。

表 7-1　3 因素 3 水平正交表

试验号（试验次数）l	列号（因素）i			目标函数
	1	2	3	x_l
1	1	1	1	x_1
2	2	2	2	x_2
3	3	3	3	x_3
4	1	2	3	x_4
5	2	3	1	x_5
6	3	1	2	x_6
7	1	3	2	x_7
8	2	1	3	x_8
9	3	2	1	x_9
K_j^1	K_1^1	K_2^1	K_3^1	
K_j^2	K_1^2	K_2^2	K_3^2	
K_j^3	K_1^3	K_2^3	K_3^3	
K_j^1	K_1^1	K_2^1	K_3^1	
K_j^2	K_1^2	K_2^2	K_3^2	
K_j^3	K_1^3	K_2^3	K_3^3	
S_i	S_1	S_2	S_3	

因此，正交表具有均匀分散、整齐可比的特点，试验点在试验范围内排列规律整齐，具有充分的对称性（即每一因素各水平的对称和任意两个因素各种不同水平搭配的对称）。正交设计的这两个特点，使得按照正交表安排的试验方案是有代表性的，能够比较全面地反映各因素各水平对试验目标值影响的大致情况。

表 7-1 中 x_l 是第 l 次试验的目标函数值，K_i^j 为第 i 因素所有 j 水平试验目标值的总和，S_i 为各因素列的离差平方和：

$$S_i = \frac{1}{3}\sum_{j=1}^{3}(K_i^j)^2 - \frac{1}{9}T^2 \tag{7-14}$$

$$T = \sum_{l=1}^{9} x_l \tag{7-15}$$

各因素列离差平方和 S_i 的大小，反映了该因素选取水平的变动对目标值影响的大小，显然这一影响愈大，该因素的重要度愈大，即该因素对目标值的贡献愈大。于是可按 S_i 的大小将各因素对目标值的大小即重要程度排出一个顺序，然后按顺序依次决定各因素的最佳水平配置。对于因素 i （堆芯位置）选择最佳水平配置时，显然是挑选 k_i^j 值最大的 j 水平（燃料），因为它对目标值的贡献最大。由于实际情况不允许在同一试验中各因素列的水平号重复，即同一组燃料元件不可能在堆芯不同位置（因素）重复出现，只能放在某一特定的位置处，因此在决定各因素的最佳水平配置时，应遵守这一限制。如果某一水平（燃料元件）在前面因素（位置）中已经被选择，则在这个因素中取 k_i^j 次大之的另一水平（燃料元件）。依次类推，决定出各因素（位置）的燃料元件各水平的布置，这就是所选的最佳方案。如果选定的最佳方案不符合优化约束条件，则必须放弃最佳方案，依次选取次优方案，直到满足约束条件为止。需要指出的是，正交优化方法是一种数理统计方法，因此它的优化结果是在统计意义上的"准最佳"方案，特别是对于次佳方案的选取，可以是多样的。这一点已经被无数的科学实践所证实。

综上所述，堆芯换料方案正交优化的步骤可以分为以下几步：

（1）确定优化问题中的因素数和每个因素变化的水平数，也就是堆芯位置的分区以及燃料元件的分组。

（2）根据因素和水平的数目构造正交表。

（3）按正交表进行正交试验，即按照正交布置方案进行堆芯扩散计算，得到每种正交试验的目标函数。

（4）根据得到的目标函数值对正交试验结果进行方差分析，得出每一组堆芯位置以及每一组燃料元件对目标值影响的大小。

（5）根据方差分析的结果，得到较佳的堆芯装载方式。

（6）分析得到以后试验的方向和原则。

7.3.4　优化计算软件和计算流程图

应用上述优化模型和正交优化方法，建立了六角形铀氢锆脉冲反应堆堆芯换料方案优化计算的软件包 HEX-ORTH。该软件包由下面几个软件构成。

（1）WIMS-N1/N2 数据库和栅元计算程序 WIMS-D/4，用来生成堆芯各类栅元的群常数。

（2）堆芯燃料管理优化程序 HEX-ORTH。该程序根据正交设计原理，自动构造正交表格，进行正交试验，然后对正交试验得到的目标函数值进行方差分析，得到最佳倒换料方案，最后进行燃耗计算，得到每个燃耗步长的功率、通量和燃耗分布。该软件包包括：

（a）正交表构造程序。

（b）正交方案产生程序。

（c）堆芯临界计算程序 SIXTUS-2。

（d）目标函数库和方差分析程序。

（e）最佳方案的选取程序。

上述软件包可以对六角形几何的反应堆堆芯燃料管理进行优化设计，目标函数可以任意选择，还可以固定任意指定位置的元件不参加优化。图7-5给出了该套软件包的主要计算流程。

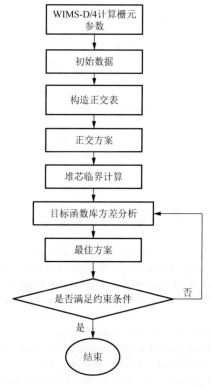

图 7-5　HEX-ORTH 软件包优化计算流程简图

7.4　小　　结

本章介绍了铀氢锆脉冲反应堆燃料管理计算方法，该套方法包括了群常数计算方法、燃耗条件下的群常数校正方法、扩散计算方法、控制棒临界位置搜索方法及燃耗计算方法，以及换料方案的优化设计方法。该方法可以快速、准确、灵活地用于铀氢锆脉冲反应堆及其他六角形几何反应堆堆芯燃料管理的计算。

参 考 文 献

[1] 吴渊, 汤裕仁. 压水堆核电站优化堆芯燃料管理方法[J]. 核科学与工程, 1986, 6(2): 1-10.

[2] 沈锡荣. 反应堆过渡期间的最佳换料[J]. 核动力工程, 1989, 10(4): 3-15.

[3] 沈炜. 压水堆芯燃料管理计算与换料设计最优化[D]. 西安: 西安交通大学, 1993.

[4] PEVEC D. In-core fuel management: PWR group constants generation using PSU-LEOPARD code[C]. Workshop on reactor physics calculations for applications in nuclear technology, Trieste, 1990.

[5] PETROVIC B G. In-core fuel management: PWR core calculation using MCRAC[C]. Workshop on reactor physics calculations for applications in nuclear technology, Trieste, 1990.

[6] NAUGHTON W F, CENKO M J, LEVINE S H, et al. TRIGA core management model[J]. Nuclear technology. 1974, 23: 105-111.

[7] LEVINE S H, TOTENBIER R E, ALI A T. Fourteen years of fuel management of the Penn State TRIGA Breazeale reactor(PSBR)[J]. Transcations of the American nuclear society. 1979, 33: 741.

[8] 陈伟. 铀氢锆脉冲研究堆芯燃料管理计算和换料方案的优化研究[D]. 西安: 西安交通大学, 1998.

[9] 谢仲生, 吴宏春, 张少泓. 核反应堆物理分析[M]. 西安: 西安交通大学出版社, 2004: 252-283.

[10] 陈伟, 谢仲生, 陈达. 铀氢锆堆物理计算和燃料管理软件包[J]. 核动力工程, 1998, 19(4): 320-325.

[11] MELE I, RAVNIK M. TRIGAP－A computer programme for research reactor calculations. IBM. PC. Version[R]. Ravnik, 1985.

[12] 杨晓燕. 快堆堆芯燃料管理优化研究[D]. 北京: 清华大学, 2016.

[13] 王涛, 黄灏, 谢仲生. 遗传禁忌混合算法在 WWER 型压水堆换料优化中的应用[J]. 上海交通大学学报, 2007, 41(12): 1944-1948.

[14] ALEJANDRO C, JUAN J O. Fuel loading and control rod patterns optimization in a BWR using tabu search[J]. Annals of nuclear energy, 2007: 207-212.

[15] ALEJANDRO C, GUSTAVO A. BWR fuel reloads design using a Tabu search technique[J]. Annals of nuclear energy, 2004: 151-161.

[16] FATIH A, KOSTADIN I. New genetic algorithms(GA)to optimize PWR reactors Part III: The haling power depletion method for in-core fuel management analysis[J]. Annals of nuclear energy, 2008: 121-131.

[17] FATIH A, KOSTADIN N. New genetic algorithms(GA)to optimize PWR reactors Part II: Simultaneous optimization of loading pattern and burnable poison placement for the TMI-1 reactor[J]. Annals of nuclear energy, 2008: 113-120.

[18] ZIVER A K, PAIN C C. Genetic algorithms and artificial neural networks for loading pattern optimization of advanced gas-cooled reactors[J]. Annals of nuclear energy, 2004: 431-457.

[19] CECILIA M, JUAN L F. Development of a BWR loading pattern design system based on modified genetic algorithms and knowledge[J]. Annals of nuclear energy, 2004: 1901-1911.

[20] MAHLERS Y P. Core reload optimization for equilibrium cycles using simulated annealing and successive linear programming[J]. Annals of nuclear energy, 2002: 1327-1344.

[21] JIANG S, ZIVER A K. Estimation of distribution algorithms for nuclear reactor fuel management optimization[J]. Annals of nuclear energy, 2006: 1039-1057.

[22] 丁才昌, 方勃, 鲁小平. 分布估计算法及其性能研究[J]. 武汉大学学报, 2005, 51(S2): 125-128.

[23] 刘志宏, 施工, 胡永明. 一种新的全局优化算法-统计归纳算法[J]. 清华大学学报, 2002(5): 580-583.

[24] 陈伟, 江新标. 西安脉冲堆堆芯燃料管理正交优化计算[J]. 计算物理, 2003, 20(5): 45-49.

[25] CHEN W, JIANG X B. Study on in-core fuel management and optimization for uranium zirconium hydride research reactor[C]. PHYSOR 2002, Seoul, Korea, 2002.

[26] 陈伟, 谢仲生, 陈达. 铀氢锆研究堆芯换料方案的优化研究[J]. 核动力工程, 1999, 20(1): 5-9.

第8章 实验孔道屏蔽计算方法

反应堆实验孔道屏蔽计算的主要困难是孔道结构各异、屏蔽结构复杂、尺度大，中子、γ注量率变化梯度大。屏蔽计算主要依靠中子、γ输运方程的求解[1]。

目前核工程中常用的辐射屏蔽计算方法一般分为两类：确定论方法和非确定论方法，两种方法各有优缺点。

确定论方法是通过各种直接的数值方法求解描述中子平均行为的玻尔兹曼输运方程得到所需的物理量。主要的方法有：离散纵标法（SN）、球谐函数法（PN）、特征线法（MOC）、穿透概率法（TPM）、碰撞概率法（CPM）和有限元法等。离散纵标法是最常用的确定性方法之一。其基本思想是将角度变量离散化，只在若干离散方向上求解输运方程，并用数值积分代替输运方程的积分项。离散纵标法能够简单、精确地表示出边界条件，易于编写通用程序，适合并行计算。但是，这种方法适用于求解深穿透问题，无法精确描述复杂的几何结构，计算量较大，存在射线效应。

非确定论方法主要是指蒙特卡罗随机模拟方法（MC），能够比较真实地描述具有随机性质的事物的特点及物理实验过程，精确描述任意几何，收敛速度与问题的维数无关，但是它收敛速度慢，在进行较大系统的粒子输运问题计算时，计算时间较长，误差较大，有时甚至难以收敛。

本章将对基于离散纵标法和蒙特卡罗方法的屏蔽计算方法加以简单介绍，并选取适当方法对西安脉冲反应堆实验孔道进行数值模拟，探讨各屏蔽计算方法在脉冲堆实验孔道屏蔽计算方面的适用性。

8.1 实验孔道屏蔽计算方法简介

反应堆孔道的屏蔽计算，目前国内外一般采用离散坐标程序 DOT[2]、TORT[3]、TRIDENT[4]、ANIST[5]和蒙特卡罗程序 MCNP[6]、MORSE[7]。对于其中的深穿透问题，国内外基本采用两种模型：

（1）单一模型，采用某一种屏蔽计算程序，对屏蔽问题进行模拟计算。

（2）耦合模型，即将反应堆从几何上分为几部分，根据各部分特点进行相应的屏蔽计算。常见的是将反应堆分为堆芯和孔道两部分，屏蔽计算也相应地分为两步，首先对堆芯几何进行屏蔽计算，并将计算并制作出的分界面处表面源作为孔道几何计算的输入源，然后再对孔道几何进行屏蔽计算，进一步计算孔道部分的物理参数。

根据耦合时采用程序的种类，可分两大类：同一方法耦合屏蔽计算方法和蒙特卡罗-离散纵标耦合屏蔽计算方法。

采用同一方法进行反应堆分段耦合屏蔽计算，可为离散纵标法耦合屏蔽计算、蒙特卡罗法耦合屏蔽计算。如 DOT-BSPRP2-DOT 计算方法，即典型的离散纵标法耦合屏蔽计算方法，可将反应堆分为堆芯几何和孔道几何，BSPRP2 处理两段几何边界源的转换程序，实现两段几何间离散纵标法的耦合计算。蒙特卡罗法耦合屏蔽计算，同样是将反应堆沿输运方向从几何上分为几部分，堆芯部分采用 MCNP 程序临界源 KCODE 计算模型，计算给出几何搭接面的平面源，后面的部分采用 MCNP 程序 SDEF 平面源计算模型进行屏蔽计算。

蒙特卡罗-离散纵标耦合屏蔽计算方法则是结合蒙特卡罗和离散纵标法优势的耦合屏蔽计算方法，是处理复杂核装置辐射屏蔽问题直接有效的方法。国际上关于蒙特卡罗-离散纵标耦合进行了一系列相应的研究工作。根据耦合方法的不同，一般可归为以下四类[8,9]：离散纵标加速蒙特卡罗方法、蒙特卡罗-离散纵标耦合方法、离散纵标-蒙特卡罗耦合方法、离散纵标-蒙特卡罗综合耦合方法。如 DOT-DOMINO-MORSE 是离散坐标程序 DOT 与蒙特卡罗程序 MORSE 相耦合的方法，DOMINO 为处理两段几何边界源的转换程序；MCNP-TRIDENT 为蒙特卡罗程序 MCNP 和离散坐标程序 TRIDENT 相耦合的方法。

8.1.1　离散纵标法通用屏蔽计算方法

离散纵标法通用屏蔽计算方法的基本思想是从中子伽马输运方程出发，对方程中的物理量进行空间、方向和能群离散，然后利用加速收敛算法进行迭代求解。以二维 DOT/4.2 程序来介绍该屏蔽计算方法。

1. 输运方程守恒形式

中子输运方程就是反映在相空间 $r \times E \times \Omega$ 的微元 $\mathrm{d}r\mathrm{d}E\mathrm{d}\Omega$ 内中子数守恒，即

$$\text{泄漏数} + \text{消失数} = \text{产生数}$$

稳态中子输运方程为

$$\Omega \cdot \nabla \phi + \Sigma_\mathrm{t}(\boldsymbol{r}, E)\phi = S(\boldsymbol{r}, E, \boldsymbol{\Omega}) + \int_0^\infty \int_{4\pi} \Sigma_\mathrm{s}(\boldsymbol{r}, E' \to E, \boldsymbol{\Omega}' \to \boldsymbol{\Omega})\phi(\boldsymbol{r}, E', \boldsymbol{\Omega}')\mathrm{d}E'\mathrm{d}\boldsymbol{\Omega}'$$

$$(8\text{-}1)$$

　　微元内的中子泄漏项表示为 $\Omega\cdot\nabla\phi$，对于不同的空间坐标系统，所采用的表示中子运动方向的矢量 Ω 的坐标系统也不相同，因而运动方向 Ω 以及 $\Omega\cdot\nabla\phi$ 的表达式在不同空间坐标系中是不一样的。中子在曲几何坐标系中运动时，即使中子沿直线运动未发生任何碰撞，但是其 Ω 坐标却沿着其径迹位置不断变化。在曲几何坐标系中，中子泄漏包括两部分，一部分是通过体积基元表面泄漏出 ΔV 的净中子数；另一部分则是在 ΔV 内，由于角度坐标改变而引起在 Ω 空间"泄漏"或移出基元 $\Delta\Omega$ 的损失。

　　为了使表达式 $\Omega\cdot\nabla\phi$ 中的每个项能够分别反映守恒关系中的某个泄漏项，以二维（r，z）圆柱坐标为例，圆柱坐标系如图 8-1 所示。

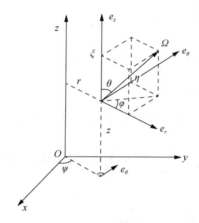

图 8-1　圆柱坐标系

$\Omega\cdot\nabla\phi$ 的守恒形式为

$$\Omega\cdot\nabla\phi=\frac{\mu}{r}\frac{\partial(r\phi)}{\partial r}+\xi\frac{\partial\phi}{\partial z}-\frac{1}{r}\frac{\partial(\eta\phi)}{\partial\varphi} \tag{8-2}$$

其中，$\mu=\Omega_r=\sqrt{1-\xi^2}\cos\varphi$，$\eta=\Omega_\theta=\sqrt{1-\xi^2}\sin\varphi$，$\xi=\Omega_z=\cos\theta$。

2.　能量离散

　　离散坐标方法是用离散方法来求解输运方程的一种数值方法，它对自变量 r、E 和 Ω 都采用直接离散的方法。

　　在中子输运问题中，中子能量可从十几 MeV 到连续变化，分群近似是中子输运方程中能量变量离散化的主要方法，它现在已成为中子输运问题的确定论解法中处理能量问题的基本方法。

当飞行方向为 $\boldsymbol{\Omega}'$ 的入射中子与核发生散射时，其散射性质仅取决于散射中子飞行方向 $\boldsymbol{\Omega}$ 与 $\boldsymbol{\Omega}'$ 的夹角 θ_0，只要 θ_0 相同，散射效果是相同的。因此，式（8-1）中散射概率函数可以表示为

$$\Sigma_s(\boldsymbol{r}, E' \rightarrow E, \boldsymbol{\Omega}' \rightarrow \boldsymbol{\Omega}) = \frac{1}{2\pi} \Sigma_s(\boldsymbol{r}, E' \rightarrow E, \mu_0) \tag{8-3}$$

其中，$\mu_0 \equiv \boldsymbol{\Omega} \cdot \boldsymbol{\Omega}' = \cos\theta_0$。

将式（8-3）用勒让德多项式展开，得

$$\Sigma_s(\boldsymbol{r}, E' \rightarrow E, \boldsymbol{\Omega}' \rightarrow \boldsymbol{\Omega}) = \sum_{l=0}^{\infty} \frac{2l+1}{4\pi} \Sigma_{s,l}(\boldsymbol{r}, E' \rightarrow E) P_l(\mu_0) \tag{8-4}$$

故稳态输运方程可表示为

$$\boldsymbol{\Omega} \cdot \nabla \phi(\boldsymbol{r}, E, \boldsymbol{\Omega}) + \Sigma_t(\boldsymbol{r}, E)\phi(\boldsymbol{r}, E, \boldsymbol{\Omega})$$
$$= \sum_{l=0}^{\infty} \frac{2l+1}{2} P_l(\mu) \int_0^{\infty} \int_{-1}^{1} \Sigma_{s,l}(\boldsymbol{r}, E' \rightarrow E)\phi(\boldsymbol{r}, E', \mu')\mathrm{d}E'\mathrm{d}\mu' + S(\boldsymbol{r}, E, \boldsymbol{\Omega}) \tag{8-5}$$

写成多群形式的输运方程为

$$\boldsymbol{\Omega} \cdot \nabla \phi_g + \Sigma_{t,g}(\boldsymbol{r})\phi_g = Q_g(\boldsymbol{r}, \boldsymbol{\Omega}) \tag{8-6}$$

$$Q_g(\boldsymbol{r}, \boldsymbol{\Omega}) = \sum_{l=0}^{\infty} \frac{2l+1}{2} P_l(\mu) \sum_{g'} \Sigma_{s,l,g' \rightarrow g}(\boldsymbol{r})\phi_{l,g}(\boldsymbol{r}) + S_g(\boldsymbol{r}, \mu) \tag{8-7}$$

其中

$$\begin{cases} \phi_{l,g}(\boldsymbol{r}) = \int_{\Delta E_g} \phi_l(\boldsymbol{r}, E)\mathrm{d}E \\[4mm] \Sigma_{t,g}(\boldsymbol{r}) = \dfrac{\displaystyle\int_{\Delta E_g} \Sigma_t(\boldsymbol{r}, E)\phi(\boldsymbol{r}, E)\mathrm{d}E}{\displaystyle\int_{\Delta E_g} \phi(\boldsymbol{r}, E)\mathrm{d}E} \\[8mm] \Sigma_{s,l,g' \rightarrow g}(\boldsymbol{r}) = \dfrac{\displaystyle\int_{\Delta E_g} \mathrm{d}E \int_{\Delta E_{g'}} \mathrm{d}E' \Sigma_{s,l}(\boldsymbol{r}, E' \rightarrow E)\phi_l(\boldsymbol{r}, E')}{\phi_{l,g}(\boldsymbol{r})} \end{cases} \tag{8-8}$$

3. 方向离散

在离散坐标方法中，方向离散是将 $\boldsymbol{\Omega}$ 离散化，选择一组离散方向 $\Omega_m, m = 1, \cdots, N$，然后对这些给定方向的中子输运方程（8-7）求解。假定在单位球面上已选定了离散方向 Ω_m，每个方向 Ω_m 可以看成是单位球面上的一个点，其邻域面积为 ω_m（参阅图8-2），ω_m 又称为求积权重系数。

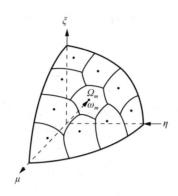

图 8-2　方向变量 Ω 的离散

对于 $\Omega \cdot \nabla \phi$ 选用守恒形式的表达式，在离散方向 Ω_m 附近区域 $\Delta\Omega_m$ 上对方程
（8-6）积分，得到

$$[\Omega \cdot \nabla \phi(r,\Omega)]_m + \Sigma_t \Phi_m(r) = Q_m(r) \tag{8-9}$$

定义

$$\int_{\Delta\Omega_m} \phi(r,\Omega)\mathrm{d}\Omega = \omega_m \Phi_m(r) \tag{8-10}$$

$$\int_{\Delta\Omega_m} \Omega \cdot \nabla \phi(r,\Omega)\mathrm{d}\Omega = \omega_m [\Omega \cdot \nabla \phi(r,\Omega)]_m \tag{8-11}$$

式中，$\phi_m(r) \equiv \phi(r,\Omega_m)$，同时为简单起见，略去能群标号 g。

对于二维（r, z）柱坐标，将 $\Omega \cdot \nabla \Phi$ 守恒形式方程（8-2）在 Ω_m 附近区域 $\Delta\Omega_m$
内积分得

$$\omega_m[\Omega \cdot \nabla \phi]_m = \omega_m\left[\frac{\mu_m}{r}\frac{\partial(r\phi_m)}{\partial r} + \xi_m\frac{\partial \phi_m}{\partial z}\right] - \frac{1}{r}\int_{\Delta\Omega_m}\frac{\partial(\eta\phi)}{\partial \varphi}\mathrm{d}\Omega \tag{8-12}$$

对于圆柱坐标系，离散方向 Ω_m 的选取通常是按纬度层分布的，在每一个纬度层上
ξ 值相等（图 8-3）。

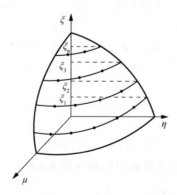

图 8-3　柱几何坐标系中 Ω_m 按 ξ 层的分布

可以证明式（8-12）中前两项为通过体积元表面的泄漏，因而由方向坐标变化引起的损失项可以写成

$$\int_{\Delta\Omega_m}\frac{\partial(\eta\phi)}{\partial\varphi}\mathrm{d}\Omega = a_{m+1/2}\phi_{m+1/2} - a_{m-1/2}\phi_{m-1/2}, \quad m = 1,\cdots,M_n \quad (8\text{-}13)$$

这里，M_n 是对于给定 ξ 值纬度层上辐角 φ 在区间 $[0,2\pi]$ 内的离散方向数；$a_{m\pm1/2}$ 为待确定系数。由于当 $\varphi = 0$ 或 2π 时，$\eta = 0$，因此有

$$\int_0^{2\pi}\frac{\partial(\eta\phi)}{\partial\varphi}\mathrm{d}\varphi = 0 \quad (8\text{-}14)$$

对给定 ξ 值纬度层上的所有离散方向求和可以得到

$$\sum_{m=1}^{M_n}(a_{m+1/2}\phi_{m+1/2} - a_{m-1/2}\phi_{m-1/2}) = a_{M+1/2}\phi_{M+1/2} - a_{1/2}\phi_{1/2} = 0 \quad (8\text{-}15)$$

这里要求

$$a_{1/2} = a_{M+1/2} = 0 \quad (8\text{-}16)$$

为了确定其余系数，考虑中子角通量密度 ϕ 等于常数，即 $\phi(\boldsymbol{r},\boldsymbol{\Omega}) = C$ 的无限介质情况。这时 $\boldsymbol{\Omega}\cdot\nabla\phi$，因而由式（8-12）和式（8-13）得到

$$\omega_m\mu_m C + a_{m+1/2}C - a_{m-1/2}C = 0 \quad (8\text{-}17)$$

或

$$a_{m+1/2} - a_{m-1/2} = -\omega_m\mu_m \quad (8\text{-}18)$$

利用上述递推公式和初始值可求出每一个值纬度层上的系数 $a_{m\pm1/2}$。把式（8-13）代入式（8-12），可求出离散后 (r, z) 柱坐标系中守恒形式的中子输运方程为

$$\omega_m\frac{\mu_m}{r}\frac{\partial(r\phi_m)}{\partial r} + \omega_m\xi_m\frac{\partial\phi_m}{\partial z} - \frac{1}{r}[a_{m+1/2}\phi_{m+1/2} - a_{m-1/2}\phi_{m-1/2}] + \omega_m\Sigma_t\phi_m(r,z) = \omega_m Q_m \quad (8\text{-}19)$$

这里 $\phi_m = \phi_m(r,z)$。

4. 空间离散

采用有限差分近似方法，首先对 (r, z) 平面用 $r = r_{1/2},\cdots,r_{i+1/2},\cdots,r_{I+1/2}$，$z = z_{1/2},\cdots,z_{j+1/2},\cdots,z_{J+1/2}$ 直线族把平面分成矩形网格（图 8-4）。

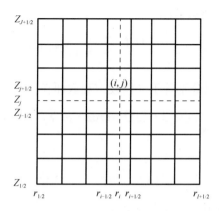

图 8-4　二维（r，z）网格的割分

网格中心点（i,j）称为网点或节点，共有 $I \times J$ 个节点。$\Delta r_i = r_{i+1/2} - r_{i-1/2}$；$\Delta z_j = z_{j+1/2} - z_{j-1/2}$。首先对角度方向进行离散，然后从离散的守恒形式中子输运方程（8-19）出发，用 $\mathrm{d}V = 2\pi r \mathrm{d}r \mathrm{d}z$ 乘上式各项并在网格区域内积分，对于第一项有

$$\int_{\Delta z_j} \int_{\Delta r_i} 2\pi \omega_m \mu_m \frac{\partial[r\phi_m]}{\partial r} \mathrm{d}r \mathrm{d}z = \omega_m \mu_m [A_{i+1/2,j}\phi_{i+1/2,j,m} - A_{i-1/2,j}\phi_{i-1/2,j,m}] \quad (8\text{-}20)$$

式中，$A_{i\pm1/2,j} = 2\pi r_{i\pm1/2}\Delta z_j$ 为 r 方向网格的表面积；$\phi_{i\pm1/2,j,m}$ 为网格表面平均中子通量密度：

$$\phi_{i\pm1/2,j,m} = \frac{1}{\Delta z_j}\int_{\Delta z_j}\phi_m(r_{i\pm1/2},z)\mathrm{d}z \quad (8\text{-}21)$$

第二项的积分结果为

$$\omega_m \xi_m \int_{\Delta r_i} 2\pi r \mathrm{d}r \int_{\Delta z_j} \frac{\partial \phi_m}{\partial z} \mathrm{d}z = \omega_m \xi_m \pi (r_{i+1/2}^2 - r_{i-1/2}^2)[\phi_{i,j+1/2,m} - \phi_{i,j-1/2,m}] \quad (8\text{-}22)$$

定义 z 方向网格表面平均通量为

$$\phi_{i,j\pm1/2,m} = \frac{1}{C_i}\int_{\Delta r_i}\phi_m(r,z_{j\pm1/2})2\pi r\,\mathrm{d}r \quad (8\text{-}23)$$

式中，C_i 为 z 方向网格上下表面积，$C_i = \pi(r_{i+1/2}^2 - r_{i-1/2}^2)$。

第三项为方向坐标变化引起的泄漏项，积分结果为

$$\int_{\Delta z_j}\int_{\Delta r_i}\frac{1}{r}[a_{m+1/2}\phi_{m+1/2} - a_{m-1/2}\phi_{m-1/2}]2\pi r \mathrm{d}r \mathrm{d}z$$

$$\approx V_{i,j}\left(\frac{1}{r_i}\right)[a_{m+1/2}\phi_{i,j,m+1/2} - a_{m-1/2}\phi_{i,j,m-1/2}] \quad (8\text{-}24)$$

$\phi_{i,j,m\pm1/2}$ 为网格平均中子通量密度

$$\phi_{i,j,m\pm1/2} = \frac{1}{V_{i,j}} \int_{\Delta z_j} \int_{\Delta r_i} \phi_{m\pm1/2} 2\pi r \mathrm{d}r \mathrm{d}z \qquad (8\text{-}25)$$

第四项和第五项积分结果分别等于（假设宏观截面在网格内为常数）

$$\int_{\Delta z_j} \int_{\Delta r_i} \omega_m \Sigma_t \phi_m(r,z) 2\pi r \mathrm{d}r \mathrm{d}z = \omega_m \Sigma_{t,i,j} \phi_{i,j,m} V_{i,j} \qquad (8\text{-}26)$$

和

$$\int_{\Delta z_j} \int_{\Delta r_i} \omega_m Q_m(r,z) 2\pi r \mathrm{d}r \mathrm{d}z = \omega_m Q_{i,j,m} V_{i,j} \qquad (8\text{-}27)$$

综合上述各项得到 (i,j) 基元的差分方程为

$$\omega_m \mu_m (A_{i+1/2,j}\phi_{i+1/2,j,m} - A_{i-1/2,j}\phi_{i-1/2,j,m}) + \omega_m \xi_m C_i (\phi_{i,j+1/2,m} - \phi_{i,j-1/2,m})$$
$$+ (A_{i+1/2,j} - A_{i-1/2,j})(a_{m+1/2}\phi_{i,j,m+1/2} - a_{m-1/2}\phi_{i,j,m-1/2}) + \omega_m \Sigma_{t,i,j}\phi_{i,j,m}V_{i,j} = \omega_m Q_{i,j,m}V_{i,j}$$
$$(8\text{-}28)$$

差分方程（8-28）是在 $V_{i,j}$ 体积元和 $\Delta\Omega_m$ 方向微元内中子守恒的差分形式。其中第一项表示通过 r 方向的圆柱表面泄漏出体积元的中子数；第二项表示通过体积元上下端面泄漏的中子数；第三项表示由于 Ω 坐标变化而泄漏出 $\Delta\Omega_m$ 的中子数；第四项和方程的右端分别表示碰撞引起的损失和中子源项。

5. 加速收敛方法

中子输运方程内、外迭代过程的收敛速度是很慢的，因而采用加速技术来加快迭代过程满足收敛判据是数值求解输运方程中的重要问题之一。目前采用最广泛的加速收敛方法为粗网格再平衡方法、切比雪夫加速方法和近年来发展的扩散综合加速（DSA）方法。下面简要介绍这些加速收敛方法的主要原理。

粗网格再平衡方法是在原有差分的剖分细网基础上，再剖分成一组规则的、非重叠的矩形粗网格，每个粗网格内含有若干个细网，并使其边界与细网边界重合，在每次迭代之后，根据中子平衡原则计算出一个"粗网格再平衡因子"，把它乘以迭代所得到的中子通量密度作为该次迭代的最后解，以强迫所求的解在粗网格范围内满足中子平衡关系。数值计算经验表明：粗网格取得越小，其加速收敛效率越高。但是粗网格取得很小时，再平衡因子本身计算时间增大而使效果变差；当粗网取得很小接近细网时，可能出现计算的不稳定，特别对于高散射比的问题，因此粗网格不宜取得太小。

扩散综合加速方法是一种用于 SN 方法中极为有效的加速收敛方法，其基本思想是对每次迭代求得的总中子通量密度 $\phi_g^{(r)}$ 利用一种"修正的扩散方程"进行

修正，使其具有输运方程精度的"扩散方程"。为了说明 DSA 方法及其迭代过程，首先考虑第 g 群，第 1 次内迭代的中子输运方程为

$$\boldsymbol{\Omega} \cdot \nabla \tilde{\phi}_g^l(\boldsymbol{r}, \boldsymbol{\Omega}) + \Sigma_{\mathrm{t},g}(\boldsymbol{r}) \tilde{\phi}_g^l(\boldsymbol{r}, \boldsymbol{\Omega}) = \Sigma_{g' \to g} \phi_g^{l-1}(\boldsymbol{r}) + Q_g(\boldsymbol{r}) \qquad (8\text{-}29)$$

式中，$\tilde{\phi}_g^l(\boldsymbol{r}, \boldsymbol{\Omega})$ 为第 l 次内迭代所要求出的 g 群中子角通量密度；$Q_g(\boldsymbol{r})$ 源项包括散射源、裂变源和外中子源等的贡献。求出 $\tilde{\phi}_g^l(\boldsymbol{r}, \boldsymbol{\Omega})$ 后便可求出总通量 $\tilde{\phi}_g^l(\boldsymbol{r})$：

$$\tilde{\phi}^l(\boldsymbol{r}) = \int \tilde{\phi}_g^l(\boldsymbol{r}, \boldsymbol{\Omega}) \mathrm{d}\boldsymbol{\Omega} \qquad (8\text{-}30)$$

DSA 方法的思想是：在利用 $\tilde{\phi}_g^l(\boldsymbol{r})$ 求源项 $Q_g(\boldsymbol{r})$ 代入式（8-29）进行下一次迭代之前，利用修正的扩散方程对其进行修正，求出解 $\tilde{\phi}_g^l(\boldsymbol{r})$，然后把 $\phi_g^l(\boldsymbol{r})$ 替代 $\tilde{\phi}_g^l(\boldsymbol{r})$ 作为式（8-29）下一次内迭代的源项。

切比雪夫加速方法属于源外推方法，在源迭代的过程中，对于第 $n+1$ 次迭代，它的源项 $\hat{S}(\boldsymbol{r}) = Q^{(n)}(\boldsymbol{r})/k^{(n)}$。可以用它和前一次迭代的源项 $S^{(n-1)}(\boldsymbol{r})$ 的线性组合来代替，即

$$S^{(n)}(\boldsymbol{r}) = \hat{S}^{(n)}(\boldsymbol{r}) + \alpha^{(n)}(\hat{S}^{(n)}(\boldsymbol{r}) - S^{(n-1)}(\boldsymbol{r})) \qquad (8\text{-}31)$$

式中，$\alpha^{(n)}$ 为一待选取的系数，然而 $\alpha^{(n)}$ 的最佳数值的选择是一件复杂的事情。式（8-31）的外推方法可以推广到 $S^{(n)}(\boldsymbol{r})$ 的前面任意项源的线性组合，如 $S^{(n)}(\boldsymbol{r})$ 可以写成

$$S^{(n)}(\boldsymbol{r}) = a_{n,n} \hat{S}^{(n)}(\boldsymbol{r}) + \sum_{m=1}^{n-1} a_{m,n} S^{(m)}(\boldsymbol{r}) \qquad (8\text{-}32)$$

式中，$a_{m,n}$ 为待选取的系数。切比雪夫多项式外推法从理论上给出最优的系数 $a_{m,n}$ 选取。

6. 修正处理

修正处理主要针对负通量密度及射线效应进行修正。应用离散纵标法计算时，由于区域较大，受到网点数目的限制，网距取得比较大时往往出现负的中子通量密度，这在物理上是不允许出现的；同时由于负中子通量密度的出现很大程度上影响计算的稳定性与精确性，是应该设法避免的。具体修正办法有如下几种：最简单的是当表面中子通量密度出现负值时即令该点表面中子通量密度等于零，同时对已算出的中心点平均中子通量密度应该根据中子守恒关系予以修正重算以保证精度，此方法是以牺牲计算的精确性为代价的；另一种办法是采用可变的带权菱形差分格式，也就是在出现负中子通量密度时，在该点改变权重系数，使其不出现负值，此方法比置零的办法具有更好的正定性，但是所牺牲的精确度也更大。

还可以采用保证中子通量密度为恒正的差分格式，使其从根本上消除出现中子负通量密度的可能性。应该指出，方法的正定性越强其迭代过程的收敛性越好，但其精度也越差。因此，目前许多程序中多采用置零办法来消除中子负通量密度。

离散纵标法的另一个重大缺陷是在二维或三维问题计算时出现的所谓的"射线效应"问题，从物理上射线效应现象是很容易解释的，输运方程中的方向变量 $\boldsymbol{\Omega}$ 是连续的，中子源可以发射到各个方位，但作离散纵标法计算时，只对给定的有限个离散方向进行计算，因而有的网格与离散方向根本不相交，源中子不可能到达该处。应该指出，对散射比（σ_s/σ_t）较大的介质，射线效应就相对减弱。尽管射线效应造成中子通量密度分布的起伏和振荡，但是其平均中子通量密度基本变化不大。射线效应是对角度离散所带来的本身固有缺陷，并不是由计算方法所引起的。为消除或减弱射线效应，通常可采用如下措施：①增加离散方向的数目，即提高阶次 N，但随着 N 的增大，所需计算时间将急剧增加；②采用对射线效应敏感性较小的差分格式，如阶跃菱形差分格式；③对方向变量 $\boldsymbol{\Omega}$ 采用多项式展开或有限元方法；④把离散纵标法方程转换为类似球谐近似形式，而球谐近似方程不存在射线效应问题，但同样需付出更长的计算时间。

8.1.2　蒙特卡罗屏蔽计算抽样方法

MCNP 程序计算结果一般以下式来估计相对误差[10]：

$$R = \frac{S_{\bar{x}}}{\bar{x}} = \left[\frac{1}{N} \left(\frac{\overline{x^2}}{\bar{x}^2} \right) \right]^{1/2} = \left[\frac{\sum\limits_{i=1}^{N} x_i^2}{\left(\sum\limits_{i=1}^{N} x_i \right)^2} - \frac{1}{N} \right]^{1/2} \tag{8-33}$$

式中，R 为相对误差；$\bar{x}$ 为 x 的平均值；$S_{\bar{x}}$ 为标准偏差；N 为计数历史。MCNP 建议 $R<10\%$ 的结果才是可靠的。一般若想得到给定时间内的最小相对误差 R，从式（8-33）可以看出：减小 R 就得减小 $S_{\bar{x}}$，增加 N。但减小 $S_{\bar{x}}$ 则需更多时间，因为需要更多的信息；增加 N 通常会增加 $S_{\bar{x}}$，因为分配给每个历史记录的时间就减少了。

在 MCNP 中，大多减小方差的技巧是通过产生或消灭粒子的方式来实现的。主要的技巧有：①能量截断（energy cut）。当粒子的能量低于使用者限定的值时，粒子的历史被终止，实质是零复活的俄罗斯轮盘赌。②时间截断（time cutoff）。其也是零复活的俄罗斯轮盘赌。③伴随俄罗斯轮盘赌的几何分裂。几何分裂/俄罗斯轮盘赌是最古老、应用最广泛的误差减小技巧之一。当粒子向重要方向输运时，粒子数增加，能够更好地取样，输运方向相反时，粒子则被杀死，避免浪费机时。通常在穿透方向上几何区域厚度小于两个自由程，几何分裂与俄罗斯轮盘赌同时存在。④伴随俄罗斯轮盘赌的能量分裂。能量分裂/俄罗斯轮盘赌是独立于空间区域的，若问题是空间-能量相关，则最好是选择一个空间-能量权重窗口。⑤强迫碰撞。其是通过增加在特殊区域碰撞抽样的办法来减小误差。

此外，MCNP 还有一些抽样技巧，如 DXTRAN、源的偏移、权重窗、指数变换、点探测器记录、源偏倚等。对于反应堆孔道深穿透屏蔽问题，采用上述单个抽样技巧可能不满足计算精度和时间要求，需要将相关技巧进行有效结合，建立耦合抽样方法。

下面以西安脉冲反应堆实验孔道屏蔽计算为例，介绍源方向偏倚与指数变换相结合的耦合抽样方法。

1. 源方向偏倚与指数变换耦合抽样原理[12]

MCNP/4B 程序对反应堆中子源（即临界源）的抽样采用各向同性分布，这种抽样方法有利于堆芯临界计算，但不利于粒子在孔道内的输运计算。为了增加孔道方向上的粒子数，此处对反应堆中子源的抽样采用各向异性分布，即对源粒子抽样采用方向偏倚法；同时对碰撞粒子采用指数变换法，增大粒子散射平均自由程，减少碰撞次数，以增加到达孔道出口处的粒子数。本书将这两种抽样技巧耦合起来使用，达到降低孔道计算结果方差的目的。

图 8-5 给出了临界源方向偏倚的几何，其中 O 为源点，$\boldsymbol{\Omega}_0$ 为源点到靶点 A 的方向（参考方向），$\boldsymbol{\Omega}$ 为源点的粒子飞行方向，μ_0 为 $\boldsymbol{\Omega}_0$ 和 $\boldsymbol{\Omega}$ 的夹角余弦。MCNP/4B 原程序对临界源的抽样采用各向同性分布，即

$$f(\mu_0) = \frac{1}{2} \tag{8-34}$$

假设对临界源采用以下抽样分布：

$$f'(\mu_0) = \frac{f(\mu_0)}{1 - p_1 \mu_0} \tag{8-35}$$

式中，p_1 为临界源方向偏倚参数。对该式归一化，得方向偏倚后的源粒子抽样分布为

$$f'(\mu_0) = \frac{f(\mu_0)}{(1 - p_1 \mu_0) \displaystyle\int_{-1}^{1} \frac{f(\mu_0)}{1 - p_1 \mu_0} \mathrm{d}\mu_0} \tag{8-36}$$

将式（8-34）代入式（8-36），得

$$f'(\mu_0) = \frac{p_1}{(1 - p_1 \mu_0) \ln \dfrac{1 + p_1}{1 - p_1}} \tag{8-37}$$

根据抽样原理，有

$$\xi = \int_{-1}^{\mu_0} f'(\mu_0)\mathrm{d}\mu_0 \tag{8-38}$$

式中，ξ 为[0,1]的伪随机数。

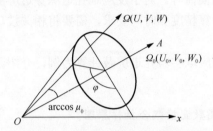

图8-5　临界源方向偏倚几何

由式（8-37）和式（8-38）得源方向偏倚抽样后的 μ_0 为

$$\mu_0 = \frac{1}{p_1} - \frac{1+p_1}{p_1}\left(\frac{1-p_1}{1+p_1}\right)^{\xi} \tag{8-39}$$

为了保证结果的无偏估计，必须对抽样分布 $f'(\mu_0)$ 进行纠偏。根据临界源方向偏倚前后的抽样分布 $f(\mu_0)$ 和 $f'(\mu_0)$，得到无偏估计的纠偏因子 c（权重修正因子）为

$$c = \frac{f(\mu_0)}{f'(\mu_0)} = \frac{1-p_1\mu_0}{2p_1}\ln\frac{1+p_1}{1-p_1} \tag{8-40}$$

图8-5 中 $\boldsymbol{\Omega}_0$ 的方向余弦为 (U_0, V_0, W_0)，$\boldsymbol{\Omega}$ 的方向余弦为 (U, V, W)，由 μ_0 及方位角 φ 得方向余弦 U：

$$U = \mu_0 U_0 + (1-\mu_0^2)^{1/2}(1-U_0^2)^{1/2}\cos\varphi \tag{8-41}$$

又因

$$\boldsymbol{\Omega}_0 \cdot \boldsymbol{\Omega} = \mu_0 \tag{8-42}$$

由式（8-41）、式（8-42）及 $U^2 + V^2 + W^2 = 1$ 得源方向偏倚后粒子飞行的方向余弦 V 和 W 分别为

$$V = \mu_0 V_0 + \left(\frac{1-\mu_0^2}{1-U_0^2}\right)^{1/2}(-U_0 V_0\cos\varphi - W_0\sin\varphi) \tag{8-43}$$

$$W = \mu_0 W_0 + \left(\frac{1-\mu_0^2}{1-U_0^2}\right)^{1/2}(-U_0 W_0\cos\varphi + V_0\sin\varphi) \tag{8-44}$$

参考图 8-5，令 O 为粒子的碰撞点，Ω 为碰撞点处粒子的飞行方向，Ω_0 为碰撞点处粒子指向靶点 A 的方向，μ 为 Ω 与 Ω_0 之间的夹角余弦。根据指数变换法原理，令指数变换前后粒子在靶点 A 处的抽样分布分别为

$$f(l) = \Sigma_t \mathrm{e}^{-\Sigma_t l} \tag{8-45}$$

$$f^*(l) = \Sigma_t^* \mathrm{e}^{-\Sigma_t^* l} \tag{8-46}$$

式中，l 为碰撞点 O 到靶点 A 的距离；Σ_t 为指数变换前的总截面；Σ_t^* 为指数变换后的总截面：

$$\Sigma_t^* = \Sigma_t (1 - p_2 \mu) \tag{8-47}$$

式中，p_2 为指数变换参数。根据指数变换前后的抽样分布 $f(l)$ 和 $f^*(l)$，得无偏估计的纠偏因子（权重修正因子）c' 为

$$c' = \frac{f(l)}{f(l^*)} = \frac{\mathrm{e}^{-\Sigma_t p_2 \mu l}}{1 - p_2 \mu} \tag{8-48}$$

上述即为源粒子方向偏倚抽样、碰撞粒子指数变换抽样的基本原理，若将这两种抽样技巧同时应用于粒子输运模拟中，就构成了蒙特卡罗耦合抽样方法。从式（8-36）、式（8-37）和式（8-47）可以看出，蒙特卡罗耦合抽样方法与方向偏倚参数 p_1、指数变换参数 p_2 有关，这两个参数的不同选取将影响计算结果的方差。

2. 方向偏倚参数 p_1 和指数变换参数 p_2 的选取

以图 8-6 所示的铀氢锆脉冲反应堆水平径向孔道为例，研究方向偏倚参数 p_1、指数变换参数 p_2 对反应堆孔道屏蔽计算结果方差的影响情况，并从中选出适合该类孔道的方向偏倚参数 p_1 和指数变换参数 p_2。

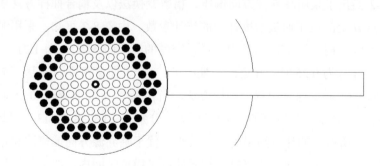

图 8-6　脉冲堆实验孔道屏蔽计算几何

●石墨元件；○燃料元件；◉中央水腔

屏蔽计算分别采用临界源方向偏倚、指数变换法以及临界源方向偏倚与指数变换相结合的耦合抽样方法，其堆芯及孔道的输入参数见表 8-1。

表 8-1　铀氢锆脉冲反应堆堆芯及孔道输入参数

名称	材料	密度/(g/cm³)	材料组成成分
堆芯（六角形栅元,栅距为 4.3cm,堆芯活性区高度为 39cm）	铀氢锆芯体	6.15	U（质量百分比为 12%） ⁵U 的富集度为 20% 氢锆原子比为 1.6
	Zr-4 芯棒	6.55	Zr
	不锈钢包壳	7.9	Fe(72.5%)、Cr(18%)、Ni(9.5%)
	冷却剂水	1.0	H_2O
	石墨芯体	1.65	C
	石墨元件包壳	2.707	Al(93.95%)、Si(5.25%)、Fe(0.8%)
反射层及孔道	空气孔道	0.001293	直径为 15cm 的空气
	混凝土	3.45	—

设孔道内粒子计数的标准偏差为 σ，则得相应计数的 FOM 因子为

$$F = \frac{1}{\sigma^2 \tau} \tag{8-49}$$

式中，τ 为计算时间。则相对标准偏差 σ_r 和相对 FOM 因子 F_r 分别为

$$\sigma_r = \frac{\sigma_2}{\sigma_1} \tag{8-50}$$

$$F_r = \frac{F_2}{F_1} = \frac{\sigma_1^2}{\sigma_2^2} \tag{8-51}$$

表 8-2 给出了采用临界源方向偏倚、指数变换法以及耦合抽样方法所得到的孔道出口点 B 处的粒子通量密度计数的统计参数。由表 8-2 可知，采用源方向偏倚，当 p_1 为 0.7 时，孔道出口处中子通量密度的 F_r 因子较大，为 1.213。采用指数变换法，当 p_2 为 0.25 时，孔道出口处中子、γ 光子通量密度的 F_r 因子较大，分别为 1.358 和 6.747。而采用耦合抽样方法，当 p_1 等于 0.7、p_2 等于 0.25 时，孔道出口处中子、γ 光子通量密度的 F_r 因子更大，分别为 1.487 和 7.313。因此，采用耦合抽样方法所得到的计算结果的方差较小，优于临界源方向偏倚法和指数变换法，即耦合抽样方法在同一计算机、相同的粒子模拟时间内，能降低计算结果方差，提高计算精度。

表 8-2　脉冲堆实验孔道出口处粒子通量密度的统计参数

中子源偏倚参数 p_1	碰撞点偏倚参数 p_2	$k_r^{①}$	$T_r^{②}$	孔道出口处中子参数		孔道出口处 γ 参数	
				σ_r	F_r	σ_r	F_r
0.2		0.99968	1	0.998	1.004		
0.3		0.99987	1	0.915	1.194		
0.4		0.99954	1	0.995	1.010		
0.5		1.0	1	1.103	0.822		
0.6		0.99907	1	0.997	1.006		
0.7		0.99868	1	0.908	1.213		
0.8		0.99954	1	0.943	1.125		
0.9		0.99870	1	0.992	1.016		
	0.25	0.99978	1	0.858	1.358	0.385	6.747
	0.5	0.99584	1	0.919	1.184	0.389	6.608
	0.75	0.99743	1	1.138	0.772	0.428	5.459
	0.9	0.99884	1	1.588	0.397	0.602	2.759
0.7	0.25	0.99920	1	0.820	1.487	0.370	7.313
0.7	0.5	0.99726	1	0.902	1.229	0.356	7.904
0.7	0.75	0.99713	1	1.327	0.568	0.397	6.332
0.7	0.9	0.99702	1	1.498	0.446	0.513	3.797

①采用方差降低技巧与未采用方差降低技巧的 k_{eff} 值之比；②采用方差降低技巧与未采用方差降低技巧的计算时间之比。

8.1.3　离散纵标法耦合屏蔽计算方法

对于粒子主要沿某一方向输运的深穿透问题，采用不同的方向离散方法，即选取离散角度求积基，对计算结果会产生较大的影响。对于铀氢锆脉冲反应堆水平径向、辐照腔、热柱等堆外径向方向实验孔道的深穿透屏蔽计算问题，DOT/4.2 程序不能直接一次求出孔道出口处的粒子通量密度，而要将反应堆分为堆芯几何和孔道几何两部分，并建立相应的边界源转换程序，才能对它进行求解。

由于堆芯几何部分的中子、γ 输运基本是各向同性的，因此在堆芯几何的屏蔽计算中，离散方向采用半对称求积基可以满足屏蔽计算精度要求；而孔道几何的中子、γ 输运则是各向异性的，中子和 γ 主要沿孔道方向往外输运，因而孔道轴线方向比其他方向更为重要，在此方向上需要加密离散方向数，即采用偏向求积基才能满足孔道几何屏蔽计算精度要求。与单一屏蔽计算方法不同之处在于，该方法需要采取两段几何搭接的耦合。

1. 半对称求积基

堆芯几何区域的角度离散可以采用半对称求积基。对于二维（r,z）圆柱几何，方向坐标矢量 $\boldsymbol{\Omega}$ 在 3 个坐标轴（r,z,θ）上的分量为（μ,η,ξ），由于中子角通量密度对称于 ξ，因此只需计算 $\xi > 0$ 的半个球面上的求积点。在 1/2 球面上对自变量 $\boldsymbol{\Omega}$ 积分，有

$$A = \frac{1}{2\pi}\int_{-1}^{1}\mathrm{d}\eta\int_{0}^{\pi}\mathrm{d}\varphi \qquad (8\text{-}52)$$

式（8-52）中首先对 η 进行分层，由勒让德多项式 $P_N(\eta) = 0$ 确定出一组高斯-勒让德求积组 $\{\eta_i\}$ 及权重系数 $\{\omega_i\}$，其中 $i = 1,\cdots,N$。根据半对称求积基的定义，有

$$\{\mu_i\} = \{\eta_i\} \qquad (8\text{-}53)$$

式中，μ_i 的权重为 ω_i。由式（8-53）可得关于 ξ 轴对称的半对称求积基 $\{\mu_i,\eta_i,\xi_k\}$，其中 ξ_k 为

$$\xi_k = \sqrt{1 - \mu_i^2 - \eta_j^2} \qquad (8\text{-}54)$$

式中，$1 \leqslant i,j,k \leqslant N$。图 8-7 给出了 S10、S8 和 S6 半对称求积基在 $\mu > 0$，$\eta > 0$ 的 1/8 球面上的点权重分布 p_m。令 μ、η 满足矩方程

$$\sum_{m=1}^{M} p_m \mu_m^k \eta_m^l = \frac{2}{\pi}\int_{0}^{1}\mathrm{d}\eta\int_{0}^{\pi/2}\mu^k\eta^l\mathrm{d}\phi$$
$$= \frac{1}{2}\Gamma\left(\frac{k+1}{2}\right)\Gamma\left(\frac{l+1}{2}\right)\Big/\Gamma\left(\frac{1}{2}\right)\Gamma\left(\frac{k+l+3}{2}\right) \qquad (8\text{-}55)$$

式中，Γ 为伽马函数；k、l 均为偶数，且 $k \geqslant l$，$k+l < N$；p_m 为离散方向的点权重；M 为离散方向数，对于二维圆柱几何，其离散方向数为 $M = N(N+2)/2$。

（a）S10 半对称求积基　　　　（b）S8 半对称求积基　　　　（c）S6 半对称求积基

图 8-7　半对称求积基点权重分布

由于 DOT/4.2 程序要求，对于每一个纬度层 η_i，第一个 μ 值为 $\sqrt{1-\eta_i^2}$，则对于 S6、S8 和 S10 半对称求积基，其离散方向数分别为 30、48 和 70。

2. 二阶离散纵标法偏向求积基

令 $y=\mu/\sqrt{1-\eta^2}$，由式（8-52）可得

$$A=\frac{1}{2\pi}\int_{-1}^{1}\mathrm{d}\eta\int_{-1}^{1}\frac{\mathrm{d}y}{\sqrt{1-y^2}} \tag{8-56}$$

上式中对 η 的积分采用高斯-勒让德求积组，而对 y 的积分采用高斯-切比雪夫求积组。高斯-勒让德求积组为 $\{\eta_i\}$，其权重系数为 $\{\omega_i\}$，$i=1,\cdots,N$，η_i 从小到大排列。在给定的 η_i 纬度层对 y 积分，有

$$y_j=\cos\left(\frac{2j-1}{2n_1}\pi\right) \tag{8-57}$$

由于 $\mu=\sqrt{1-\eta^2}\,y$，有

$$\mu_{ij}=\sqrt{1-\eta_i^2}\cos\left(\frac{2j-1}{2n_1}\pi\right) \tag{8-58}$$

式中，$j=1,\cdots,n_1$；μ_{ij} 权重为 $\omega_{ij}=\dfrac{\omega_i}{n_1}$，$n_1$ 为第 η_i 纬度层上的求积点数目。对于研究堆的细长孔道，为了准确地计算孔道出口处的粒子通量密度，还必须加大孔道方向（η_N）上的求积点数目。

令

$$\omega_N=\frac{1}{2\pi}\int_{\delta}^{1}\mathrm{d}\eta\int_{0}^{\pi}\mathrm{d}\phi \tag{8-59}$$

得

$$\delta=1-2\omega_N \tag{8-60}$$

作变量变换

$$\eta'=\frac{1}{1-\delta}\big[2\eta-(1+\delta)\big] \tag{8-61}$$

将式（8-61）代入式（8-59），得

$$\omega_N=\frac{1-\delta}{4\pi}\int_{-1}^{1}\mathrm{d}\eta'\int_{-1}^{1}\sqrt{1-y^2}\,\mathrm{d}y \tag{8-62}$$

与式（8-56）同理，由勒让德多项式 $P_I(\eta')=0$，得二阶求积组 $\eta'_{N,i}$ 及权重 $\omega'_{N,i}$，$i=1,\cdots,I$。将 $\eta'_{N,i}$ 代入式（8-61），得

$$\eta_{N,i}=\frac{1}{2}\big[(1+\delta)+(1-\delta)\eta'_{N,i}\big] \tag{8-63}$$

在固定的 $\eta_{N,i}$ 纬度层上，采用高斯-切比雪夫多项式对 μ 进行分层，得二阶求

积组 $\mu_{N,ij}$ 及其权重 $\omega_{N,ij} = \dfrac{\omega'_{N,i}}{n_2}$, n_2 为第 $\eta_{N,i}$ 纬度层上的求积点数目。由于式（8-62）中积分值等于 ω_N ，需对 $\omega_{N,ij}$ 归一化，得二阶偏向求积基的点权重

$$\omega_{N,ij} = \frac{\omega'_{N,i}}{n_2}\omega_N \tag{8-64}$$

对应于 S6、S8 和 S10 半对称求积基的二阶偏向求积基，其离散方向数分别为 81、117 和 157。

3. 堆芯几何半对称求积基边界源的坐标变换

孔道几何边界源的产生需经以下两个步骤：①采用半对称求积基所计算的堆芯几何的边界源经坐标变换产生孔道几何半对称求积基边界源（即半对称求积基边界源的坐标变换）；②将孔道几何半对称求积基边界源转换成偏向求积基边界源（即偏向求积基边界源的生成）。图 8-8 给出了半对称求积基坐标变换几何，(R',Z') 为 (R,Z) 绕经过 O 点垂直于 ROZ 平面的轴旋转 θ 角而形成的坐标系，$\boldsymbol{\Omega}$ 为方向坐标矢量，它在坐标轴 (R,Z) 上的分量为 (μ,η)，在坐标轴 (R',Z') 上的分量为 (μ',η')。

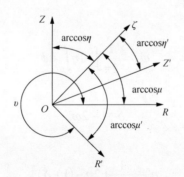

图 8-8　半对称求积基坐标变换几何

根据坐标旋转变换原理，有

$$(\mu',\eta') = (\mu,\eta)\begin{pmatrix} \cos\theta & -\sin\theta \\ \sin\theta & \cos\theta \end{pmatrix} \tag{8-65}$$

对于反应堆垂直孔道，$\theta = 0$，则 $\mu' = \mu$ ，$\eta' = \eta$，即堆芯几何所计算的半对称求积基边界源与孔道几何的半对称求积基边界源一致；而对于反应堆水平孔道，$\theta = 270°$，$\mu' = -\eta$ ，$\eta' = \mu$，即堆芯几何所计算的半对称求积基边界源需经此方向变换才能得到孔道几何的半对称求积基边界源。

4. 孔道几何偏向求积基边界源的生成

设空间位置 r 处的方向通量密度为 $\phi(r,\Omega)$，对空间所有方向 Ω 积分，可得 r 处的通量密度

$$\phi(r)=\int_{4\pi}\phi(r,\Omega)\mathrm{d}\Omega=\sum_{m=1}^{M}P_m\phi_m(r)=\sum_{m=1}^{M-3}P_m\phi_m(r)+\sum_{n=1}^{K}P_n'\phi_n'(r) \qquad (8\text{-}66)$$

式中，M 为半对称求积基的离散方向数目；P_m 为半对称求积点 Ω_m 的权重；$\phi_m(r)$ 为半对称求积点 Ω_m 的方向通量密度；$K+M-3$ 为偏向求积基的离散方向数目；P_n' 为偏向求积点 Ω_n' 的权重；$\phi_n'(r)$ 为偏向求积点 Ω_n' 的方向通量密度。

由式（8-66），得

$$\sum_{m=M-2}^{M}P_m\phi_m(r)=\sum_{n=1}^{K}P_n'\phi_n'(r) \qquad (8\text{-}67)$$

由于 $P_{M-2}=0$，$P_{M-1}=P_M$，故 $\displaystyle\sum_{m=M-2}^{M}P_m=\sum_{n=1}^{K}P_n'$。

（1）假设方向通量密度 $\phi_n'(r)$ 均匀分布，得边界源 $\phi_n'(r)$ 的均匀近似分布

$$\phi_n'(r)=\frac{1}{2}\big[\phi_{M-1}(r)+\phi_M(r)\big] \qquad (8\text{-}68)$$

（2）假设方向通量密度 $\phi_n'(r)$ 呈余弦分布，$\phi_n'(r)=\phi'(r)\cos\phi=\phi'(r)\cdot\eta_n'$，$\eta_n'$ 为 Ω_n' 与 Z' 轴的夹角余弦，将 $\phi_n'(r)$ 代入式（8-68），得边界源 $\phi_n'(r)$ 的余弦近似分布

$$\phi_n'(r)=\frac{\phi_{M-1}(r)+\phi_M(r)}{\displaystyle\sum_{n=1}^{K}P_n'\eta_n'}\cdot P_M\eta_n' \qquad (8\text{-}69)$$

5. 边界源转换程序 BSTP

根据前文 3.4 节边界源转换方法，编制堆芯几何和孔道几何相耦合的边界源处理程序 BSTP，建立反应堆孔道屏蔽计算的软件包 DOT-BSTP-DOT。BSTP 程序的输入参数为堆芯几何屏蔽计算所得到的两段几何搭界处的半对称求积基边界源，经坐标变换和方向的二次离散，得到孔道入口处的二阶离散纵标法偏向求积基边界源。在孔道几何屏蔽计算中，利用 DOT/4.2 程序的外边界源输入设备（NTBSI）输入二阶离散纵标法偏向求积基边界源。该程序为微机版本，采用 FORTRAN 语言编制，可在 Windows 或 DOS 操作系统上使用。其边界源的处理速度较快，从而保证了 DOT-BSTP-DOT 软件包在反应堆孔道屏蔽计算中的速度。

8.1.4　蒙特卡罗法耦合屏蔽计算方法

对于某些深穿透孔道屏蔽计算问题，如脉冲堆切向孔道、中子照相孔道，其

中子通量密度衰减较大，利用 8.1.2 小节的蒙特卡罗方法难以直接计算得到可靠的实验孔道出口参数，需要采用多段几何搭接的蒙特卡罗屏蔽计算方法，即首先利用 MCNP 程序临界源 KCODE 计算模型，从堆芯开始计算得到几何搭接面处中子和伽马的空间、能量和角分布，然后利用 MCNP 程序 SDEF 平面源计算模型，分别计算几何搭接面处的中子、伽马平面源输运到孔道出口处的中子、伽马参数。下面介绍几何搭接处中子伽马平面源的构造方法。

1. 对称平面源的构造方法

对称平面源，是指该源围绕某个轴呈对称分布的平面源。

中子、γ 平面源 $J(r,E,\mu)$ 是空间、能量和方向的函数，由于 MCNP 程序在进行平面源问题的输运计算时，只需考虑 $\mu>0$ 的源项 $J^+(r,E,\mu)$，为了简化平面源的计算模型，假设正向平面源 $J^+(r,E,\mu)$ 为[13,14]

$$J^+(r,E,\mu) = CJ^+(r)J(r,E)J^+(r,\mu) \tag{8-70}$$

式中，$J^+(r)$ 为粒子正向流密度的空间分布；$J(r,E)$ 为与空间有关的粒子正向流密度的能谱分布；$J^+(r,\mu)$ 为与空间有关的粒子正向流密度的角分布；C 为归一化系数。

为了得到平面源的空间分布、能量分布和角分布，采用 MCNP 程序中相应的分段计数卡（F 离散纵标法）、分段除数卡（SDn）、计数能量卡（En 卡）和计数余弦卡（Cn）对平面源的空间、能量和角度进行网格划分。

由于热柱孔道正对堆芯，因此在平面源的构建时，采用的是轴对称的圆环面计数。沿 r 方向分别划分为 6 个网格，网格外径 $r_i(i=1,\cdots,6)$，形成 6 个同心圆环计数面。

等效中子平面源可划分为若干个能群，等效 γ 平面源划分为若干能群，在平面源的角度上划分为若干个网格。

采用蒙特卡罗耦合抽样方法计算了各空间网格内的多群中子、γ 正向流密度的能谱分布 $J(r_i, E_g)$，并计算了穿过平面源表面上各空间网格内的正向流密度的角分布 $J^+(r,\mu)$。

对 $J^+(r_i, \mu_j)$ 进行方向归并，得到各空间网格上的正向流密度 $J^+(r_i)$：

$$J^+(r_i) = \sum_j J^+(r_i, \mu_j) \tag{8-71}$$

式（8-71）即为平面源的空间分布。根据式（8-71），可得平面源的总源强为

$$S = \sum_{i=1}^{5} J^+(r_i) A_i \tag{8-72}$$

式中，A_i 为各空间网格的面积，cm^2；S 为平面源源强归一化常数。

由于 MCNP 程序的输入卡片不能模拟上述一维空间几何各网格内的平面源，因此还需将此一维几何平面源转换为孔道设计的二维 $X\text{-}Y$ 等效几何平面源，其平面

源转换的等效示意图见图 8-9，图 8-9（a）和图 8-9（b）中各对应网格内的面积相等。

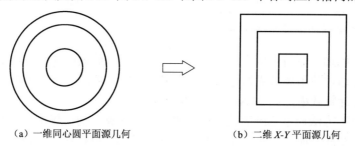

（a）一维同心圆平面源几何　　　　　　　　（b）二维 *X*-*Y* 平面源几何

图 8-9　平面源等效转换

2. 非对称平面源的构造方法

非对称平面源，是指该源不存在对称轴，整个源平面呈现不均匀性分布。

在构造非对称平面源时，需要选择一个平面作为源面，对该平面进行相应的几何划分，将一个平面源划分为若干个子源，子源划分越精细，源的描述越精细。以图 8-10 中平面源为例，源平面在 x 方向划分为 m 个区域，在 y 方向划分为 n 个区域，从而将平面源划分为 $m×n$ 个子源。

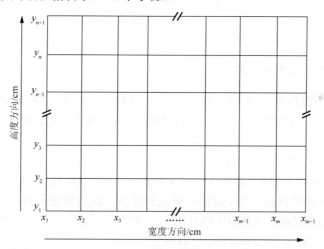

图 8-10　非对称平面源分布示意

采用蒙特卡罗耦合抽样方法计算各计数面内的多群中子、γ 正向流密度的能谱分布 $J^+(E)$，并计算穿过整个平面源表面正向流 J^+。

源的构建上，每一个计数面均为平面源的子源，子源需要输入该面的流能谱密度，以及该子源正向流占总面源正向流的份额。其中，平面源的正向流 J^+ 由下式求出：

$$J^+ = \sum_{n=1}^{i×j} J^+_{i,j} \cdot S_{i,j}$$

（8-73）

式中，$S_{i,j}$ 为子源面积；$J_{i,j}^{+}$ 为子源的正向流密度，$i=1,\cdots,n$，$j=1,\cdots,m$。

8.1.5　离散纵标加速蒙特卡罗方法

离散纵标加速蒙特卡罗方法[8]并不是直接耦合离散纵标法和蒙特卡罗法两种方法，而是通过使用离散纵标伴随函数来降低蒙特卡罗法计算方差的方法来提高蒙特卡罗法计算效率，如 AVATAR 和 CADIS 方法。

AVATAR 方法通过三维离散纵标法伴随矩阵计算，利用权重和重要性的倒数关系来计算空间、能量和角度相关的权重窗。但是它没有考虑源和输运偏倚之间的内在耦合，没有充分利用伴随函数的优势。这种方法对于点源问题比较有效，但对于大多数分布源问题，如反应堆屏蔽问题不是很有效。

CADIS 方法利用离散纵标法伴随矩阵产生源偏移参数和权重窗技巧的输运偏倚参数，加速蒙特卡罗法模拟计算，成功用于反应堆空腔放射量测定计算。这种方法成功的关键在于选取合适的离散纵标法计算产生的伴随函数分布。输运理论中的伴随函数和粒子重要性相关，可以认为是根据用户定义的目标预计一个粒子的贡献。这种相关性使得伴随函数很适合用于蒙特卡罗法模拟过程中减小方差。现有的基于 CADIS 方法的离散纵标加速蒙特卡罗方法程序有 A3MCNP 和 TORT-coupled MCNP 模拟程序。但对于深穿透相关问题，特别是先进核设施中出现的复杂屏蔽问题，离散纵标加速蒙特卡罗方法仍然无法给出足够精确的完整解。

8.1.6　蒙特卡罗–离散纵标耦合方法

蒙特卡罗–离散纵标耦合方法将蒙特卡罗法粒子信息转换为离散纵标法计算所需的边界源，实现耦合计算，适合求解复杂源区或模型之后的厚屏蔽区的粒子分布[8]。

目前已有的蒙特卡罗–离散纵标耦合程序较多，蒙特卡罗法程序和一维离散纵标程序耦合的程序有：MCNP4B/MCNPX-MAT-ANSIN、HETC96-ANI 离散纵标法、HERMES-ANI 离散纵标法等；蒙特卡罗法程序和二维离散纵标程序的耦合的程序如 MCNP-MAD-DORT、MCNP-TRIDENT；蒙特卡罗法程序和三维离散纵标程序耦合的程序有蒙特卡罗法 DeLicious-TORT。

蒙特卡罗法方法与一维或二维离散纵标法的耦合由于降维及几何近似，误差较大；三维蒙特卡罗–离散纵标耦合程序由于耦合方法的不完善，不能解决圆柱坐标系下模型的耦合计算，在类似反应堆实际工程计算应用中受到一定限制。

8.1.7　离散纵标–蒙特卡罗耦合方法

离散纵标–蒙特卡罗耦合方法适合求解大块屏蔽区的复杂模型中的粒子分布[8]。该方法需要将离散纵标法角通量密度分布转化成蒙特卡罗法程序计算所需源变量的累积概率分布，实现耦合计算。

已有的离散纵标-蒙特卡罗耦合程序主要包括：二维离散纵标程序与蒙特卡罗法程序耦合的程序 DOMINO、DORT-MCNP 等，其中 DOMIDO 可实现 DOT3.5 和 MORSE 程序的耦合，但这两种方法中离散纵标法计算只限于 R-Z 几何；三维离散纵标程序与蒙特卡罗法程序耦合的程序 TORT-MCNP 等。

二维离散纵标程序中计算只限于 R-Z 几何，使其在复杂问题的计算中存在一定的限制；三维离散纵标程序 TORT 与 MCNP 程序耦合中，依然需要解决应用中边界源限制和 R-θ-Z 几何描述的问题。

8.1.8　离散纵标-蒙特卡罗综合耦合方法

更加复杂的孔道屏蔽需要考虑离散纵标法、蒙特卡罗法的综合应用。以西安脉冲反应堆中子照相孔道为例，如图 8-11 所示：孔道侧前方是通量分布畸变较大的堆芯，需要采用蒙特卡罗法方法进行精确建模计算，孔道结构及材料复杂，本身处在大的重混凝土屏蔽体中，孔道和屏蔽体可分别采用蒙特卡罗法和离散纵标法进行模拟。在该孔道模拟计算时，可尝试把两种方法有效地耦合起来，采用蒙特卡罗-离散纵标-蒙特卡罗法，充分发挥离散纵标法和蒙特卡罗法各自的优势，同时克服各自的局限性，从而可以有效地解决该孔道复杂屏蔽问题。

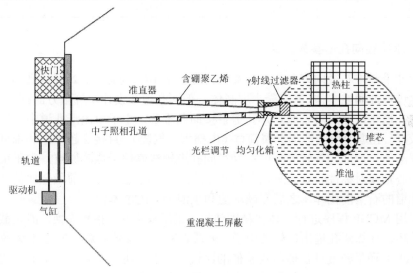

图 8-11　中子照相孔道几何示意图

8.2　西安脉冲反应堆实验孔道屏蔽计算

铀氢锆脉冲反应堆实验装置种类较多，按照结构可分为水平类实验孔道和垂直类实验装置。以西安脉冲反应堆为例，垂直实验装置布置于堆芯内部、堆芯外围适当位置，有中央垂直孔道、偏心垂直孔道、跑兔装置等；堆内水平实验孔道围绕堆芯呈放射性布置，有水平径向孔道、水平切向孔道、辐照腔、热柱、中子照相孔道等，各孔道布置可参见图 2-11。以部分实验装置为例，进行屏蔽计算。

8.2.1　垂直孔道屏蔽计算

脉冲堆垂直孔道处于堆芯内，几何复杂，材料多样，采用确定论的离散坐标法难以得到较可靠的计算结果，因此采用基于蒙特卡罗计算方法的 MCNP 程序进行模拟计算，充分利用蒙特卡罗法可精确建模的优势。

采用 MCNP 程序对全堆芯进行精确建模，对中央垂直孔道、偏心垂直孔道、跑兔装置进行了中子、γ 通量密度等参数计算，表 8-3 中为热中子（$E<0.5eV$）通量密度理论值与实验值的比较。从表中可以看到，理论值与实验值的相对偏差在 10%以内。

表 8-3　垂直孔道热中子通量密度理论值与实验值比较

项目	MCNP 理论计算值 /(n·cm⁻²·s⁻¹)	实验测量结果[15] /(n·cm⁻²·s⁻¹)	相对偏差/%
中央垂直孔道	$3.53×10^{13}$	$3.84×10^{13}$	8.07
偏心垂直孔道	$3.14×10^{13}$	—	—
跑兔装置	$1.72×10^{13}$	$1.62×10^{13}$	6.17

8.2.2　水平径向孔道参数计算

脉冲堆沿堆芯径向方向的水平实验孔道包括 1#径向孔道、2#径向孔道，两孔道均穿过堆池和堆本体（重混凝土屏蔽体），但两孔道在设计及屏蔽方面存在差异。1#径向孔道轴线穿过堆芯原点，孔道直接面向堆芯，中子束流沿孔道中心轴线对称性较好。孔道前段圆柱形金属筒体（内部为空气腔），直接穿越堆池和部分重混凝土屏蔽体，后部为旋转屏蔽门；2#径向孔道轴线略偏于堆芯原点，中子束流沿孔道中心轴线对称性较好。两孔道几何一致，不同的是 2#孔道前段金属筒体穿过热柱孔道的石墨慢化体，之后穿越堆池和重混凝土的堆本体。

采用 MCNP 程序进行一体化精确建模，采用权重窗、指数变换、能量截断等抽样技巧，计算两孔道出口处的中子、γ 通量密度等参数计算，表 8-4 为热中子（$E<0.5eV$）通量密度理论值与实验值的比较。从表中可以看到，理论值与实验值的相对偏差在 25%以内，与垂直孔道的计算结果相比，径向孔道直接采用 MCNP 程序进行模拟计算与实验值的相对偏差较大。

表 8-4　水平径向孔道热中子通量密度理论值与实验值比较

实验孔道	MCNP 理论计算值 /(n·cm⁻²·s⁻¹)	实验测量结果 /(n·cm⁻²·s⁻¹)	相对偏差/%
1#径向孔道	$6.70×10^{8}$	$5.23×10^{8}$	21.9
2#径向孔道	$2.14×10^{8}$	$1.66×10^{8}$	22.4

如果需要进一步降低理论计算与实验值之间的相对偏差，可尝试采用蒙特卡罗耦合法，或蒙特卡罗法与离散纵标法相耦合的方法。

8.2.3　辐照腔屏蔽计算

辐照腔的应用主要是将电子元器件等样品放置在快中子辐照盒中，辐照盒通过辐照腔小车送至辐照腔前端靠近堆芯筒体处。图 8-12 为辐照腔纵剖图，辐照时，辐照盒已推进到堆池以内，辐照盒体积较大，辐射样品距离堆芯距离小。

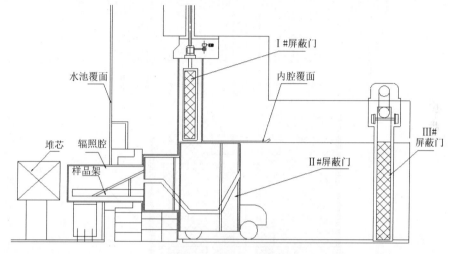

图 8-12　辐照腔纵剖图

采用 MCNP 程序进行一体化精确建模[16]，辐照盒内中子伽马参数的模拟计算采用权重窗、指数变换、能量截断、点探测器等蒙特卡罗耦合抽样技巧。总中子通量密度计算结果为 $2.18\times10^{11}\mathrm{n\cdot cm^{-2}\cdot s^{-1}}$，$\gamma$ 通量密度计算结果为 $2.49\times10^{10}\gamma\cdot\mathrm{cm^{-2}\cdot s^{-1}}$，与实测值吻合良好。

8.2.4　热柱孔道屏蔽计算

热柱束流孔道是轴向距离最长的孔道，同时孔道横截面也是最大的，孔道前部是大量的石墨慢化体，保证孔道对中子的热化。热柱孔道的束流特点是，中子热化彻底，中子通量密度低。

分别采用 DOT-BSTP-DOT 和 MCNP 程序[16]计算西安脉冲反应堆热柱孔道门前端（距堆芯 295cm）中心处中子、γ 光子通量密度，热柱孔道填充石墨、铅等屏蔽材料，图 8-5 是热柱孔道的简单示意图。其中 4 群中子的能群上限分别为 17.333MeV、1.0026MeV、15.034keV、0.414eV，4 群 γ 的能群上限分别为 14MeV、5MeV、1 MeV、0.2 MeV。表 8-5 列出了采用上述两种反应堆孔道输运计算方法所得到的热柱孔道门前端（距堆芯 295cm）中心处的中子、γ 通量密度。

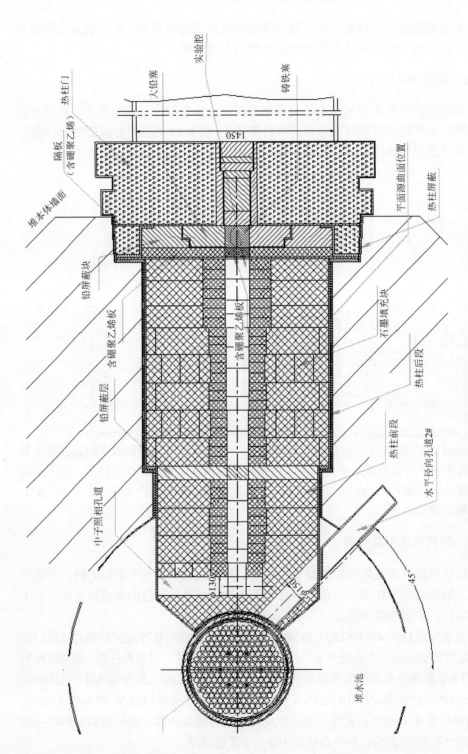

图 8-13　西安脉冲反应堆热柱孔道屏蔽计算几何示意图（单位：mm）

表 8-5 热柱孔道门前端(距堆芯 295cm)中心处的中子、γ 通量密度

屏蔽计算方法	中子通量密度/(n·cm^{-2}·s^{-1})				γ 通量密度/(γ·cm^{-2}·s^{-1})			
	φ_1	φ_2	φ_3	φ_4	φ_5	φ_6	φ_7	φ_8
离散纵标耦合法	1.0154×10^1	2.6645×10^1	2.5029×10^2	2.7088×10^7	6.0708×10^5	1.7448×10^6	1.2360×10^7	1.3145×10^7
蒙特卡罗法	—	—	—	3.9068×10^7 (±37.4%)	3.5913×10^5 (±110.1%)	1.8738×10^6 (±29.1%)	3.1887×10^7 (±32.8%)	2.4381×10^7 (±26.6%)
相对偏差	—	—	—	30.66%	69.04%	6.88%	61.24%	46.09%

由表 8-5 计算结果可知,采用一体化 MCNP 程序建模,孔道出口参数的计算难以收敛,标准偏差为 37.39%。离散坐标耦合求解法和蒙特卡罗法所得到的西安脉冲反应堆热柱孔道门前端(距堆芯 295cm)中心处的中子、γ 通量密度的量级虽然是一致的,但两种方法所计算的热中子通量密度相差 30.66%。

为了提高计算速度和计算精度,采用 8.1.4 小节中介绍的蒙特卡罗法耦合屏蔽计算方法计算热柱孔道出口处的束流参数。将计算过程划分为两步:

(1)采用蒙特卡罗耦合抽样方法模拟计算反应堆热柱孔道中部垂直于束流孔道轴线的整个平面上的中子、γ 等效平面源;

(2)利用制作的中子、γ 等效平面源进一步计算孔道的辐射屏蔽问题。

由于热柱孔道中心轴线正对堆芯,具有轴对称性,平面源的构建采用对称平面源的构造方法分别构造了轴对称的中子、γ 平面源。采用平面源进一步模拟计算出口处的参数,只需较少机时,其收敛速度较快,计算结果方差小。

选取的作为平面源的曲面所在位置示意图见图 8-13。利用计算制作的平面源,采用 MCNP 程序模拟计算平面源至孔道出口处的粒子输运问题,建立如图 8-14 所示的等效模型。

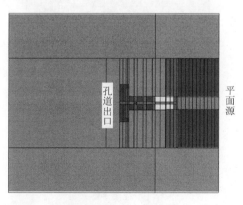

图 8-14 热柱孔道基于平面源的计算模型示意图

利用该模型进行孔道出口处的中子、γ 通量密度等参数计算,只需较少机时,其收敛速度较快、计算结果标准偏差小。出口处热中子($E<0.5eV$)通量密度理论

计算值为 $2.57185\times10^5 \mathrm{n\cdot cm^{-2}\cdot s^{-1}}$，实验测量值为 $2.75\times10^5 \mathrm{n\cdot cm^{-2}\cdot s^{-1}}$，理论值与实验值的相对偏差为 6.5%。

热柱孔道采用蒙特卡罗耦合法或离散纵标耦合法，同蒙特卡罗一体化建模法相比，理论值与实验值的相对偏差较小。

8.2.5　中子照相孔道屏蔽计算

中子照相孔道中心轴线与堆芯筒体相离，实验孔道的中子伽马参数沿轴线方向呈非对称分布。由于孔道轴向距离长，结构复杂，屏蔽门结构精细，属于复杂的深穿透屏蔽计算问题[17]。

为了提高计算速度和计算精度，在中子照相孔道模拟计算时，采用 8.1.4 小节中介绍的蒙特卡罗法耦合屏蔽计算方法。将一次计算过程划分为两步：

（1）采用蒙特卡罗耦合抽样方法模拟计算中子照相孔道前端垂直于束流孔道轴线的整个平面上的中子、γ 等效平面源；

（2）利用制作的中子、γ 等效平面源进一步计算孔道的辐射屏蔽问题。

由于中子照相孔道的中子伽马参数沿轴线方向呈非对称分布，平面源的构建采用不对称平面源的构造方法分别构造非对称的中子、γ 平面源。采用平面源进一步模拟计算出口处的参数只需较少机时，其收敛速度较快，计算结果方差小。

1. 中子照相孔道等效平面源制作模型

以中子照相孔道为例，所选取的作为平面源的曲面示意图见图 8-15。

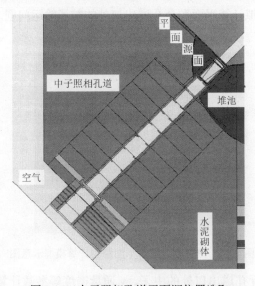

图 8-15　中子照相孔道平面源位置选取

由于中子照相孔道与堆芯相离，孔道轴线距堆芯 60cm，具有不对称性，因此在平面源的构建时，不能采用轴对称的圆环面计数，而是以孔道轴心为中心，建立了 90cm×90cm 的矩形平面源，并将该平面划分为 7×7 的矩形平面阵列，平面阵列见图 8-16，每一个矩形面都是总平面源的一个子源。

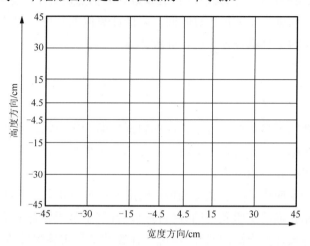

图 8-16　中子照相孔道平面源分布示意图

2. 中子照相孔道参数计算

中子照相孔道出口处参数的计算采用制作的平面源，利用 MCNP 程序模拟跟踪平面源至孔道出口处的粒子输运问题。所建立的中子照相孔道计算模型示意图见图 8-17。

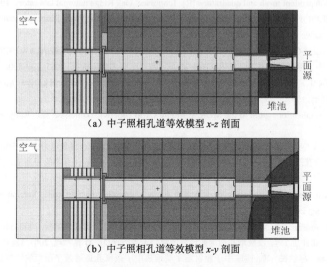

（a）中子照相孔道等效模型 x-z 剖面

（b）中子照相孔道等效模型 x-y 剖面

图 8-17　基于平面源的中子照相孔道计算模型示意图

利用中子、γ 平面源进行孔道出口处的中子、γ 通量密度等参数计算。孔道出口处热中子（$E<0.5\text{eV}$）通量密度理论计算值为 $7.06\times10^6\text{n·cm}^{-2}\text{·s}^{-1}$，实验测量值[17]为 $8.37\times10^6\text{n·cm}^{-2}\text{·s}^{-1}$，理论值与实验值的相对偏差为 18.6%。由于平面源距离孔道出口较远，采用所构建平面源进行孔道参数计算仍然是一个深穿透的屏蔽问题，计算时间较长。为进一步缩短运算时间，降低计算偏差，可以尝试采用蒙特卡罗法、离散纵标法的综合耦合方法进行屏蔽计算。

8.3　小　　结

本章简要介绍了目前核工程中常用的辐射屏蔽计算方法，重点介绍了最常用的确定论离散纵标法和非确定论蒙特卡罗法的基本思想，以及基于两种方法的耦合方法的发展概况和应用特点。

以西安脉冲反应堆各实验孔道为例，根据垂直实验孔道、径向孔道、辐照腔、热柱和中子照相孔道等实验孔道的各自特点，开展了基于蒙特卡罗法、离散纵标法的实验孔道屏蔽计算方法的研究。将部分计算结果与实验测量结果进行了比较，简要分析了各孔道所采用屏蔽计算方法的适用性。

参 考 文 献

[1] 谢仲生, 张育曼, 张建民, 等. 核反应堆物理数值计算[M]. 北京: 原子能出版社, 1997: 58-87.

[2] RHOADES W A, SIMPSON D B, CHILDS R L, et al. The DOT-IV two dimensional discrete ordinates transport code with space-dependent mesh and quadratures[R]. Tennessee: Oak Ridge national laboratory, 1978.

[3] MUCKENTHALER F J. Verification experiment of the three-dimension Oak Ridge transport code(TORT)[R]. Tennessee: Oak Ridge national laboratory, 1985.

[4] SEED T J. TRIDENT-CTR user's manual[R]. New Mexico: Los Alamos scientific laboratory, 1979.

[5] 谢仲生, 邓力. 中子输运理论数值计算方法[M]. 西安: 西北工业大学出版社, 2005: 199-200.

[6] BRIESMEISTER J F. MCNP-a general Monte Carlo N-partical transport code[R]. New Mexico: Los Alamos scientific laboratory, 1997.

[7] CRAMER S N. Applications guild to the MORSE Monte Carlo code[R]. Tennessee: Oak Ridge national laboratory, 1985.

[8] 韩静茹. 三维蒙特卡罗－离散纵标双向耦合屏蔽计算方法研究[D]. 北京: 华北电力大学, 2012.

[9] 肖锋, 应栋川, 章春伟, 等. 离散纵标与蒙特卡罗耦合方法在反应堆屏蔽计算中的应用[J]. 核动力工程, 2014, 35(5): 9-12.

[10] X-5 Monte Carlo team. MCNP — a general Monte Carlo N-particle transport code, Version 5 [R]. Los Alamos national laboratory, 2003.

[11] 江新标, 陈达, 谢仲生, 等. 深穿透屏蔽计算的离散坐标法[J]. 西安交通大学学报, 2000, 34(7): 39-43.

[12] 江新标, 陈达, 谢仲生, 等. 反应堆孔道屏蔽计算的蒙特卡罗方法[J]. 计算物理, 2001, 18(3): 285-288.

[13] 朱养妮, 江新标, 赵柱民, 等. 医院中子照射器 I 型堆热中子束流孔道等效平面源的模拟计算[J]. 中国工程科学, 2012, 14(8): 56-59.

[14] 全林, 江新标. 西安脉冲堆 1#径向孔道等效平面源的模拟计算[J]. 核动力工程, 2007, 28(6): 4-8.

[15] 李达, 张文首, 江新标, 等. 西安脉冲堆大空间中子辐照实验平台辐射场参数测量[J]. 原子能科学技术, 2014, 48(7): 1243-1249.

[16] 江新标. 反应堆孔道中子、γ 输运计算方法及西安脉冲堆硼中子治癌(BNCT)超热中子束的研究[D]. 西安: 西安交通大学, 2000.

[17] 朱广宁, 全林, 张颖, 等. 西安脉冲堆中子照相屏蔽体改建设计计算[J]. 原子能科学技术, 2006, 40(5): 544-548.

第9章　事故安全分析

铀氢锆脉冲反应堆按照民用核设施的有关标准、规范进行设计和建造，总的设计原则是确保安全可靠、便于运行操作维护、具有一定的经济性和先进性。铀氢锆脉冲反应堆燃料和堆芯核设计力求使堆芯具有较大的瞬发负温度系数（最大达-11.0pcm/℃），使堆内核反应具有较大的固有安全特性，从而确保了脉冲堆稳态运行工况下具有较大的安全裕度，并确保脉冲堆具有脉冲运行能力。与其他反应堆一样，铀氢锆脉冲反应堆设计、建造和运行同样需要遵守反应堆的三项基本安全功能，即确保在任何情况下都能实现对反应堆的有效控制，确保堆芯冷却和放射性包容。

停堆安全准则：反应堆在所有运行工况和事故工况（如地震、卡棒、断电等），均能安全停堆并维持停堆状态。

余热导出安全准则：反应堆在所有运行工况和事故工况下，停堆后均能有效地排出堆芯余热。

放射性包容安全准则：在预计运行事件和事故工况下，能有效地防止放射性物质外逸，并限制其产生的后果。在正常运行工况（稳态或瞬态）和事故工况（如反应性事故或失水事故）下，脉冲堆的设计将保证燃料元件不丧失完整性；在设计基准事故和最大假想事故，即燃料元件发生单根破损或多根同时破损事故时，向环境释放的放射性物质，低于我国辐射防护标准的有关规定，确保公众安全[1,2]。

相比动力堆，铀氢锆脉冲反应堆运行参数低、核燃料装载量少、固有安全性好，但其安全问题同样不容忽视。《研究堆安全分析报告的格式和内容》（HAD201/01）[3]中，详细列出了研究堆的假想始发事件，共包括八类，分别是：

第一类，电源丧失。铀氢锆脉冲反应堆只有一路外电源供电，因此发生外电源丧失事故的概率较大。

第二类，引入过量反应性。在这类事故中控制棒提升事故出现的概率较大，并且假设停堆保护系统失效，其事故后果比较严重。

第三类，流量丧失。由于铀氢锆脉冲反应堆是游泳池式反应堆，采用水冷自然循环方式带走堆芯释热，发生流量丧失事故的概率极小，对铀氢锆脉冲反应堆的安全不会带来危害。

第四类，冷却剂丧失。在这类事故中反应堆水池丧失事故（LOCA）具有代表性，虽然发生的概率极小，但是其事故后果可能相当严重。

第五类，设备或部件误操作或故障。在这类事故中选择了放射性物质释放事故，它最具有代表性，假设燃料元件包壳破损，并释放放射性物质，其事故后果最严重。

第六类，特殊的内部事件。由于铀氢锆脉冲反应堆在运行过程中要严格遵守实验、防火、防爆以及防护等运行规程，因此发生此类事故的概率极低。

第七类，外部事件。由于铀氢锆脉冲反应堆在土建设计中已经对这类事件采取了必要的防范措施，因此发生这类事故的概率极小，即使发生，其事故后果也较小。

第八类，人为差错。由于铀氢锆脉冲反应堆的固有安全特性、结构上的特点、设备和系统设计上的安全考虑、控制保护系统设计上的冗余性、多样性和多重性等防范措施，全面贯彻质量保证大纲、严格遵守运行规程和实验操作规程，以及不断提高了的单位和个人的安全文化素质，因此发生这类事故的概率很小，即使发生这类事故，其事故后果也较小，不至于危害反应堆的安全。

结合铀氢锆脉冲反应堆的特点，对可能发生的事故（事件）进行了归纳[4]，将反应堆水池丧失事故（失水事故）、弹棒事故、外电源丧失事故作为铀氢锆脉冲反应堆可能发生的假想始发事件进行分析，给出基本的分析方法和主要分析结果[5]。

9.1　失　水　事　故

铀氢锆脉冲反应堆堆芯置于反应堆水池底部，依靠冷却剂的自然循环冷却。在反应堆堆芯周围布置的多条水平实验孔道贯穿反应堆水池池壁，使得反应堆发生失水事故的风险增加。脉冲反应堆可能由于某种极端事件（如地震、人为破坏等）引起堆池完整性损坏而发生大破口失水事故，引起反应堆保护系统紧急停堆，严重情况下可引起堆芯因冷却剂丧失而裸露，燃料元件冷却条件恶化，危及反应堆堆芯安全[6]。因此，失水事故是脉冲反应堆最为严重的事故类型。

对于脉冲堆，失水过程一般可分为以下几个阶段（图 9-1）：①自然循环冷却阶段：该阶段反应堆池水位高于堆芯，堆芯仍然处于冷却剂中，冷却剂的自然循环能够继续维持；②半裸露阶段，此阶段堆芯有部分处于冷却剂中，部分裸露于空气中，堆芯无法形成水或空气的自然循环；③空气冷却阶段，即堆芯全部暴露在空气中，堆芯依靠空气的自然循环冷却。此时，如果堆芯剩余发热较大，则会由于冷却条件的恶化而出现燃料元件温度上升。

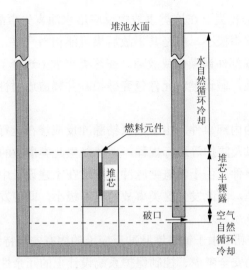

图 9-1　脉冲堆失水示意图

9.1.1　停堆后的发热

反应堆在停堆后还存在剩余裂变与裂变产物的自然衰变，堆芯功率并非在停堆时立刻回到零值，而是有一个缓慢的递减过程。停堆后的剩余发热分为两部分：一部分为剩余裂变功率，由缓发中子引起的裂变产生；另一部分为衰变功率，由裂变产物和中子俘获产物的放射性衰变所产生。

停堆后 τ 时刻的功率 $P(\tau)$ 可表示为剩余裂变功率 $P_f(\tau)$ 和剩余衰变功率 $P_d(\tau)$ 之和[7]，即

$$P(\tau) = P_f(\tau) + P_d(\tau) \tag{9-1}$$

1. 剩余裂变功率

剩余裂变功率的大小与堆芯内中子通量成正比，其计算式为

$$P_f(\tau) = \left[1 - \frac{P_d(0)}{P(0)}\right] \frac{n(\tau)}{n(0)} P_0 \tag{9-2}$$

式中，P_0 为停堆前反应堆的功率；$P_d(0)$ 为停堆前的衰变功率；$n(\tau)$ 和 $n(0)$ 分别表示停堆前和停堆后 τ 时刻堆芯的中子通量。

中子通量密度采用直接求解点堆动力学方程的方法求得，计算结果如图 9-2 所示。计算表明，剩余裂变在反应堆停堆的短时间内占总释放热的份额比较大，当 $\tau > 200$s 时，其份额衰减到剩余功率的 0.1%以下，因此 $\tau > 200$s 以后的剩余裂变释热可以忽略不计。对于大破口失水事故，由于堆芯冷却剂流失快，因此剩余裂变在最初的时间内对燃料温度升高的贡献较大。

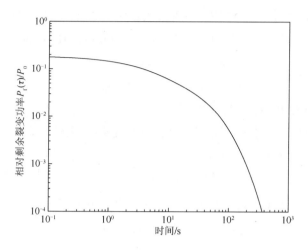

图 9-2　剩余裂变功率的计算结果

2. 衰变功率

铀氢锆脉冲反应堆燃料采用 ^{235}U 与 ^{238}U 的混合燃料,其衰变功率可分为两部分:①裂变产物的衰变功率,主要包括 ^{235}U、^{238}U、^{239}Pu 与 ^{241}Pu 四种核素的裂变,以及这些裂变产物中子俘获产生的核素对衰变功率的贡献;②锕系元素放射性衰变功率。由于这两部分功率衰变规律不同,因此分别进行计算。

1)裂变产物的衰变功率

裂变产物的衰变功率采用 GA 公司推荐的 SHURE 经验公式[8],该公式针对 ^{235}U 为燃料的反应堆,且停堆前反应堆以功率 P_0 运行了无限长时间。公式如下:

$$P_{d1}(\tau) = \frac{P_0}{200} B \tau^{-A} \qquad (9\text{-}3)$$

式中,$P_{d1}(\tau)$ 为衰变功率;τ 为停堆时间;B 和 A 是与 τ 有关的常数,取值见表 9-1。

表 9-1　衰变曲线常数

τ/s	B	A
$0.1 < \tau \leqslant 10$	12.05	0.0639
$10 \leqslant \tau \leqslant 1.5 \times 10^2$	15.31	0.1807
$1.5 \times 10^2 < \tau < 4 \times 10^6$	26.02	0.2834
$4 \times 10^6 \leqslant \tau \leqslant 2 \times 10^8$	53.18	0.3350

2)锕系元素放射性衰变功率

在低浓缩铀作为燃料的反应堆内,该部分主要是 ^{239}U 及其衰变产物 ^{239}Np 的贡献。其衰变功率计算分别如下[9]:

$$P_{29}(\tau_0,\tau)/P_0 = 2.28\times10^{-3} \cdot c(\bar{\sigma}_{a25}/\bar{\sigma}_{f25})[1-\exp(-\lambda_U\tau_0)]\cdot\exp(-\lambda_U\tau) \quad (9\text{-}4)$$

$$\begin{aligned}
P_{39}(\tau_0,\tau)/P_0 &= 2.17\times10^{-3} \cdot c(\bar{\sigma}_{a25}/\bar{\sigma}_{f25})\{7.0\times10^{-3}[1-\exp(-\lambda_U\tau_0)] \\
&\times[\exp(-\lambda_{Np}\tau)-\exp(-\lambda_U\tau)] \\
&+[1-\exp(-\lambda_{Np}\tau)]\cdot\exp(-\lambda_{Np}\tau)\}
\end{aligned} \quad (9\text{-}5)$$

式中，$P_{29}(\tau_0,\tau)$ 和 $P_{39}(\tau_0,\tau)$ 分别为 ^{239}U 和 ^{239}Np 的衰变功率；τ_0 为停堆前反应堆运行时间；λ_U 和 λ_{Np} 分别为 ^{239}U 和 ^{239}Np 的半衰期；c 为转换比；$\bar{\sigma}_{a25}/\bar{\sigma}_{f25}$ 为 ^{235}U 的中子有效吸收截面与裂变截面比。

如果 $\tau_0 \to \infty$，则由式（9-4）和式（9-5），可得 ^{239}U 和 ^{239}Np 总的衰变功率为

$$\begin{aligned}
P_{d2}(\tau)/P_0 &= 2.28\times10^{-3}\cdot c(\bar{\sigma}_{aU}/\bar{\sigma}_{fU})\exp(-\lambda_U\tau) \\
&+ 2.19\times10^{-3}\cdot c(\bar{\sigma}_{aU}/\bar{\sigma}_{fU})\exp(-\lambda_{Np}\tau)
\end{aligned} \quad (9\text{-}6)$$

式（9-6）只考虑了 ^{239}U 和 ^{239}Np 的衰变功率，其他锕系元素的贡献很小，在考虑全部锕系元素的衰变功率时，通常对上述结果乘以 1.1 的安全系数。

图 9-3 给出了铀氢锆脉冲反应堆 2.0MW 运行无限长时间停堆后剩余裂变和裂变产物衰变以及锕系元素衰变对剩余功率的贡献对比。从图中可以看出，在停堆的最初 100s 内，剩余裂变对总功率的贡献最大，但其衰减很快，200s 左右时，已经衰减到 1kW 左右。裂变产物衰变以及锕系元素衰变开始时占总剩余功率的份额较小，但其变化平缓，停堆一段时间后，剩余功率主要是裂变产物的衰变引起的功率变化，锕系元素衰变功率所占份额较小。

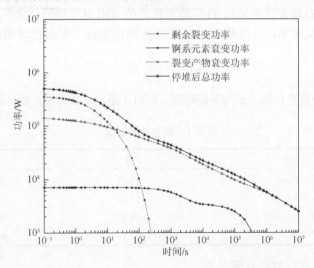

图 9-3 铀氢锆脉冲反应堆 2.0MW 运行无限长时间停堆后剩余功率变化

9.1.2 破口流量

假设堆池下部发生破裂，冷却水由于重力作用自然流出堆池。在某时刻 τ，堆池内的水位为 z，此时破口出流流量为 $q_v = AC_q\sqrt{2gz}$，在 $d\tau$ 时间内，液位下降了 dz，则出流液体体积等于容器内液体减少的体积，即

$$AC_q\sqrt{2gz}d\tau = -A_1(z)dz \tag{9-7}$$

对式（9-7）两边积分，得失流时间 τ 为

$$\tau = \int_0^\tau d\tau = \int_{H_1}^{H_2} \frac{-A_1(z)}{AC_q\sqrt{2gz}}dz = \frac{2A_1}{AC_q\sqrt{2g}}(\sqrt{H_1}-\sqrt{H_2}) \tag{9-8}$$

式中，A_1 为堆池内横截面积，m^2；A 为破口横截面积，m^2；C_q 为流量系数；H_1 为堆池底部到池水顶部的高度，m；H_2 为破口高度，m；g 为重力加速度，m/s^2。

9.1.3 燃料元件导热模型

对于燃料元件的导热及燃料元件与冷却剂之间的传热模型，可参照第 5 章相关内容建立模型，此处不再赘述。

9.1.4 包壳表面的传热

对于失水事故下包壳表面的传热计算，当冷却剂为水时，传热系数的计算与 5.3.2 小节相同。当冷却剂为空气时，包壳表面的热流密度可用下式计算：

$$q = \alpha \cdot (T_c - T_s) \tag{9-9}$$

式中，α 为包壳与空气的传热系数，$W/(m^2 \cdot K)$；T_c 为包壳表面温度，K；T_s 为流过堆芯空气的主流温度，K。

传热系数 α 是 T_c 与 T_s 的函数，其计算式为

$$\alpha = Nu\frac{\lambda}{l} \tag{9-10}$$

式中，Nu 为努塞尔数；λ 为空气的导热系数，$W/(m \cdot K)$；l 为活性区长度，m。Nu 的计算参见式（5-50）。

9.1.5 自然循环流量

水或空气的自然循环流量计算采用基于 Bernoulli 方程[10]的自然循环流量模型。堆芯内总压降由下式计算：

$$\Delta p_t = \Delta p_{el} + \Delta p_f + \Delta p_a + \Delta p_c \tag{9-11}$$

式中，Δp_t 为堆芯总压降；Δp_{el} 为提升压降；Δp_f 为摩擦压降；Δp_a 为加速压降，

各压降的计算参见 5.4 节介绍的方法；Δp_c 为局部压降，局部压降只考虑了形阻压降。形阻压降按下式计算：

$$\Delta p_c = K \rho v^2 / 2 \qquad (9\text{-}12)$$

式中，K 为总等效形阻系数；ρ 为冷却剂密度，kg/m³；v 为冷却通道内冷却剂平均流速，m/s。

9.1.6 失水事故分析

假设铀氢锆脉冲反应堆发生失水事故，某种偶然事件导致反应堆水池下部一条切向实验孔道发生破裂，堆池水迅速外泄，但堆芯几何结构未发生改变。初始条件描述如下。

冷却剂入口温度：水为 35℃，空气为 25℃；事故停堆水位 7.2m，停堆延迟忽略不计；破口直径 166mm，破口标高 600mm。事故发生时反应堆运行在 2MW 水平无限长时间，初始堆芯运行参数在表 9-2 中列出。表 9-3 给出了失水事故的事件序列。

表 9-2 失水时的堆芯初始运行参数

名称	数值
反应堆热功率/MW	2.0
系统压力/MPa	0.17
反应堆入口水温度/℃	35.0
自然循环流量/(kg/s)	12.13
平均表面热流密度/(MW/m²)	0.414
最大表面热流密度/(MW/m²)	0.7081
热通道出口水温度/℃	88.23
平均通道出口水温度/℃	46.85
燃料棒中心最高温度/℃	503.8
燃料棒包壳最高温度/℃	132.7

表 9-3 失水事故工况下的事件序列

事件	时间/s	剩余发热功率/kW	燃料温度/℃		包壳温度/℃	
			热棒	平均棒	热棒	平均棒
堆池开始失水	0.0	2.0×10^3	503.8	403.2	132.7	130.7
低水位停堆信号	10.6	2.0×10^3	503.8	403.2	132.7	130.7
池水自然循环冷却中断	230	63.1	74.2	60.1	69.1	57.3
堆芯全部裸露（空气冷却）	283	59.7	134.2	92.9	132.7	92.6
燃料芯体到达最高温度	9871	21.1	1171.0	682.8	1169.2	681.8

由表 9-3 的事故序列可以看出，反应堆在失水开始的一段时间内，失水停堆信号使反应堆紧急停闭，堆功率迅速下降，燃料温度也随之迅速下降，在堆池水的自然循环冷却中断前达到最小值；随后，由于冷却条件的恶化，剩余发热使燃料温度不断上升，在空气冷却开始的一段时间内，燃料温度达到最大值；而后，剩余发热的减小使燃料温度开始缓慢下降。发生大破口失水事故时堆芯功率与燃料温度随时间的变化曲线见图 9-4。

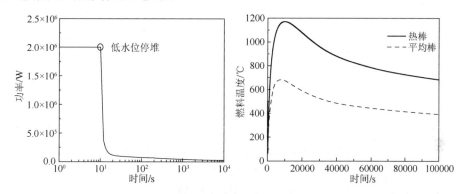

图 9-4　大破口失水事故时堆芯功率与燃料温度随时间变化曲线

图 9-4 的计算结果表明，当发生大破口失水事故时，反应堆的燃料元件温度已经超出其设计限值（970℃），燃料包壳有可能因过热而发生破损。

图 9-5 为燃料最高温度随破口直径的变化。从图中可以看出，在大破口失水事故时，燃料温度随破口直径增大而增加。当破口直径超过 30mm 时，燃料温度将接近 970℃的设计限值。当破口直径继续增大到 1000mm 时，燃料最高温度接近 1250℃，但仍低于其熔点（1800℃），此后温度不再随破口直径增大而升高，这是因为，此时的失水时间极短，堆芯已接近瞬时裸露（即完全依靠空气冷却）。

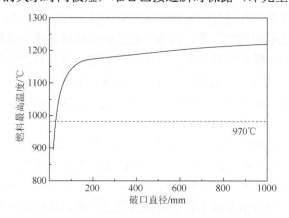

图 9-5　燃料最高温度随破口直径变化曲线

因此，即使在极限的大破口失水事故下，只要保持堆芯空气自然对流的建立，则铀氢锆脉冲反应堆不会发生燃料元件熔毁事故。图 9-6 给出了不同破口直径对冷却剂流出时间的影响。

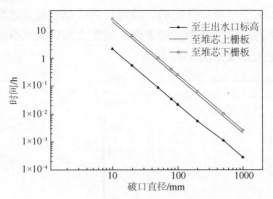

图 9-6　不同破口直径对应的冷却剂出流时间

9.2　弹　棒　事　故

由于反应堆控制系统或控制棒驱动机构故障，控制棒不受控制的抽出堆芯活性区，向堆内持续引入正反应性，引起功率不断上升的现象称为提棒事故。在压水反应堆中，由于控制棒驱动机构密封罩的破裂，全部压差作用到控制棒驱动轴上，引起控制棒快速弹出堆芯的现象，称为弹棒事故[11]。这两种事故都属于反应性引入事故，对堆芯的安全产生不利影响。

在反应堆稳态运行时，某种偶然事件引起控制棒从堆芯连续抽出，给堆芯引入一个正的反应性，导致堆芯功率上升和不利的功率分布，因而有可能危害反应堆的安全。这种偶然事件的起因可能是人员误操作，致使某根棒连续上提；或者是棒控主电路失控引起连续上提。提棒事故会使反应堆功率不受控地上升，有可能会使反应堆处于瞬发临界状态，造成功率的进一步升高。如果事故发生在反应堆额定功率运行工况下，堆芯将出现严重过热。如果是在因故不能实现紧急停堆的工况下，其事故后果更为严重，可能造成燃料元件因温度过高而烧毁，放射性物质进入堆池和一回路系统。

为了防止因误提棒引起的功率非受控上升，铀氢锆脉冲反应堆设置有功率保护系统，当功率超过测量仪表额定量程的 110%时，保护系统将锁定控制棒的提升功能；当功率超过测量仪表额定量程的 115%时，保护系统将切断控制棒电磁铁电源，使所有控制棒以自由落体形式快速落入堆芯，确保反应堆安全。

铀氢锆脉冲反应堆属于常压反应堆，不会发生类似压水堆的控制棒弹棒事故，脉冲棒气缸在稳态功率运行工况下气源没有高压空气，同时也与气源储罐切断；在脉冲运行工况下，反应堆不允许超过 100W 的功率运行，而稳态功率小于 100W 的脉冲运行（脉冲棒弹棒）是正常设计工况，不会出现燃料元件温度超过安全限值的情况。在稳态堆芯误提棒事故中，极限的情况是脉冲棒以脉冲运行方式弹出堆芯，形成弹棒事故。为了说明弹棒事故对脉冲堆的影响，本书给出在稳态满功率运行工况下脉冲棒发生弹棒的事故分析结果，供读者参考。

　　脉冲堆稳态满功率运行的参数如第 5 章所述，脉冲棒弹出堆芯后随即回落入堆芯，弹棒事故的计算结果列于表 9-4。图 9-7 给出了弹棒事故发生后反应堆功率变化的情况。由分析结果可见，即使发生稳态满功率弹棒事故，脉冲反应堆的安全性也是能够保证的。

表 9-4　弹棒事故计算结果

参数	数值
弹棒前功率/MW	2.0
弹棒前冷却剂温度/℃	88.2
弹棒前燃料芯体最高温度/℃	503.8
脉冲弹棒引入反应性/元	1.273
弹棒后反应堆峰值功率/MW	48.64
反应堆达峰值功率的时间/s	0.096
弹棒后燃料芯体峰值温度/℃	656.0

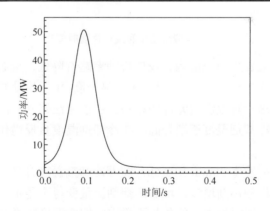

图 9-7　满功率下弹棒事故发生后反应堆功率变化

9.3　外电源失电事故

　　铀氢锆脉冲反应堆在正常运行时，由一路外电源供电。由于某种偶然事件，外电源供电丧失，反应堆紧急停堆，一次和二次冷却水系统的水泵停止运转。但是，铀氢锆脉冲反应堆正常运行时依靠池水自然循环冷却堆芯，当丧失外电源供电后，靠外电源供电的控制棒电磁铁电路发生断电，控制棒将在重力作用下落入堆芯，反应堆停堆，停堆后的堆芯仍然由池水自然循环冷却，带走其剩余释热，反应堆的安全是可以得到保证的。

当外电源失电事故发生时，假设某种原因导致控制棒未能落入堆芯，反应堆无法停堆，由于堆池失去了冷却水回路的强迫冷却，仅依靠水池向环境的自然散热能力，不足以导出堆芯产生的热量，如果长时间无法停堆，将会对堆芯安全带来影响。以下对这种外电源失电事故叠加未能停堆的事故过程进行简要分析。

图 9-8 为外电源丧失叠加未能紧急停堆事故的反应堆功率和反应性随时间变化，可将事故过程分为三个阶段。

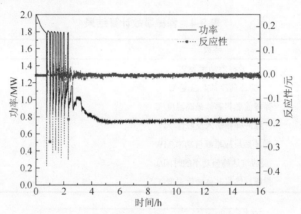

图 9-8　反应堆功率和反应性随时间变

第一阶段：事故发生 30min 内，反应堆功率略有降低，堆芯在短时间内依靠自然循环冷却能将热量导出，燃料棒温度无明显升高，由于堆池装有 35.5t 冷却水，其比热容能够保持这一阶段燃料元件的冷却。由于无法建立一回路强迫循环，堆池散热能力不足，冷却剂温度逐渐升高，在冷却剂温度负反馈作用下，反应堆功率略有降低。

第二阶段：事故发生 30min 到 2.5h，随着冷却剂温度升高，堆芯内部开始发生过冷沸腾，空泡份额逐渐增多，堆芯冷却剂流量变得不稳定。由于堆芯内空泡份额和压力的震荡，燃料棒表面的传热不稳定，燃料温度随之产生波动，这种温度反馈作用造成了反应堆功率的波动。总体来看，在燃料负温度效应的影响下，反应堆功率依然呈现下降的趋势。

第三阶段：事故发生 2.5h 后，随着反应堆池水的不断蒸发，其带走的热量能够维持堆池水温的稳定，反应堆达到了新的稳定状态，堆功率维持在 0.7MW 左右。应该指出的是，此时的燃料芯温度和冷却剂温度都达到了很高的水平。计算结果表明，事故后 2h53min，堆芯最高燃料温度已经超过了燃料熔点 1800℃，此时反应堆有部分燃料元件开始发生局部熔毁，可能导致放射性释放，这一阶段热棒温度和堆池水位的变化如图 9-9 所示。堆池冷却水被持续加热，不断沸腾蒸发，堆池水位逐渐降低。大约经过 30h 后堆池水被蒸干。

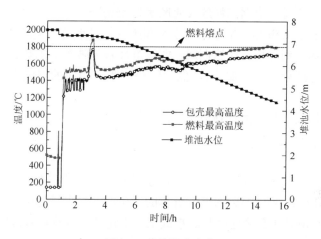

图 9-9　热棒温度变化

由此可见，当发生外电源丧失事故时，应第一时间使反应堆停堆并维持停堆状态，同时禁止反应堆在冷却水回路停运的条件下高功率运行。如果发生失电事故叠加反应堆不能停堆，则应该及时准备向堆芯和堆池进行补水，防止发生池水过度蒸发，影响堆芯的冷却效果。

9.4　放射性物质释放事故

铀氢锆脉冲反应堆的放射源主要是堆芯的燃料元件，假设元件制造上的某些缺陷及检验的疏忽，导致元件在不利的运行条件下引起包壳局部破损，从而引发放射性物质释放事故。

这里只以 1 根燃料元件破损在空气中的情况为例进行简要分析，并假设：

（1）事故发生前，反应堆在额定稳态满功率下运行，堆芯中裂变产物的放射性活度达到饱和。

（2）稳态运行时，最高功率密度区的一根元件芯块的平均温度为 367℃，以 500℃计算事故发生前裂变产物气体从芯块向燃料-包壳气隙的长期释放份额，其值为 1.2×10^{-4}。这里参考了 TRIGA MARK II 型脉冲堆燃料元件实验得到的长期释放份额 FR 经验公式：

$$FR = 1.5 \times 10^{-5} + 3.6 \times 10^{3} \times \exp[-1.34 \times 10^{4} / (T + 273)] \tag{9-13}$$

（3）事故发生时，假设堆池水全部丧失。最高功率密度区 1 根元件破损（按相当于反应堆总功率的 2%来考虑）并裸露在空气中；破损元件燃料-包壳气隙中积累的惰性气体和卤素核素 100%瞬时释放到堆池上部空气中。

（4）事故发生后 0～1.5h，事故释放的裂变产物气体通过废气特排系统（并假设过滤器失效或旁通）由烟囱释放（通风率为 45m³/h）。

（5）事故发生 1.5h 后，堆厅通风系统和废气特排系统都关闭。放射性物质通过门窗缝泄漏释放到环境。在这期间，假设堆厅首先被等容加热、加热功率为满功率的 9%（包括衰变热、储热），然后绝热膨胀。相应的泄漏率保守地估计为 0.6m³/s。

根据上述假设进行放射性释放事故的计算。

9.4.1　事故剂量计算

用于最大剂量计算的短期大气弥散因子是据美国核管理委员会（NRC）导则 RG1.4，采用 NRC 认可的 PAVAN 程序计算的，用于集体剂量计算的大气弥散因子则根据 NRC 导则 RG1.4 有关程序[12]。事故工况下短期大气排放弥散因子见表 9-5。

表 9-5　事故工况下短期大气排放弥散因子（据 RG 1.4）（单位：s/m³）

距离 /m	时间段			
	0～8h	8～24h	1～4d	4～30d
35	×10⁻²	2.1×10^{-2}	8.0×10^{-3}	1.9×10^{-3}
100	×10⁻³	2.7×10^{-3}	1.0×10^{-3}	2.4×10^{-4}
200	×10⁻³	7.2×10^{-3}	2.7×10^{-4}	6.3×10^{-5}
250	×10⁻³	4.8×10^{-3}	1.8×10^{-4}	4.1×10^{-5}
500	×10⁻⁴	1.3×10^{-4}	4.9×10^{-5}	1.1×10^{-5}
800	×10⁻⁴	5.9×10^{-4}	2.1×10^{-5}	4.8×10^{-6}
1000	×10⁻⁴	4.0×10^{-4}	1.4×10^{-5}	3.2×10^{-6}
1500	×10⁻⁴	2.0×10^{-5}	7.1×10^{-6}	1.6×10^{-6}
2500	×10⁻⁵	8.9×10^{-6}	3.1×10^{-6}	6.6×10^{-7}
4000	×10⁻⁵	4.2×10^{-6}	1.4×10^{-6}	3.1×10^{-7}
7500	×10⁻⁵	1.6×10^{-6}	5.4×10^{-7}	1.1×10^{-7}
15000	×10⁻⁶	5.5×10^{-7}	1.8×10^{-7}	3.8×10^{-8}
25000	×10⁻⁶	2.5×10^{-7}	8.5×10^{-8}	1.7×10^{-8}
35000	×10⁻⁶	1.5×10^{-7}	5.1×10^{-8}	1.0×10^{-8}
45000	×10⁻⁶	1.0×10^{-7}	3.5×10^{-8}	7.0×10^{-9}
55000	×10⁻⁶	7.7×10^{-8}	2.6×10^{-8}	5.1×10^{-9}
65000	×10⁻⁶	1.56×10^{-6}	2.0×10^{-8}	4.0×10^{-9}
75000	×10⁻⁶	1.45×10^{-6}	1.6×10^{-8}	3.2×10^{-9}

大气扩散参数选用 Brggs 参数。

事故后 1.5h 之内，放射性气体由废气特排系统自 35m 高的主排风塔向环境释放；1.5h 后则按地面释放考虑。

用于个人最大剂量计算的大气弥散因子采用地面释放的高斯烟流轴线浓度模式。

用于集体剂量计算的大气弥散因子计算的假设条件为：

（1）事故后 0~8h，风速 1m/s，F 类稳定度，风向无摆动。

（2）事故后 8~24h，风速 1m/s，F 类稳定度，风向在 22.5° 扇形内摆动。

（3）事故后 1~4d，风速 3m/s，有 40% 频率出现 D 类稳定度；风速 2m/s，有 40% 频率出现 F 类稳定度。

（4）事故后 4~30d，风速 3m/s，有 33.3% 频率出现 C 类稳定度；风速 3m/s，有 33.3% 频率出现 D 类稳定度；风速 2m/s，有 33.3% 频率出现 F 类稳定度。33.3% 的风向频率出现在 22.5° 扇形内，66.6% 频率在扇形外平均分配在其余 15 个扇形区。

9.4.2 事故剂量评价

脉冲堆 1 根燃料元件破损事故释放在建议的规划限制边界所致公众最大个人剂量和集体剂量远低于控制标准[13,14]。

最大个人剂量贡献大的核素依次为 ^{134}I、^{135}I、^{132}I、^{88}Kr、^{133}I、^{138}Xe；甲状腺剂量依次为 ^{131}I、^{133}I 和 ^{135}I。

9.5 小 结

本章介绍了铀氢锆脉冲反应堆的设计、建造和运行各阶段所遵循的基本安全原则，对研究堆的事故类型进行了简要介绍。针对铀氢锆脉冲反应堆的特点，重点介绍了失水事故、弹棒事故、失电事故和放射性物质释放事故的主要事故现象和反应堆在事故工况下的安全分析方法。本章内容有助于读者更好地理解铀氢锆脉冲反应堆的安全特性。

参 考 文 献

[1] 陈伟, 郝金林, 陈达. 西安脉冲堆厂址评价[J]. 核动力工程, 1996, (3): 279-282.

[2] 景春元, 郝金林, 陈达. 西安脉冲堆对环境的影响[J]. 核动力工程, 2000, 21(2): 157-191.

[3] 国家核安全局. 研究堆安全分析报告的格式和内容(HAD201/01)[M]. 北京: 中国法制出版社, 2000: 1659-1667.

[4] 沈志远, 杨剑, 陈伟, 等. 研究堆可靠性数据的收集与处理方法[J]. 核科学与工程, 2015, 35(3): 407-412.

[5] 于俊崇, 王素慧. 脉冲堆事故分析[J]. 核动力工程, 1991, (1): 31-34.

[6] 景春元. 脉冲反应堆动态特性与失水事故分析[D]. 西安: 西安交通大学, 1999.

[7] 陈立新, 赵柱民, 袁建新, 等. 西安脉冲堆大破口失水事故分析[J]. 原子能科学技术, 2009, 43(8): 678-682.

[8] RIVARD J B. Analytical model and calculation of hypothetical loss-of-coolant accident: SC-RR-720256[R]. New Mexico: Sandia laboratories, 1972.

[9] 汤烺孙, J·韦斯曼. 压水反应堆热工分析[M]. 袁乃驹, 裘择椿, 杨彬, 译. 北京: 原子能出版社, 1983.

[10] 孔珑. 工程流体力学(第二版) [M]. 北京: 水利电力出版社, 1990: 102-122.

[11] 朱继洲, 奚树人, 杨志林, 等. 核反应堆安全分析[M]. 西安: 西安交通大学出版社, 2000: 44-45.

[12] 唐秀欢, 杨宁, 包利红, 等. 西安脉冲堆场区放射性气体扩散 CFD 数值模拟[J]. 安全与环境学报, 2014, 14(5): 133-140.

[13] 唐秀欢, 肖艳, 杨宁, 等. 极端事故下西安脉冲堆放射性后果分析[J]. 辐射防护, 2009, 29(3): 129-134.

[14] 唐秀欢, 杨宁, 包利红, 等. 西安脉冲堆核事故下现场核应急人员剂量理论计算[J]. 辐射防护, 2014, 34(2): 91-101.

附　　录

附录1　TRIGA 堆在世界范围内的分布概况

国家或地区		TRIGA 堆类型	稳态功率/kW	脉冲功率/MW	首次临界年份
美国	亚利桑那州	Mark I	250	300	1958
	阿肯色州	Mark I	250	2000	
	加利福尼亚州	Mark I	250	1000	1958
		Mark F	1500	6400	1960
		Mark III	2000		1966
		Mark II	2300	1200	1990
		Mark F	1000	1600	1963
		Mark III	1000	1200	1966
		Mark I	250	250	1969
		Conversion	250		1965
	科罗拉多州	Mark I	1000	1200	1969
	爱达荷州	Conversion	250		1977
	伊利诺伊州	Mark II	1500	6500	1960
		LOPRA	10		1971
	堪萨斯州	Mark II	250	250	1962
	马里兰州	Mark F	250	1000	1961
		Mark F	1000	3300	1962
		Conversion	250		1974
	密歇根州	MarkI	300		1967
		MarkI	250		1969
	布内拉斯加州	MarkI	18		1959
	新墨西哥州	ACPR	600	12000	1967
	纽约州	MarkII	250	250	
		Mark II	500	250	1962
	俄勒冈州	MarkII	1000	3200	1967
		MarkI	250		1968
	宾夕法尼亚州	MarkIII	1000	2000	1965
	波多黎各	Conversion	2000		1972
	得克萨斯州	Conversion	1000	2000	1968
		Mark II	250		1963
		Mark II	1100	1600	1992
	犹他州	Mark I	250		1975
	华盛顿州	Mark I	1000		1977
		Conversion	1000	2000	1967
	威斯康星州	Conversion	1000	2000	1967

国家或地区	TRIGA 堆类型	稳态功率/kW	脉冲功率/MW	首次临界年份
澳大利亚	Mark II	250	250	1962
孟加拉国	Mark II	3000	3900	1986
巴西	Mark I	100		1960
哥伦比亚	Conversion	100		1997
英国	Mark I	250		1971
芬兰	Mark II	250	250	1962
德国	Conversion	1000		1977
	Mark I	250		1973
	Mark I	250		1966
	Mark II	100	250	1965
	Mark III	1000	2000	1972
印度尼西亚	Mark II	2000		1997
	Mark II	250		1979
伊朗	Conversion	5000		
意大利	Mark II	250	250	1965
	Mark II	1000		1960
日本	ACPR	300	22000	1975
	Mark II	100		1963
	Mark II	100		1961
韩国	Mark II	250		1962
	Mark III	2000	2000	1972
马来西亚	Mark II	1000	1200	1982
墨西哥	Mark III	1000	2000	1968
摩洛哥	Mark II	2000		2005
菲律宾	Conversion	3000	1000	1988
罗马尼亚	ACPR	500	22000	1979
	MPR 16	14000		1979
斯洛文尼亚	Mark II	250		1966
中国台湾	Conversion	1000		1977
泰国	Conversion	1000	1200	1977
	MPR 10	10000		2005
土耳其	Mark II	250	250	1979
越南	Mark II	250		1963
扎伊尔	Mark II	1000	1600	1972
	Mark I	50		1959

附录 2　铀氢锆脉冲反应堆参数对比

1. 西安脉冲反应堆主要参数

名称	数值	名称	数值
主要性能参数			
稳态额定功率	2.0 MW	燃料元件装载量	101 根
燃料类型	U-ZrH$_{1.6}$	包壳材料	304 不锈钢
U 富集度	19.75%U-235	包壳厚度	0.5mm
活性区高度	390mm	稳态控制棒	5 根（含燃料跟随体）
燃料芯块直径	36.1mm	脉冲控制棒	1 根
脉冲参数			
最大引入反应性量	3.5 元	最大脉冲峰功率	4300 MW
最大脉冲积分能量	41.8 MJ	脉冲宽度	7.2 ms
热工水力参数			
堆芯冷却方式	自然循环	冷却剂	轻水
堆芯入口温度	35℃	热通道出口温度	97.6℃
堆芯冷却剂流速	0.204m/s	堆芯冷却剂流量	12.13kg/s
燃料平均温度	313.6℃	燃料最高温度	592.2℃
包壳表面最高温度	153.6℃	平均热流密度	414kW/m^2
最大热流密度	1076kW/m^2	MDNBR	1.56

2. 原型脉冲堆参数

名称	数值	名称	数值
主要性能参数			
稳态额定功率	1.0 MW	燃料元件装载量	86 根
燃料类型	U-ZrH$_{1.6}$	包壳材料	304 不锈钢
U 富集度	19.75%U-235	包壳厚度	0.5mm
活性区高度	390mm	稳态控制棒	3 根（含燃料跟随体）
燃料芯块直径	36.1mm	脉冲控制棒	1 根
脉冲参数			
最大引入反应性量	3.0 元	最大脉冲峰功率	3420 MW
最大脉冲积分能量	33.07 MJ	脉冲宽度	7.2 ms

续表

名称	数值	名称	数值
热工水力参数			
堆芯冷却方式	自然循环	冷却剂	轻水
堆芯入口温度	35℃	热通道出口平均温度	66.35℃
堆芯冷却剂流速	0.122m/s	堆芯冷却剂流量	7.62kg/s
燃料平均温度	277℃	燃料最高温度	480℃
包壳表面最高温度	135℃	平均热流密度	274.3kW/m^2
最大热流密度	602.2kW/m^2	MDNBR	3.28

3. TRIGA MARK II 反应堆主要参数表

名称	数值	名称	数值
主要性能参数			
稳态额定功率	1.0 MW	最大脉冲峰功率	1200 MW
燃料类型	U-ZrH$_{1.6}$	U 富集度	20%U-235
活性区高度	381mm	燃料芯块直径	36.3mm
包壳材料	304 不锈钢	包壳厚度	0.51mm
燃料元件装载量	80 根	控制棒	4 根（含 1 根瞬态棒）
脉冲参数			
最大引入反应性量	3.0 元	最大脉冲峰功率	1200 MW
最大脉冲积分能量	16 MJ	脉冲宽度	11 ms
热工水力参数			
堆芯冷却方式	自然循环	冷却剂	轻水
堆芯入口温度	32.2℃	堆芯出口温度	68.3℃
堆芯冷却剂流速	0.158m/s	堆芯冷却剂流量	6.7kg/s
燃料平均温度	250℃	燃料最高温度	415℃
包壳表面最高温度	134℃	平均热流密度	279kW/m^2
最大热流密度	577kW/m^2	MDNBR	3.2

附录 3　铀氢锆脉冲反应堆稳态堆芯装载图

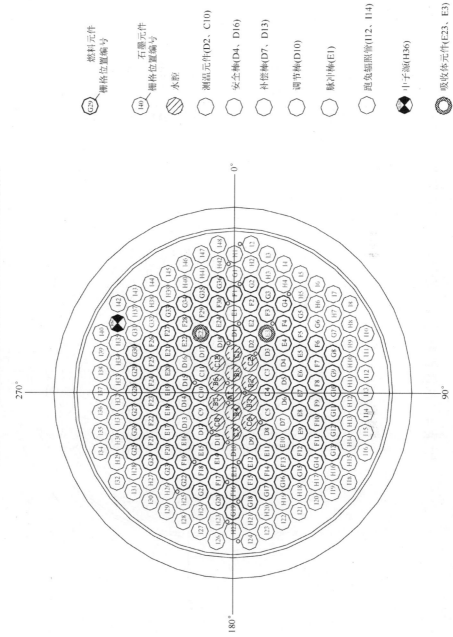

燃料元件
栅格位置编号

石墨元件
栅格位置编号

水腔

测温元件(D2、C10)

安全棒(D4、D16)

补偿棒(D7、D13)

调节棒(D10)

脉冲棒(E1)

跑兔辐照管(I12、I14)

中子源(H36)

吸收体元件(E23、E3)

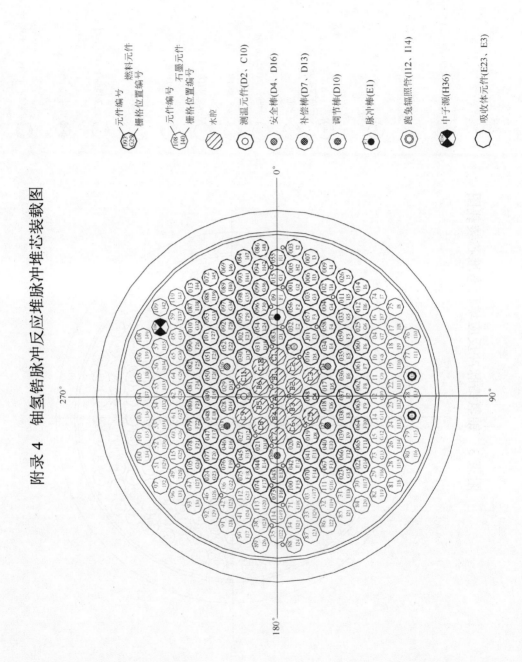

附录 4　铀氢锆脉冲反应堆脉冲堆芯装载图